Die Leistungssteigerung von Großdampfkesseln

Eine Untersuchung über die Verbesserung
von Leistung und Wirtschaftlichkeit
und über neuere Bestrebungen im
Dampfkesselbau

Von

Dr.-Ing. Friedrich Münzinger

Mit 173 Textabbildungen

Berlin
Verlag von Julius Springer
1922

ISBN-13:978-3-642-90141-6   e-ISBN-13:978-3-642-91998-5
DOI: 10.1007/978-3-642-91998-5

Vorwort.

Als ich im Jahre 1912 erstmals über Steilrohr- und Hochleistungskessel berichten konnte[1]), befanden sie sich noch sehr im Entwicklungsstadium, und selbst Ingenieure von Ruf bezweifelten bis vor wenigen Jahren, ob Steilrohrkessel überhaupt lebensfähig, bzw. Zweikammerwasserrohrkesseln technisch und wirtschaftlich gleichwertig seien. Dem Umstand, daß diese ablehnenden Stimmen nicht überall Gehör fanden, verdankt Deutschland seine führende Stellung im Bau von Hochleistungs- und Steilrohrkesseln und eine außerordentliche Belebung und Befruchtung seiner Dampfkesselindustrie.

Verfasser hatte Gelegenheit, in engster Fühlung mit der Praxis an der Entwicklung der letzten zehn Jahre teilzunehmen und bei Entwurf, Inbetriebsetzung und Überwachung sehr zahlreicher Dampferzeuger der verschiedenartigsten Systeme an verantwortungsvoller Stelle mitzuwirken. Vorliegendes Buch, das die Beherrschung der Grundlagen des Dampfkesselwesens voraussetzt, berichtet über Mittel zur Steigerung der Leistung und Wirtschaftlichkeit von Großdampferzeugern und über einige Schwierigkeiten, die vor Erreichen des heutigen Standes überwunden werden mußten. Sie lagen manchmal weniger im Kessel selber als in den zugehörigen Hilfsapparaten. Gerade letztere verursachten wohl deshalb so viel Ärger und Schaden, weil ihnen aus einer gewissen Unterschätzung ihrer Wichtigkeit heraus lange Zeit hindurch zu wenig Beachtung gewidmet worden war. Denn auch der kleinste Bestandteil einer Kesselanlage verlangt — falls er nicht überhaupt entbehrlich ist und daher besser ganz weggelassen wird — dieselbe Aufmerksamkeit wie andere, mehr in die Augen fallende. Ein Ingenieur sollte daher sein Interesse auch scheinbaren Nebensächlichkeiten zuwenden und sich ängstlich vor überheblicher Geringschätzung irgendwelcher Kleinigkeiten hüten, die auf die Bewährung seiner Konstruktionen von Einfluß sein können.

Vorliegendes Buch schenkt mit vollem Bedacht auch solchen Teilen einer Kesselanlage Aufmerksamkeit, die sonst in Veröffentlichungen stiefmütterlich behandelt werden und an deren Einfluß auf Leistung und Wirtschaftlichkeit oft nicht gedacht wird. Denn eine höchst einseitige, sich fälschlicherweise für „wissenschaftlich" haltende Be-

---

[1] Zeitschrift des Vereines deutscher Ingenieure, 1912, S. 1725.

trachtungsweise, die in Wirklichkeit überheblich, bequem und oberflächlich ist, hat vielfach, besonders unter angehenden Ingenieuren, zu bedenklicher Überschätzung der Bedeutung „hoher Wirkungsgrade", d. h. guter Ausnutzung der Brennstoffwärme, geführt und zu wenig Gewicht auf „hohe Wirtschaftlichkeit", d. h. gute Ausnutzung des aufgewendeten Kapitals gelegt, ganz zu schweigen von der viel zu geringen Bewertung guter Betriebssicherheit und Einfachheit. Die Studierenden sind vielfach zu sehr daran gewöhnt, eine Maschine nur nach absoluten, rechnerisch oder experimentell feststellbaren Zahlen, womöglich auf Grund von „Messungen", zu werten. Sie büßen dadurch leicht die Fähigkeit ein, an eine Sache unbefangen und mit ungetrübtem Blick heranzugehen, verlieren über Nebensächlichkeiten das Ziel aus den Augen und lernen nicht, den vielen zahlenmäßig nicht festlegbaren Einflüssen Rechnung zu tragen, die häufig von entscheidender Bedeutung sind und zu deren richtiger Einschätzung eine Summe von Eigenschaften gehört, die vielleicht am besten mit Erfahrung und „gesundem Menschenverstand" umschrieben werden können.

Über zwei Punkte, die insbesondere in den ersten Jahren des Baues von Hochleistungs- und Steilrohrkesseln erhebliche Schwierigkeiten verursachten, herrscht auch heute noch große Unklarheit, nämlich über die zweckmäßige Gestaltung und Durchbildung des Feuerraumes und über den Wasserumlauf. Zwei einfache Theorien über die Strahlung in Feuerräumen und den Wasserumlauf haben mir in vielen Fällen gute Dienste erwiesen und manchen Fehlschlag verhütet. Ihre Entwicklung und Nutzanwendung auf ausgeführte Anlagen soll unter Verwertung einiger meiner früheren Veröffentlichungen und zweier, denselben Gegenstand behandelnder Vorträge, die ich vor der Ingenieurwissenschaftlichen Akademie in Stockholm und dem Ingenieurverein in Witkowitz gehalten habe, gezeigt werden. Die Theorien machen keinen Anspruch auf Wissenschaftlichkeit, sondern wollen nur eine der zahlreichen Hilfen für Bau und Beurteilung von Dampfkesseln sein, die ausgedient haben, sobald etwas Brauchbareres an ihre Stelle getreten ist. Fast alle Messungen, Versuche und Abbildungen des Buches entstammen meiner eigenen Praxis, soweit fremde Arbeiten verwendet wurden, ist dies ausdrücklich angegeben.

Auch amerikanische Dampferzeuger wurden in den Kreis der Betrachtungen gezogen, weil der Vergleich mit ähnlichen, aus einem fernen Lande stammenden Konstruktionen eigener Erkenntnis und eigenem Können nur dienlich sein kann. Übrigens wurden in den letzten Jahren in Amerika einige ausgezeichnete Untersuchungen über einschlägige Fragen mit großen Mitteln und vielem Verständnis für die Bedürfnisse der Praxis durchgeführt, die ich z. T. in diesem Buche mit verwertet habe.

In den Schlußkapiteln wurde noch kurz untersucht, welche Entwicklung der Dampfkesselbau unter dem Einfluß neuerer Bestrebungen nehmen dürfte, wie sie etwa in der Verwendung vorgewärmter Verbrennungsluft, im Übergang zu sehr hohen Drücken und in der Energiespeicherung nach Dr. Ruths ihren Ausdruck finden.

Das kleine Buch behandelt nur einige Kapitel aus einem sehr umfangreichen Gebiete und macht auf Vollständigkeit keinen Anspruch. Ich muß sogar um Nachsicht bitten, denn in den wenigen Mußestunden, die eine außerordentlich starke berufliche Tätigkeit läßt, sind Unvollständigkeiten und wohl auch Flüchtigkeiten nicht zu vermeiden, und ich möchte nur hoffen, daß diese Schwächen durch die Vermittlung einiger Erfahrungen und Erkenntnisse wieder ausgeglichen werden.

Ganz besonderen Wert habe ich auf übersichtliche, tunlichst kurze und gedrängte Darstellung gelegt. Die Erklärungen sämtlicher verwendeter Buchstabenbezeichnungen sind am Anfang des Buches zusammengestellt, um dem Leser das Verständnis der Gleichungen und Abbildungen auch ohne Studium des zugehörigen Textes zu ermöglichen. Fußnoten heben das Kennzeichnende der meisten Abbildungen hervor, damit der Leser auch aus flüchtigem Durchblättern Nutzen ziehen kann und weil sich bei Verbindung von Figur und Text das Wesentliche einer Abbildung besonders leicht einprägt. Vor allem sind konstruktive Hinweise zur Ersparung langatmiger Textstellen fast ausschließlich in Form kurzer Fußnoten wiedergegeben.

So wie ich im Buche als wichtigste Voraussetzung für die Bewährung eines Dampferzeugers „Betriebssicherheit, Einfachheit und Wirtschaftlichkeit" anführte, so bedarf ein Kesselbauer zu erfolgreichem Schaffen dreier besonders wertvoller Eigenschaften: Erfahrung, Wissen und Können.

Berlin, Mai 1922.

Münzinger.

Inhaltsverzeichnis.

Zur Beachtung!

Zum schnellen Auffinden der Bedeutung der verwendeten Buchstabenbezeichnungen und um das Verständnis der Gleichungen und Abbildungen auch ohne Studium des zugehörigen Textes zu ermöglichen, sind nachstehend die benützten Buchstabenbezeichnungen zusammengestellt. Soweit ihre Bedeutung nicht ohne weiteres aus der beigefügten kurzen Erläuterung hervorgeht, ist auf die Textstellen, Abbildungen und Gleichungen verwiesen, die eine nähere Definition geben oder in denen die Buchstaben vorkommen.

c, c_1, c_2 usw. = von den Abmessungen der Wasserrohre eines Kessels abhängige Beiwerte; Seite 70 und Gl. (40),

C, C_1, C_2 usw. = desgleichen; Seite 70 und Gl. (39),

c_p = mittlere spezifische Wärme (bei konstantem Druck) von 1 kg Rauchgasen zwischen $0°$ und $t°$ C,

$\mathfrak{C}$ = vom Kesseldruck und der Speisewassertemperatur abhängige Zahl; Seite 70 und Gl. (35a)

d = innerer Durchmesser eines Wasserrohres in m,

d_a = äußerer Durchmesser eines Wasserrohres in m,

D = Belastung von 1 m² Gesamtkesselheizfläche in kgst^{-1} Dampf bezogen auf 640 WEkg^{-1} Erzeugungswärme,

F_F = Wandungsflächen des Feuerraumes in m²; Seite 7 und Abb. 2,

F_H = gesamte Heizfläche eines Kessels in m²,

F_R = Rostfläche in m²; Abb. 2 u. 18,

F_S = bestrahlte Heizfläche bzw. vom Rost bestrahlte Kesselheizfläche in m²; Seite 7 und Abb. 2, 18 bis 21,

$\mathfrak{F}$ = gesamter Umlaufsquerschnitt der Wasserrohre in m²; Seite 65 und Gl. (16),

G = Rauchgasgewicht auf 1 kg Brennstoff in kg,

h = Höhenabstand der Mitte der Wärmeaufnahme eines Wasserrohres vom Wasserspiegel im Oberkessel in m; Seite 66 und Gl. (16),

$\mathfrak{h}_{Dr}, h_{Dr}$ = statische Druckhöhe bei Unterkante der Wasserrohre eines Kessels[1]) in m W.-S.; Seite 67,

---

[1]) Deutsche Buchstaben gelten für die Fallrohre, lateinische für die Steigrohre, die Druckhöhen im m W.-S. sind bezogen auf Wasser von $0°$ C.

$\mathfrak{h}_{Be}$, h_{Be} = Widerstandshöhe für die Wasserbeschleunigung am Eintritt in die Wasserrohre eines Kessels[1]) in W.-S.; Seite 67,

$\mathfrak{h}_{ste}$, h_{ste} = Strömverlust am Eintritt in die Wasserrohre eines Kessels[1]) in m W.-S.; Seite 67,

$\mathfrak{h}_{sta}$, h_{sta} = Strömverlust am Austritt aus den Wasserrohren eines Kessels[1]) in m W.-S.; Seite 67,

$\mathfrak{h}_R$, h_R = Reibungsverlust in den Wasserrohren eines Kessels[1]) in m W.-S.; Seite 67,

h_{Bea} = Widerstandshöhe für die Beschleunigung des Gemisches im Steigrohr eines Kessels[1]) von der Eintrittsgeschwindigkeit v_1 auf die Austrittsgeschwindigkeit v_2 in m W.-S.; Seite 67,

$\Sigma\mathfrak{h}$ = $\mathfrak{h}_{Be} + \mathfrak{h}_{Ste} + \mathfrak{h}_{Sta} + \mathfrak{h}_R$ = Summe der Widerstandshöhen in den Fallrohren eines Kessels in m W.-S., Seite 72,

H = Heizflächenbelastung der Wasserrohre eines Kessels in $WEm^{-2}st^{-1}$,

$\mathfrak{H}$ = Heizwert eines Brennstoffes in $WEkg^{-1}$,

$\mathfrak{H}_{Dr}$ = $\mathfrak{h}_{Dr} - h_{Dr}$ = Umlaufhöhe in einem Wasserrohrkessel[1]) in m W.-S.; Seite 67 u. 77.

i = Wärmeinhalt von 1 kg gesättigtem Dampf vom Druck p at abs. in WE,

i' = $i - t_s \sim$ Wärmezufuhr auf 1 kg Wasser im Kessel in WE,

i_0 = Wärmeinhalt von 1 kg Speisewasser am Vorwärmereintritt in $WEkg^{-1}$,

i' = desgl. am Kesseleintritt in $WEkg^{-1}$,

i'' = Wärmeinhalt von 1 kg gesättigtem Dampf vom Kesseldruck in $WEkg^{-1}$,

i''' = desgleichen von 1 kg überhitztem Dampf vom Kesseldruck in $WEkg^{-1}$,

K = stündlicher Brennstoffverbrauch in kg,

$$l = \text{Luftüberschußzahl} = \frac{\text{tatsächlich erforderliche Verbrennungsluftmenge}}{\text{theoretisch erforderliche Verbrennungsluftmenge}},$$

L = Länge eines Wasserrohres in m; Seite 66,

p = Kesseldruck in at/abs.,

t_R = Temperatur des Feuerraumes [Gl. (15) auf Seite 17]

---

[1]) Deutsche Buchstaben gelten für die Fallrohre, lateinische für die Steigrohre, die Druckhöhen in m W.-S. sind bezogen auf Wasser von 0°C.

bzw. der obersten Brennstoffschicht auf dem Roste in $^\circ$ C,

t_s = Sättigungstemperatur des Kesseldampfes in $^\circ$ C,

T_F = abs. Temperatur der Wandungen des Feuerraumes in $^\circ$ C;

T_R = abs. Temperatur des wärmeabgebenden Körpers in C bzw. = abs. Temperatur der Brennstoffschicht (Rostoberfläche) in $^\circ$ C,

T_S = abs. Temperatur des wärmeaufnehmenden Körpers in $^\circ$C, bzw. = abs. Außenwandtemperatur der bestrahlten Kesselheizfläche in $^\circ$ C ($\sim$ 273 + 250° = 523° C),

v_1 = Eintrittsgeschwindigkeit des Wassers ins Steigrohr in msk^{-1}; Seite 66,

v_2 = Austrittsgeschwindigkeit des Gemisches aus dem Steigrohr in msk^{-1}; Seite 66,

V = Ausstrahlungs- und Wärmeableitungsverlust des Feuerraumes eines Kessels in WEst^{-1}; Seite 10,

$\mathfrak{V}$ = erzeugte Dampfmenge in m^{3}st^{-1}; Seite 65,

w_2 = Wassergehalt des Gemisches am Steigrohraustritt in v. H. Raumteilen; Seite 66,

W_S = auf F_s m^2 Heizfläche vom Roste durch Strahlung übertragene Wärmemenge in WEst^{-1},

$W_{Sm}{}^2$ = auf 1 m^2 Heizfläche vom Roste eingestrahlte Wärmemenge in WEst^{-1},

α = Richtungswinkel eines Wärmestrahles bzw. der Achse eines Strahlenbündels gegen die ausstrahlende (Rost) Fläche in $^\circ$; Seite 8, 22, 23 und Abb. 2, 5 bis 10, 19 bis 22,

α_F = Wärmeübergangszahl zwischen Rauchgasen und Feuerraumwandungen in WEm^{-2}st^{-1} ($^\circ$ C)$^{-1}$; Seite 10 u. Gl. (3),

γ = spezifisches Gewicht des Dampf-Wassergemisches in den Steigrohren eines Kessels in kgm^{-3},

γ_s = spezifisches Gewicht von gesättigtem Dampf vom Kesseldruck p at. abs. in kgm^{-3},

γ_w = spezifisches Gewicht von Wasser von $t_s{}^\circ$ C in kgm^{-3},

γ_0 = spezifisches Gewicht von Wasser von 0° C in kgm^{-3},

η_F = Wirkungsgrad einer Feuerung in v. H.,

η_H = Wirkungsgrad einer Heizfläche in v. H.,

$\eta = \eta_F \cdot \eta_H$ = Wirkungsgrad von Rost und Heizfläche in v. H.,

λ' = Beiwerte für Reibung von Wasser bzw. Dampf-Wasser-

gemisch in den Siederohren eines Wasserrohrkessels;
Seite 69, Gl. (26), (27), (31), (32a), (33), (34) auf
Seite 69,

$$\mu = \frac{F_S}{F_R} = \frac{\text{vom Rost bestrahlte Kesselheizfläche in m}^2}{\text{Rostfläche in m}^2};$$

Seite 9, Abb. 14, Gl. (6a) auf Seite 10,

ξ = Beiwert für Stoßverluste; Gl. (20) auf Seite 67,

ξ_{ste} = Beiwert für Stoßverlust am Rohreintritt; Seite 68,
Gl. (23),

σ = Verhältnis der eingestrahlten zu der von der Kesselheizfläche insgesamt aufgenommenen Wärmemenge;
Gl. (12) auf Seite 11,

φ_F = Winkelverhältnis zwischen F_R und F_F; Seite 8 u. 10,

φ_R = Winkelverhältnis zwischen F_R und F_S; Seite 8 u. 10,

φ' = Beiwert für Wärmeübertragung durch Strahlung; Gl. (8)
auf Seite 11,

Φ = Beiwert, abhängig von den baulichen Verhältnissen eines
Kessels; Seite 65.

I. Einleitung.

a) Allgemeines.

Die Bestrebungen, Leistung und Wirtschaftlichkeit von Großdampfkesseln zu steigern, werden zweifellos durch den Übergang zu Drücken von 60 at und mehr, deren Vorteile Wilhelm Schmidt als erster erkannt und der praktischen Verwertung erschlossen hat, durch die Einführung der Wärmespeicher von Dr. Johannes Ruths und durch stärkere Verwendung von Kohlenstaubfeuerungen neue mächtige Anregung und Förderung erfahren.

Inwiefern die mannigfaltigen, mit den vorstehend gekennzeichneten Neuerungen zusammenhängenden Einflüsse zu grundsätzlich neuen Bauformen führen werden, möge zunächst dahingestellt bleiben. Auch unter Beibehaltung der wesentlichsten bekannten Konstruktionselemente und Bauarten haben die Kesselfirmen in den nächsten Jahren manche neuartige und schwierige Aufgabe zu lösen, wenn sie den Anforderungen der Praxis gerecht werden wollen. In diesem Zusammenhange ist nicht so sehr an ausgesprochene Höchstdruckkessel von 60 at und mehr gedacht, als an das lohnende, bisher nur von Wenigen beachtete und auf seine Vorteile untersuchte Druckgebiet zwischen 20 und 30 at. Der Nutzen von Frischdampfspannungen zwischen 20 und 30 at gegenüber den heute üblichen Drücken von 12 bis 18 at ist aber, insbesondere für Anzapf- und Gegendruckturbinen (Dampfmaschinen) — vor allem beim Zusammenarbeiten mit Ruths' Wärmespeichern — so groß, daß die Kesselfabriken diesem Druckbereich größte Beachtung schenken sollten. Viele Kraftwerke, die vor der Notwendigkeit einer Vergrößerung stehen, scheuen sich davor, Dampfkessel für höheren Druck aufzustellen, nur weil sie befürchten, daß die Einführung zweier Dampfspannungen den Betrieb erschwere. Eine einfache Schaltung bzw. Verkupplung der beiden Dampfnetze gestattet aber, die Nachteile verschiedenen Kesseldruckes häufig mehr als auszugleichen nicht nur mit Rücksicht auf den geringeren Dampfverbrauch der neu aufzustellenden Kraftmaschinen, sondern auch wegen der Möglichkeit, schnelle, kurzzeitige Belastungsschwankungen ohne entsprechende Änderung der Brennstoffzufuhr oder der Zugstärke abzufangen. Das Zusammenarbeiten zweier derart gekuppelter Kesselanlagen ist kaum schwieriger als bei einheitlichem Kesseldruck.

Vorliegende Arbeit will einige Fragen der Leistungs- und Wirtschaftlichkeitssteigerung der Großdampferzeugung untersuchen und zur Klärung des Wasserumlaufes und der Vorgänge bei der Wärmeentbindung und -aufnahme im Feuerraum vom Standpunkt des Praktikers aus beitragen, der gezwungen ist, sich mit einfachen Berechnungsverfahren Aufschluß über verwickelte Vorgänge zu verschaffen und seine Konstruktionen einigermaßen befriedigend der rechnerischen Erfassung und Kontrolle zu erschließen. Im streng wissenschaftlichen Sinne sind die folgenden Ausführungen nicht immer ganz korrekt.

Ferner sollen die folgenden Kapitel an zahlreichen Beispielen zeigen, wie der Ingenieur zwischen den mannigfachsten, einander häufig entgegengesetzten Rücksichten und Forderungen nach einem gangbaren Ausgleich zu suchen gezwungen ist und wie sein Erfolg oft von der Geschicklichkeit und Geschwindigkeit abhängt, mit denen er die jeweils wichtigsten Forderungen erkennt und berücksichtigt. Diese Seite seines Schaffens verträgt sich freilich schlecht mit der schulmeisterlichen Auffassung, als ob die Ingenieurtätigkeit nur ein besonderer Zweig der angewandten Mathematik sei und die Fähigkeit schneller Anpassung an dauernd wechselnde Verhältnisse macht auf Fernerstehende und Unerfahrene leicht den Eindruck mangelnder Folgerichtigkeit.

Zahlreiche „Sachverständige" glauben mit der Feststellung eines bestimmten „Wirkungsgrades" den Nachweis für die Brauchbarkeit eines Kessels erbracht zu haben und wählen einen Dampferzeuger nicht selten nach der Höhe des „garantierten" Wirkungsgrades, ohne oftmals irgendeinen vernünftigen Grund für die höheren Garantiewerte einer Firma gegenüber einem Konkurrenzfabrikat von denselben Abmessungen und nahezu gleicher Anordnung nennen zu können. Sie wissen auch nicht, daß hohe Wirkungsgrade an Dampferzeugern nachgewiesen werden können, die für den praktischen Betrieb überhaupt nicht taugen und unaufhörliche Störungen verursachen. In den folgenden Abschnitten wird deshalb immer wieder auf die mühselige, oberflächlicher Betrachtung nicht erkennbare Kleinarbeit hingewiesen, ohne die eine Kesselanlage niemals den heutigen hohen Ansprüchen genügen wird und deren mehr oder weniger sorgsame Durchführung häufig die Ursache dafür ist, daß von zwei anscheinend gleichen Kesselanlagen die eine befriedigt und die andere nicht.

b) Grundsätzliche Schwierigkeiten beim Bau von Dampfkesseln.

Nach ihrer Wichtigkeit geordnet müssen Großdampferzeuger für ortsfeste Kraftwerke folgenden drei Hauptforderungen genügen:

1. Betriebssicherheit,
2. Einfachheit,
3. Wirtschaftlichkeit.

Ihnen haben sich alle Maßnahmen des Konstrukteurs und der Fertigung unterzuordnen. Kessel, welche in einem dieser Punkte versagen, sind für ortsfeste Anlagen ungeeignet und nicht lebensfähig, so groß auch ihre vermeintlichen oder tatsächlichen sonstigen Vorzüge sein mögen. Insbesondere muß gegenüber theoretisierenden Einflüssen immer wieder betont werden, daß Betriebsicherheit und Einfachheit wichtiger als hoher Wirkungsgrad sind und daß noch so günstige — und leider häufig ganz schablonenmäßig unter Verkennung der praktischen Verhältnisse festgestellte — „Wirkungsgrade" für die Eignung eines Kessels oft sehr wenig sagen.

Im Gegensatz zu den meisten anderen Wärmekraftmaschinen liegen bei Dampfkesseln drei grundsätzliche Arten von Schwierigkeiten vor, die etwa folgendermaßen in ein gewisses Schema gebracht werden können:

1. Wärmeträger (Rauchgase):
  sehr großes Volumen,
  hohe Anfangstemperatur,
  mechanische und chemische Unreinheit.

2. Wärmeaufnehmer (Wasser, Dampf):
  hohe Drücke,
  großes Volumen,
  mechanische und chemische Unreinheit.

3. Kesselkörper:
  beiderseits chemischem Angriff ausgesetzt,
  große Wandstärken,
  unvermeidliche Wärmedehnungen,
  Gefahr verhängnisvoller Bedienungsfehler (infolge des großen
    Energievorrates im Kessel).

Man tut gut, sich diese einfachen Tatsachen stets vor Augen zu halten. Manche Fehlkonstruktion, aber auch manches schiefe und ungerechte Urteil über unvermeidliche Schwächen einer Kesselanlage würden dann vermieden werden. Zu diesen Schwierigkeiten kommt noch hinzu, daß bei Dampfkesseln gewisse, dem Unerfahrenen einfach scheinende Messungen sehr schwierig sind und daß wichtige Vorgänge rechnerisch nicht in dem Maße erfaßt oder vorausbestimmt werden können wie etwa bei Dampfturbinen. Der Kesselbau ist daher noch stark empirisch und sehr von Erfahrung und gutem konstruktivem Gefühl abhängig. Zu dieser „Rückständigkeit" dürfte vielleicht auch der Umstand beigetragen haben, daß der Unterricht an technischen Lehranstalten im letzten Jahrzehnt der Bedeutung des Kesselbaues nicht immer ganz gerecht geworden ist.

Insbesondere über die zweckmäßige Bemessung und Konstruktion
des Feuerraumes und
der Wasser- und Dampfwege
herrscht vielfach große Unklarheit. Hiermit hängt zusammen, daß
die Ursachen von Betriebsschäden oft nur mangelhaft erkannt werden
nnd daß rein betriebstechnische Fragen häufig weit schwerer zu klären
sind als z. B. Fragen der Wärmeausnutzung. Folgende Ausführungen
beschränken sich hauptsächlich auf größere Wasserrohrkessel mit mechanischen oder halbmechanischen Rosten, sind aber großenteils auch
auf andere Kessel anwendbar.

II. Der Feuerraum.

a) Die Wärmeübertragung durch Strahlung.

Zweckmäßige Gestaltung und Ausführung des Feuerraumes sind für
Betriebssicherheit, hohe Heizflächenleistung und gute Wärmeausnutzung
von grundlegender Bedeutung. Mangelt es hieran, so werden auch der
beste Kessel und der vollkommenste Rost nicht befriedigen. Denn auch
hier spielen Betriebssicherheit, Einfachheit und hohe Lebensdauer die
erste Rolle, hinter der rein wärmetechnische Gesichtspunkte zurück-
treten. Es ist nicht zuletzt Schuld betriebsunerfahrener „Erfinder", daß
an sich gesunde Bestrebungen im Dampfkesselbau längere Zeit hindurch
nicht vorwärts gingen und daß ein wichtiger Zweig des Dampfkesselbaues
fast zum Absterben kam.

Von einer Feuerung werden verlangt:

1. möglichst vollkommene Verbrennung bei tunlichst kleinem
   Luftüberschuß,
2. gute Anpassungsfähigkeit an Belastungsschwankungen und geringe Verluste bei leerlaufenden Kesseln,
3. Unempfindlichkeit gegen wechselnde Brennstoffbeschaffenheit,
4. hohe spezifische Rostleistung,
5. Schonung der feuerfesten Einmauerung,
6. hohe spezifische Heizflächenleistung,
7. Schonung der höchstbelasteten Heizfläche.

Ohne stetigen Verbrennungsverlauf, innige Durchmischung der Luft
mit den brennbaren Gasen, niederem Luftüberschuß und ausreichend
hohen Feuerraumtemperaturen ist gute Ausnutzung der Brennstoffwärme
unmöglich. Bei mitteldeutscher Rohbraunkohle betragen die zur Aufrechterhaltung vollkommener Verbrennung erforderlichen Mindesttemperaturen rd. 900° C, bei Steinkohle 1000° bis 1100° C. Hohe Anfangstem-
peraturen fördern den Verbrennungsprozeß und steigern die Heizflächenleistung, da die von der Flächeneinheit aufgenommene Wärmemenge mit

wachsendem Temperaturgefälle zwischen Wärmeträger und Wärmeaufnehmer schnell steigt.

Abb. 1 zeigt für verschiedene Brennstoffe und für Luftüberschußzahlen zwischen 1 und 3 die Anfangstemperatur der Rauchgase unter der Voraussetzung, daß die Verbrennung verlustfrei und ohne Wärmeabfuhr erfolgt. Im Feuerraum neuzeitlicher Kessel mit mechanischen Feuerungen kann bei normaler Rostbelastung, geeigneter Kohle und guter Wartung ein Luftüberschuß von 1,25 auch im Dauerbetrieb eingehalten werden entsprechend einer theoretisch erreichbaren Höchsttemperatur

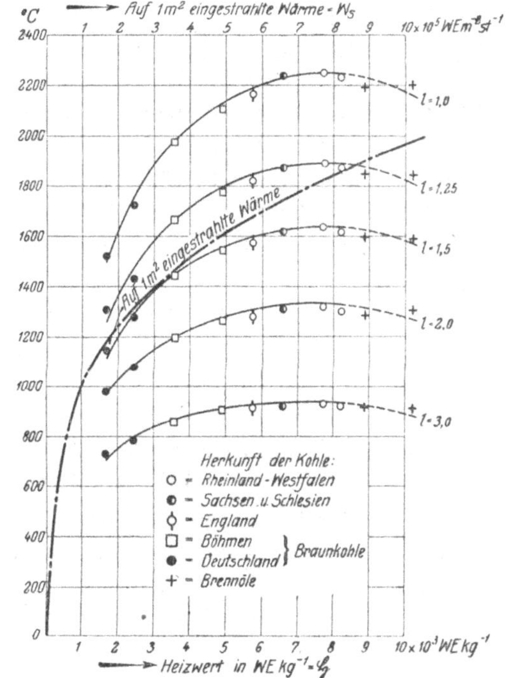

Abb. 1. Theoretisch erreichbare Höchsttemperaturen bei verlustfreier Verbrennung verschiedener Brennstoffe im natürlichen Zustande.

l = Luftüberschuß.

bei guter Steinkohle . . . . von rd. 1860° C,
bei Braunkohlenbriketts . . . . „ „ 1750° C,
bei minderwertiger Rohbraunkohle . . . „ „ 1500° C.

Wenngleich die Wärmeübertragung in den Feuerräumen neuzeitlicher, großer Landdampfkessel nur wenig erforscht ist, so wird doch der außerordentlich starke Einfluß hoher Temperaturen durch zahllose Erfahrungen bestätigt. Grundlegend sind die Laboratoriumsversuche von Dr. Reutlinger und von Wamsler, die zeigen, daß die Wärmeübertragung durch Strahlung auch für technische Verhältnisse befriedigend genau dem Gesetz von Stefan-Boltzmann folgt. Es lautet:

$$(1) \qquad W_S = 4 \cdot F_S \cdot \left\{ \left[\frac{T_R}{100} \right]^4 - \left[\frac{T_S}{100} \right]^4 \right\} \, \mathrm{WE\,st^{-1}},$$

bei Dampfdrücken von 10 bis 30 at ist mit guter Annäherung

$$(1\,\mathrm{a}) \qquad W_S = 4 \cdot F_S \cdot \left\{ \left[\frac{T_R}{100} \right]^4 - 750 \right\} \, \mathrm{WE\,st^{-1}},$$

hierin bedeutet:

W_S die stündlich auf F_S m² Heizfläche durch Strahlung übertragene
　　Wärmemenge in WE,

W_{Sm}² die stündlich auf 1 m² Heizfläche eingestrahlte Wärmemenge in *WE*,

F_S die bestrahlte Heizfläche in m²,

T_R die absolute Temperatur des wärmeabgebenden Körpers in ° C,

T_S die absolute Temperatur des wärmeaufnehmenden Körpers in ° C
　　$(\sim 273 + 250 = 523\degree\,C)$.

Mit dieser Formel wurde in Abb. 1 die strichpunktierte Kurve berechnet, die die auf 1 m² Heizfläche stündlich eingestrahlte Wärmemenge W_{Sm}² in Abhängigkeit von der Temperatur des Wärmeträgers
(Feuer) angibt. Die Temperatur der Außenwand der Heizfläche wurde zu
250° C entsprechend einem Kesseldruck von 10 bis 30 at angenommen.

W_{Sm}² beträgt z. B.　730 000 WEm⁻²st⁻¹ bei 1800° C,
　　　　　　　　　　360 000 WEm⁻²st⁻¹　,,　1500° C.

Eine Temperatursteigerung von 1500° C auf 1800° C erhöht also die
eingestrahlte Wärmemenge um rd. 100 v. H. Diese überschlägige
Rechnung zeigt die große Bedeutung niederen Luftüberschusses für die
spezifische Heizflächenleistung von Kesseln. Trotzdem ist die oft
geäußerte Ansicht, in Hochleistungskesseln müßten möglichst hohe
Temperaturen angestrebt werden, in dieser allgemeinen Fassung falsch,
da die für Dampfkesselfeuerungen geeigneten feuerfesten Baustoffe auf
die Dauer Temperaturen über 1550° C nicht aushalten. Der scheinbar
hohe Schmelzpunkt eines feuerfesten Steines täuscht nämlich insofern,
als dem Schmelzen ein allmähliches, teigartiges Erweichen vorausgeht,
das oft schon mehrere 100° C unter dem Schmelzpunkt einsetzt. Hierdurch senken sich, auch wenn der Segerkegel eines Steines nicht überschritten wird, besonders die Gewölbe von Wanderrosten und stürzen
bei nicht ganz sachgemäßer Ausführung manchmal schon nach kurzer
Betriebszeit ein, um so mehr, da zum Erweichen nicht selten der
chemische Angriff der Schlacke hinzukommt, der bei hohen Temperaturen außerordentlich heftig werden kann. **Eine Feuerung muß
daher so bemessen und angeordnet werden, daß auch bei
hochwertigen Brennstoffen und kleinem Luftüberschuß
1550° C bei richtiger Wartung nicht überschritten werden.**
Zufuhr überschüssiger Luft zur Vermeidung zu hoher Feuerraumtemperaturen wäre natürlich (wenigstens bei Rosten) ein durchaus
verfehltes Abhilfemittel. Die Feuerung muß sich aber dem Brennstoff
auch insofern anpassen, als gewisse Mindesttemperaturen nicht unterschritten werden dürfen.

Um die Vorgänge im Feuerraum eines Kessels beurteilen und die
Grundbedingungen für die Erzielung hoher spezifischer Heizflächen-

leistungen bei gutem Wirkungsgrad und hoher Lebensdauer von Kessel und Einmauerung verstehen zu können, ist anschauliche Vorstellung vom Wesen der Wärmeübertragung durch Strahlung unerläßlich. Im folgenden wird versucht, einige Formeln aufzustellen, die eine für praktische Bedürfnisse ausreichend genaue Ermittlung der Verhältnisse in Feuerräumen ermöglichen.

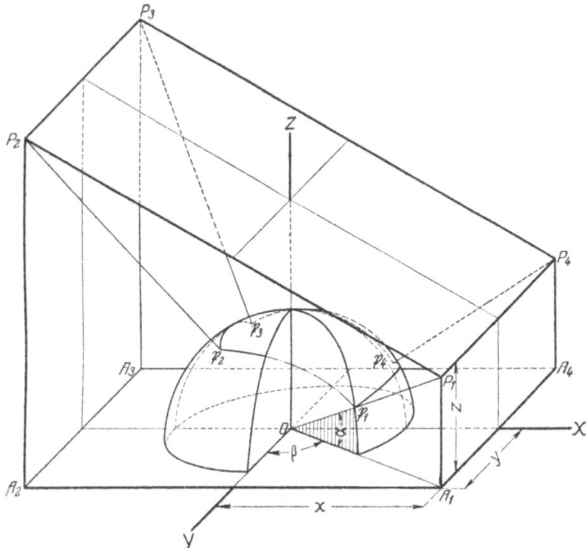

Abb. 2. Perspektivische Darstellung der Strahlungsverhältnisse im Feuerraum eines Wasserrohrkessels.

$\overline{A_1 A_2 A_3 A_4}$ = Rostfläche, $\overline{P_1 P_2 P_3 P_4}$ = bestrahlte Heizfläche (Wasserrohre über dem Roste), $\overline{A_1 A_2 P_2 P_1}$, $\overline{A_1 P_1 P_4 A_4}$ usw. = Feuerraumwandungen.

Wärme wird von einem Punkte aus nach allen Richtungen gleichmäßig ausgestrahlt. In dem hier interessierenden Fall der Wärmestrahlung vom Rost zur Heizfläche erfolgt die Strahlung nur auf einer Seite einer Fläche (z. B. der oberen Rostfläche). In Abb. 2 soll $\overline{A_1 A_2 A_3 A_4}$ die glühende Brennstoffschicht auf der Rostfläche F_R, $\overline{P_1 P_2 P_3 P_4}$ die (der einfacheren Darstellung wegen senkrecht) darüber liegende bestrahlte Heizfläche (erstes Rohrbündel) F_S darstellen. Die Feuerraumwandungen sind die senkrechten Verbindungsflächen $\overline{A_1 A_2 P_2 P_1}$ usw. Nur ein Teil der von der Rostfläche F_R ausgesandten Wärmestrahlen trifft unmittelbar die Heizfläche F_S, der Rest trifft die Feuerraumwände, deren Oberfläche F_F ist, und erst nach ein- oder mehrmaliger Rückstrahlung die Heizfläche F_S. Von den von einem sehr kleinen Flächenteilchen O der Rostfläche ausgehenden Strahlen erreicht nur das durch Pyramide $O - \overline{P_1 P_2 P_3 P_4}$ eingeschlossene Strahlenbüschel die Heizfläche unmittelbar. Die Summe der insgesamt von O ausgesandten Wärmestrahlen kann gleich der Oberfläche einer Halbkugel gesetzt werden, die über O mit Halbmesser 1 gebildet wird. Auf ihr schneidet die Pyramide einen Ausschnitt $\mathfrak{P}_1 \mathfrak{P}_2 \mathfrak{P}_3 \mathfrak{P}_4$ aus. Setzt man die in der senkrechten Richtung OZ von Teilchen O ausgesandte Strahlenmenge $= 1$, so wird unter dem Winkel α nach Richtung OP_1 nur eine Menge $= \sin \alpha$ ausgestrahlt. Die auf den Kugelausschnitt $\mathfrak{P}_1 \mathfrak{P}_2 \mathfrak{P}_3 \mathfrak{P}_4$ eingestrahlte Wärme wird gefunden, indem man $\mathfrak{P}_1 \mathfrak{P}_2 \mathfrak{P}_3 \mathfrak{P}_4$ in zahlreiche kleine Flächen $\varDelta F'$, $\varDelta F'' \ldots$ unterteilt. Die Summe aus den Produkten dieser Teilchen mal den zugehörigen $\sin \alpha$

$$\Sigma \left(\varDelta F' \sin \alpha' + \varDelta F'' \sin \alpha'' + \varDelta F''' \sin \alpha'''' + \ldots \right)$$

sind dann die auf den Kugelausschnitt $\mathfrak{P}_1 \mathfrak{P}_2 \mathfrak{P}_3 \mathfrak{P}_4$ insgesamt kommenden Wärmestrahlen.

Das Verhältnis der in Fläche $\overline{P_1 P_2 P_3 P_4}$ eingestrahlten Wärmemenge zu den von Flächenteilchen O insgesamt ausgesandten Wärmestrahlen heißt das „Winkelverhältnis" zwischen diesen beiden Flächen.

Ein wesentlicher Teil der Wärme wird nicht unmittelbar, sondern durch ein- oder mehrmalige Reflexion eingestrahlt.

Folgende Berechnung soll für praktische Fälle gesetzmäßige Zusammenhänge feststellen:

a) zwischen unmittelbar und mittelbar eingestrahlter Wärmemenge,
b) zwischen Größe und gegenseitiger Lage von Rost und bestrahlter Heizfläche, und
c) zwischen Kohlenheizwert, Luftüberschuß und Kesselbelastung.

Dazu müssen vor allem zwei wichtige Werte ermittelt werden, nämlich wieviel der vom Roste ausgesandten Wärmestrahlen die Heizfläche unmittelbar und mittelbar treffen.

Zur Klärung dieser Frage eignen sich nach entsprechender Umformung und Erweiterung Überlegungen, die Kammerer bei Untersuchungen über den Wärmeübergang in Dampfkesseln angestellt hat. Insbesondere verdient ein in Kammerers Abhandlung besprochenes, von Aug. Weber ersonnenes Verfahren zur Ermittlung des „Winkelverhältnisses", das im folgenden benutzt wird, besondere Beachtung[1]).

Es bedeutet:

$F_H =$ gesamte Heizfläche eines Kessels in m²,
$F_S =$ vom Rost bestrahlte Kesselheizfläche in m²,
$F_R =$ Rostfläche in m²,
$F_F =$ Wandungsflächen des Feuerraumes in m²,
$\varphi_R =$ Winkelverhältnis zwischen F_R und F_S,
$\varphi_F =$ Winkelverhältnis zwischen F_R und F_F,

---

[1]) Zeitschr. d. Bayer. Rev.-Ver. 1916, Nr. 9 ff.

$$\mu = \frac{F_S}{F_R} = \frac{\text{Vom Rost bestrahlte Kesselheizfläche in m}^2}{\text{Rostfläche in m}^2},$$

$$\lambda = \frac{\text{Rostfläche in m}^2}{\text{Gesamte Kesselheizfläche in m}^2},$$

T_R = abs. Temperatur der Brennstoffschicht (Rostoberfläche) in $^\circ$ C,

T_F = abs. Temperatur der Wandungen des Feuerraumes in $^\circ$ C,

T_S = abs. Außenwandtemperatur der bestrahlten Kesselheizfläche in $^\circ$ C, $\sim 273 + 250^\circ = 523^\circ$ C,

$\mathfrak{H}$ = Heizwert des Brennstoffes in WEkg^{-1},

G = Rauchgasgewicht auf 1 kg Brennstoff in kg,

c_p = mittlere spezifische Wärme (bei konstantem Druck) von 1 kg Rauchgasen zwischen 0° und t° C,

K = stündlicher Brennstoffverbrauch in kg,

D = Belastung von 1 m^2 Gesamtkesselheizfläche in kgst^{-1} Dampf, bezogen auf eine Erzeugungswärme von 640 WEkg^{-1},

i_0 = Wärmeinhalt von 1 kg Speisewasser am Vorwärmereintritt in WEkg^{-1},

i' = desgl. am Kesseleintritt in WEkg^{-1},

i'' = Wärmeinhalt von 1 kg gesättigtem Dampf vom Kesseldruck in WEkg^{-1},

i''' = desgl. von 1 kg überhitztem Dampf vom Kesseldruck in WEkg^{-1},

V = Ausstrahlungs- und Wärmeableitungsverlust des Feuerraumes in $WE\text{st}^{-1}$,

η_F = Wirkungsgrad der Feuerung in v. H.,

η_H = Wirkungsgrad der Heizfläche in v. H.,

η = $\eta_F \cdot \eta_H$ = Wirkungsgrad von Rost und Heizfläche in v. H.,

α_F = Wärmeübergangszahl zwischen Rauchgasen und Feuerraumwandungen in $\text{WEm}^{-2}\text{st}^{-1}\,(^\circ\text{C})^{-1}$.

Zur Vereinfachung der Rechnungen werden folgende Annahmen gemacht:

a) Der gesamte Heizwert der Kohle wird ausschließlich in der Brennstoffschicht auf dem Rost entbunden, d. h. oberste Brennstoffschicht und heißeste Rauchgase haben gleiche Temperatur, Abb. 3. (Diese Voraussetzung trifft z. B. bei Koks befriedigend zu),

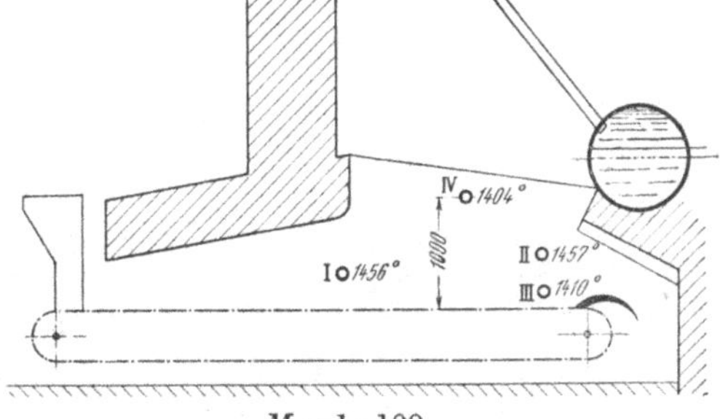

$M \sim 1 : 100.$

Abb. 3. Temperaturen an verschiedenen Stellen des Feuerraumes eines 500 m^2-Steilrohrkessels.

Ruhrkohle: Kohlenheizwert = 7530 WE Kg^{-1}, Rostbelastung = 103 Kg m^{-2} st^{-1}, Heizflächenbelastung = 36,6 Kg m^{-2} st^{-1}, CO_2 Gehalt hinter Ekonomiser = 12,8 v. H.

b) die oberste Brennstoffschicht hat die höchste, auf der ganzen Rostfläche gleiche Temperatur,

c) Feuerraum und bestrahlte Heizfläche sind so angeordnet, daß die vom glühenden Brennstoff ausgehenden Wärmestrahlen die Heizfläche entweder unmittelbar oder nach einmaliger Rückstrahlung durch die Feuerraumwandungen treffen.

Ebenso wie vom Winkelverhältnis zwischen Rostfläche F_R und bestrahlter Heizfläche F_S kann man auch vom Winkelverhältnis zwischen Rostfläche F_R und Feuerraumwänden F_F oder zwischen F_F und F_S sprechen, indem man die Menge der von der betreffenden Fläche insgesamt ausgehenden bezw. aufgenommenen Strahlen gleich 1 setzt. Nennt man z. B. φ_R das Winkelverhältnis von Fläch F_R bezogen auf F_S und φ_S das Winkelverhältnis von F_S bezogen auf F_R, so muß sein

$$F_R \cdot \varphi_R = F_S \cdot \varphi_S,$$

da ja beide Strahlenmengen identisch sind.

Der Rest der von F_R ausgesandten Strahlenmenge $(1-\varphi_R)$ trifft die Feuerraumwände F_F, also ist, wenn φ_F das Winkelverhältnis der Feuerraumwände F_F bezogen auf F_R ist,

$$F_R \cdot (1 - \varphi_R) = F_F \cdot \varphi_F.$$

Die von der bestrahlten Heizfläche aufgenommene Wärmemenge ist gleich der vom Rost unmittelbar eingestrahlten und der von den Feuerraumwänden rückgestrahlten Wärme:

$$(2) \quad W_S = 4 \cdot \varphi_R \cdot F_R \cdot \left\{ \left(\frac{T_R}{100} \right)^4 - 750 \right\} + 4 \cdot \varphi_F \cdot F_F \cdot \left\{ \left(\frac{T_F}{100} \right)^4 - 750 \right\} \quad \text{WEst}^{-1}.$$

Die von den Feuerraumwänden ausgestrahlte und die durch die Feuerraumummantelung abgeleitete Wärme ist gleich der von ihnen durch Strahlung vom Rost und durch Berührung mit den heißen Gasen insgesamt aufgenommenen Wärme:

$$(3) \quad 4 \cdot (1 - \varphi_R) \cdot F_R \left\{ \left(\frac{T_R}{100} \right)^4 - \left(\frac{T_F}{100} \right)^4 \right\} + \alpha_F \cdot F_F \cdot (T_R - T_F)$$

$$= 4 \cdot \varphi_F \cdot F_F \cdot \left\{ \left(\frac{T_F}{100} \right)^4 - 750 \right\} + V \quad \text{WEst}^{-1}.$$

Man begeht nach **Kammerer** keinen großen Fehler, wenn man annimmt, daß die beiden Größen V und $\alpha_F \cdot F_F\,(T_R - T_F)$ gleich groß sind, dadurch wird

$$(3\,\text{a}) \quad 4 \cdot F_R (1 - \varphi_R) \cdot \left\{ \left(\frac{T_R}{100} \right)^4 - \left(\frac{T_F}{100} \right)^4 \right\} = 4\,\varphi_F \cdot F_F \cdot \left\{ \left(\frac{T_F}{100} \right)^4 - 750 \right\} \quad \text{WEst}^{-1}.$$

Endlich ist die aus dem Brennstoff freigewordene Wärmemenge gleich dem Wärmewert der Verbrennungsgase plus der in die Heizfläche eingestrahlten Wärmemenge:

$$(4) \quad K \cdot \mathfrak{H} \cdot \eta_F = W_S + K \cdot G \cdot c_p\,(T_R - 273) \quad \text{WEst}^{-1},$$

wenn die Lufttemperatur $= 0°\,\text{C}$ angenommen wird.

Der stündliche Kohlenverbrauch beträgt:

$$(5) \quad K = \frac{F_H \cdot D \cdot 640}{\mathfrak{H} \cdot \eta_F \cdot \eta_H} \quad \text{kgst}^{-1}.$$

Es ist:

$$(6) \quad F_R \cdot \varphi_R = F_S \cdot \varphi_S$$

oder

$$(6\text{a}) \quad \frac{F_S}{F_R} = \frac{\varphi_R}{\varphi_S} = \mu.$$

Diese Gleichungen lassen sich umformen in

$$(7) \qquad W_S = 4 \cdot F_R \cdot \frac{\mu - (\varphi_R)^2}{1 + \mu - 2\,\varphi_R} \cdot \left\{ \left(\frac{T_R}{100}\right)^4 - 750 \right\} \quad \text{WEst}^{-1}.$$

Mit

$$(8) \qquad \varphi' = \frac{\mu - (\varphi_R)^2}{1 + \mu - 2\,\varphi_R}$$

wird

$$(9) \qquad W_S = 4 \cdot \varphi' \cdot F_R \left\{ \left(\frac{T_R}{100}\right)^4 - 750 \right\} \quad \text{WEst}^{-1}.$$

Ferner ist

$$(10) \qquad \frac{\eta_H}{160 \cdot D} \cdot \varphi' \cdot \frac{F_R}{F_H} \cdot \left\{ \left(\frac{T_R}{100}\right)^4 - 750 \right\} + \frac{G \cdot c_p}{\mathfrak{H} \cdot \eta_F}\, t_R = 1.$$

Die auf 1 m² Gesamtkesselheizfläche durch Strahlung übertragene Wärmemenge ist

$$(11) \qquad W_{Sm^2} = \frac{W_S}{F_H} = 4 \cdot \varphi' \cdot \frac{F_R}{F_H} \left\{ \left(\frac{T_R}{100}\right)^4 - 750 \right\} \quad \text{WEst}^{-1}.$$

Das Verhältnis der eingestrahlten zu der von der Kesselheizfläche insgesamt aufgenommenen Wärmemenge ist

$$(12) \qquad \sigma = \frac{W_S}{W_H} \cdot 100$$

$$= \frac{i''' - i_0}{1,6 \cdot (i'' - i')} \cdot \frac{1}{D} \cdot \varphi' - \frac{F_R}{F_H} \left\{ \left(\frac{T_R}{100}\right)^4 - 750 \right\} \quad \text{v. H.}$$

Die Größen F_R, F_S und F_H können aus der Kesselzeichnung ohne weiteres entnommen, φ' bzw. φ_R nach dem Verfahren von Weber folgendermaßen ermittelt werden. Von einem sehr kleinen Stückchen O der Rostfläche wird nach einer beliebigen Richtung, z. B. OP_1, eine Wärmemenge gleich $\sin \alpha$ ausgestrahlt, (Abb. 2). Auf eine in Höhe des Winkels α auf der Einheitskugel parallel zur Ebene $\overline{A_1\,A_2\,A_3\,A_4}$ vom Winkel $d\alpha$ ausgeschnittene Kugelzone von der Oberfläche $2\,\pi \cos \alpha \cdot d\alpha$ wird eingestrahlt $2\,\pi \sin \alpha \cos \alpha \cdot d\alpha = \pi \sin 2\,\alpha\, d\alpha$. Die auf einer Kugelzone zwischen den Winkeln $\alpha°$ und $O°$ eingestrahlte Wärme beträgt somit

$$(13) \qquad \int_0^\alpha \pi \sin 2\,\alpha\, d\alpha = \pi \sin^2\alpha \, .$$

Da auf die ganze Halbkugel insgesamt π Wärmestrahlen kommen, so ist der verhältnismäßige Bestrahlungsanteil der Kugelzone zwischen den Winkeln $\alpha°$ und $O°$ gleich $\sin^2\alpha$. Die vom Flächenteilchen O auf Fläche $\overline{P_1\,P_2\,P_3\,P_4}$ ausgestrahlte, verhältnismäßige Wärmemenge wird gefunden, indem man für genügend viele Punkte der Konturen von $\overline{P_1\,P_2\,P_3\,P_4}$ die Größe

$$(14) \qquad \sin^2\alpha = \frac{z^2}{x^2 + y^2 + z^2}$$

bestimmt und die Werte $(1 - \sin^2\alpha)$ als Ordinaten über den im Bogenmaß aufgetragenen Richtungswinkeln β aufzeichnet, d. h. zwischen den Winkeln $\beta_1 = O$ und $\beta_2 = 2\,\pi$. Der Inhalt dieser Fläche geteilt durch $2\,\pi$ gibt dann das Winkelverhältnis des Flächenteilchens O in bezug auf Fläche $\overline{P_1\,P_2\,P_3\,P_4}$. Für die Ermittlung des Winkelverhältnisses der ganzen Rostfläche $\overline{A_1\,A_2\,A_3\,A_4}$ in bezug auf Heizfläche $\overline{P_1\,P_2\,P_3\,P_4}$ genügt es, wenn die Rostfläche in einige Längs- und Querstreifen unterteilt und für den Mittelpunkt jedes Teilrechteckes die Größe φ bestimmt wird. Der Mittelwert der verschiedenen φ ist das gesuchte Winkelverhältnis φ_R.

In Abb. 4 sind die Strahlungsverhältnisse für den mit einem Doppelwanderrost ausgestatteten Schrägrohrkessel in Abb. 5 dargestellt, indem von O aus für die drei in der Mittelebene eines der beiden Roste gelegenen Punkte A, B, C die Größen φ für beliebige Richtungen eingetragen und durch Linienzüge miteinander verbunden wurden. (Für die Richtung ON ist z. B. φ gleich der Strecke OM.) Der um O mit Halbmesser 1 beschriebene Kreis entspricht dem Winkelverhältnis $\varphi = 1{,}0$.

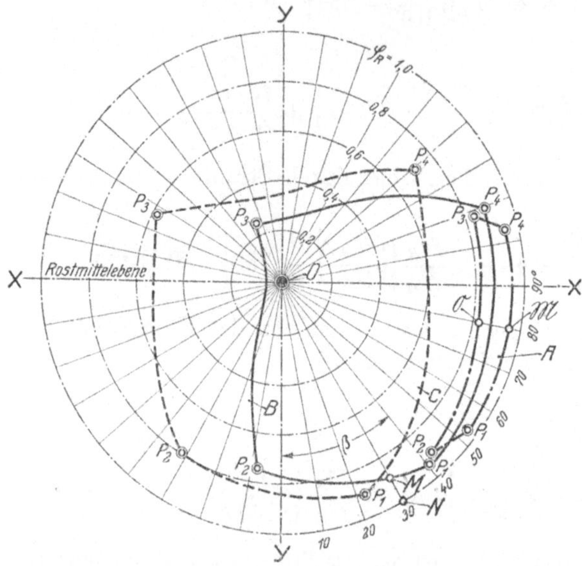

Abb. 4. Winkelverhältnis φ des mit 2 Wanderrosten ausgestatteten Zweikammerwasserrohrkessels in Abb. 5 für die 3 in der Rostmitte gelegenen Punkte A, B, C nach verschiedenen Richtungen β.
Beachte: Infolge der Feuergewölbe kleine Wärmeausstrahlung des vordersten Drittels des Rostes (Linienzug A) gegenüber den beiden übrigen Dritteln (Linienzüge B u. C).

Das Verhältnis $\dfrac{OM}{ON}$ gibt also ohne weiteres ein Bild von der von Punkt B in Abb. 5 nach Richtung ON unmittelbar eingestrahlten Wärme. Man sieht aus Abb. 4, daß die Wärmeausstrahlung von verschiedenen Punkten eines Rostes aus und in verschiedenen Richtungen außerordentlich verschieden ist und daß infolge der Zündgewölbe vom vordersten Rostteil sehr viel weniger Wärmestrahlen unmittelbar auf die Heizfläche treffen als von der übrigen Rostfläche. Von Punkt A aus wird nur nach einer Seite des Rostes hin Wärme unmittelbar in die Heizfläche eingestrahlt. An Stelle der Strecke OM usw. tritt hier die Strecke $O\mathfrak{M}$, welche die strichpunktierte Kurve auf den Halbmessern abschneidet.

Während φ_R den Anteil der vom Rost unmittelbar eingestrahlten Wärme angibt, zeigt φ' die Summe aus der unmittelbar eingestrahlten

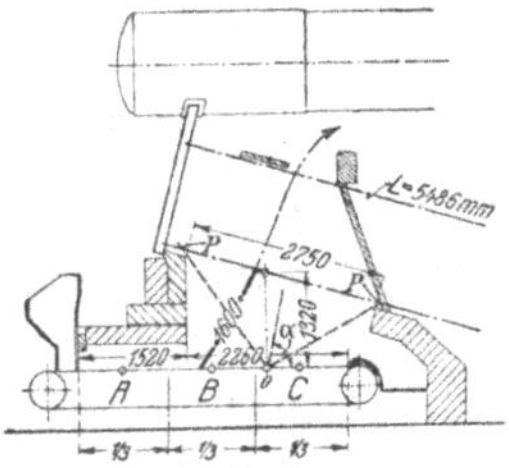

Abb. 5.

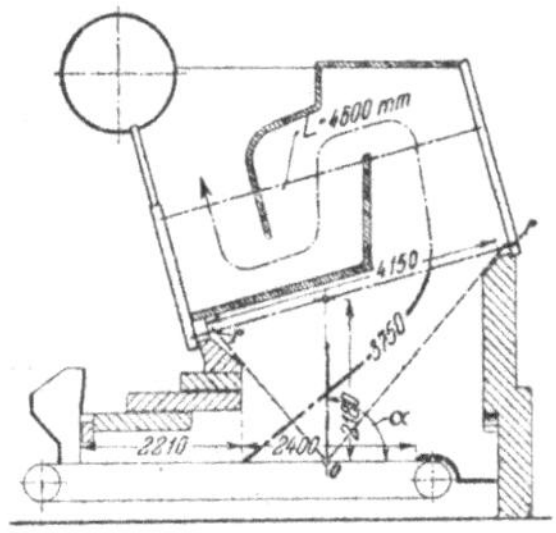

Abb. 6.

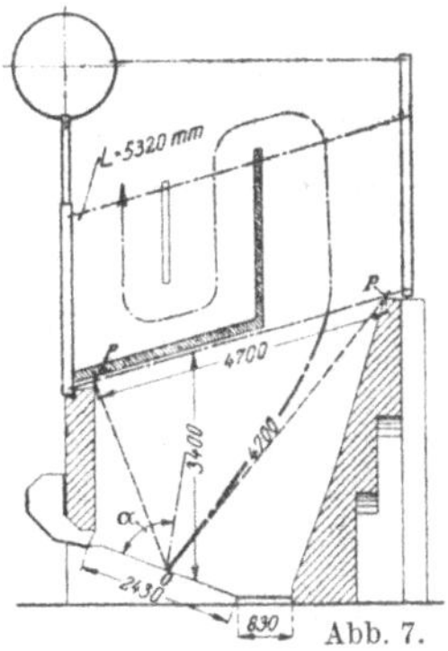

Abb. 7.

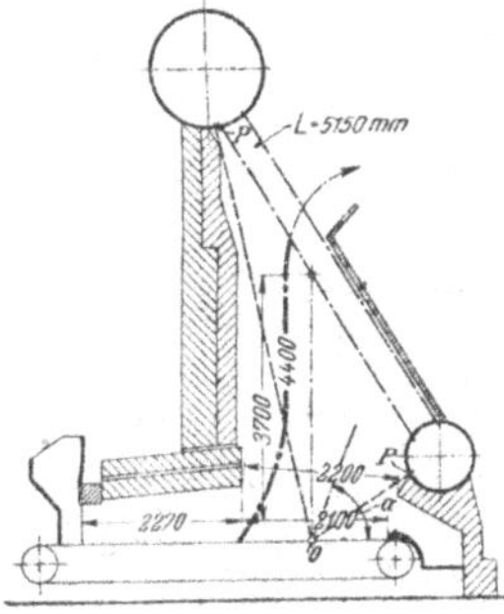

Abb. 8.

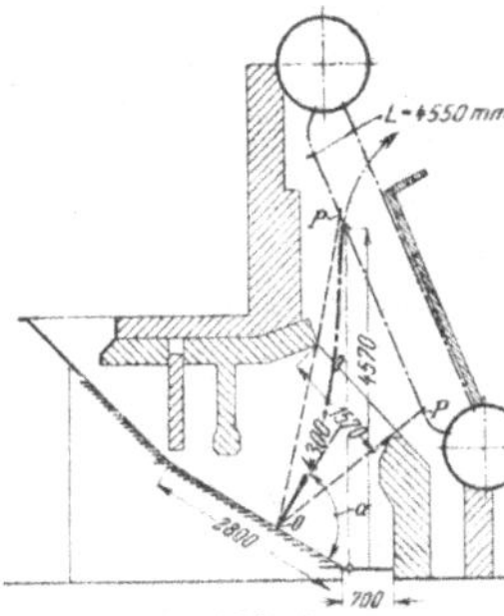

Abb. 9.

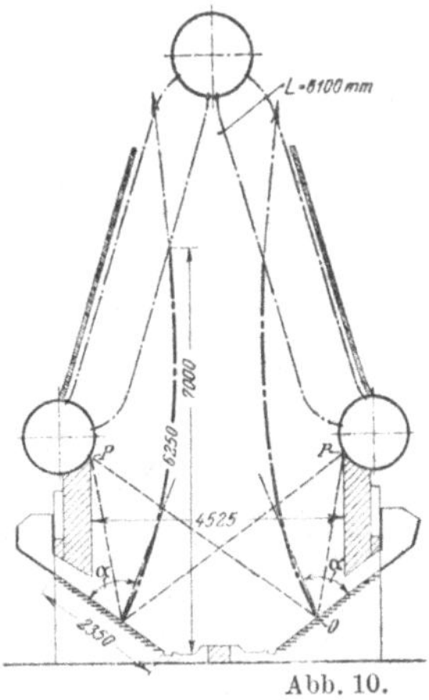

Abb. 10.

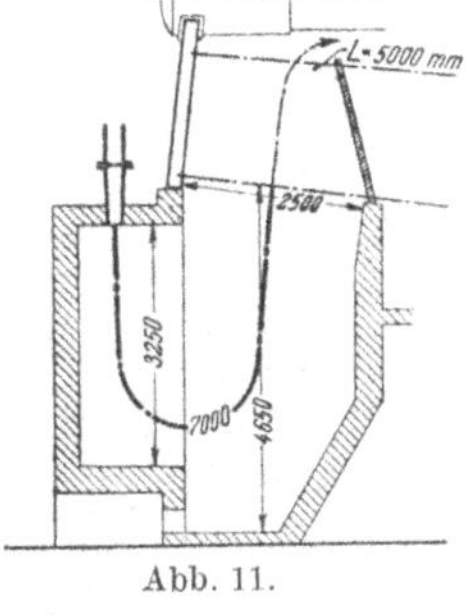

Abb. 11.

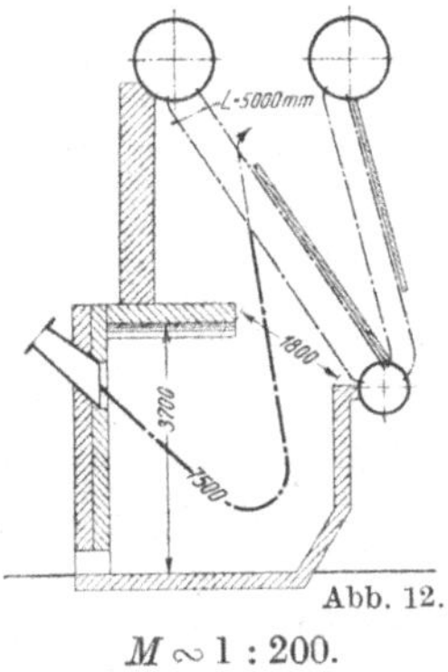

Abb. 12.

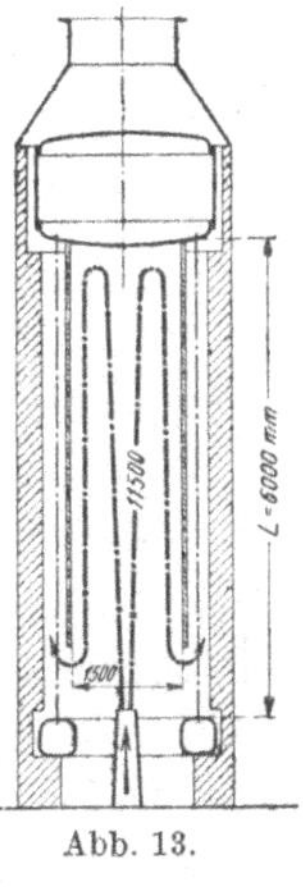

Abb. 13.

$M \sim 1:200.$

Abb. 5 bis 13. Feuerräume und Flammenwege einiger typischer Dampfkesselbauarten.

L = Länge der Wasserrohre; —·—·— = mittlerer Flammenweg;
5, 6, 8, 9 = deutsche Kessel mit mechanischen Rosten; 7, 10 = amerikan. Kessel mit mechan. Rosten;
11, 12 = amerikan. Kessel mit Kohlenstaubfeuerung; 13 = englischer Kessel mit Kohlenstaubfeuerung.

und der von den Feuerraumwänden rückgestrahlten Wärmemenge an. Zwischen den vier Größen φ', φ_R, F_S und F_R besteht gemäß Gleichungen (6 a) u. (8) ein gesetzmäßiger Zusammenhang, Abb. 14. Ist z. B. die bestrahlte Heizfläche F_S ebenso groß wie die Rostfläche F_R $\left(\dfrac{F_S}{F_R} = 1{,}0\right)$ und treffen 40 v. H. der von F_R ausgehenden Wärmestrahlen unmittelbar auf F_S, so erhöhen die von den Feuerraumwänden zurückgeworfenen Strahlen die insgesamt eingestrahlte Wärmemenge auf 70 v. H., d. h. die Reflexionsstrahlen betragen rd. 75 v. H. der unmittelbar eingestrahlten (Punkt A in Abb. 14). Aber selbst bei reiner Reflexionsstrahlung würden noch immer

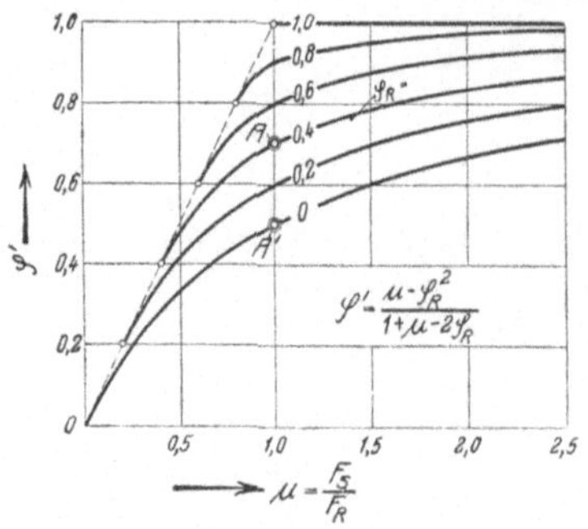

Abb. 14. Zusammenhang zwischen φ' und μ bei verschiedener Größe des Winkelverhältnisses φ_R.

50 v. H. der vom Rost ausgehenden Wärmestrahlen die Heizfläche erreichen (Punkt A' in Abb. 14).

In Bestätigung und in Ergänzung praktischer Erfahrungen gestatten Gleichungen (10) bis (12) und Abb. 2 folgende Schlüsse:

1. Die Feuerraumtemperatur hängt außer vom Verlauf des Verbrennungsprozesses auch von der Größe der Rostfläche, der bestrahlten und der gesamten Heizfläche und von der gegenseitigen Lage zwischen bestrahlter Heizfläche und Rostfläche ab.

2. Die Feuerraumtemperatur wächst mit zunehmender Heizflächen-(Rost-) Belastung.

3. Der Anteil der eingestrahlten zur insgesamt aufgenommenen Wärmemenge eines Kessels fällt mit zunehmender Heizflächenbelastung und ist um so größer, je größer das Verhältnis $\dfrac{\text{Rostfläche}}{\text{Kesselheizfläche}}$ ist und je mehr der vom Rost ausgehenden Wärmestrahlen die Heizfläche unmittelbar treffen.

Zur Nachprüfung der Brauchbarkeit von Gleichung (10) wurden an einigen Kesseln bei verschiedenen Belastungen und Brennstoffen die Feuerraumtemperaturen mit einem Wanner-Pyrometer gemessen. Diese Meßwerte sind in Abb. 15 den aus den Abmessungen der Kessel und den besonderen Verhältnissen bei den Versuchen mit Gleichung (10) errechneten Temperaturen gegenübergestellt.

Man gewinnt folgendes Bild:

1. bei Versuchsreihe A stimmen bei hoher Rostbelastung beide Werte sehr gut überein. Mit abnehmender Rostbelastung nimmt der Unterschied zwar zu, beträgt aber bei 50 v. H. der Höchstbelastung

immerhin erst 50° C. Freilich wurde bei sämtlichen Versuchen mit dem Luftüberschuß vom Versuch A 4 gerechnet. Mit dem zum Teil wesentlich niedereren, tatsächlich gemessenen Luftüberschuß wären die berechneten Temperaturen bei schwacher Rostbelastung zum Teil erheblich kleiner als die Meßwerte geworden,

2. bei Verfeuerung minderwertiger Braunkohle auf Treppenrosten unter Steilrohrkesseln stimmen beide Werte innerhalb eines Belastungsbereiches von 50 v. H. der Höchstlast gut überein (Versuchsreihe C),

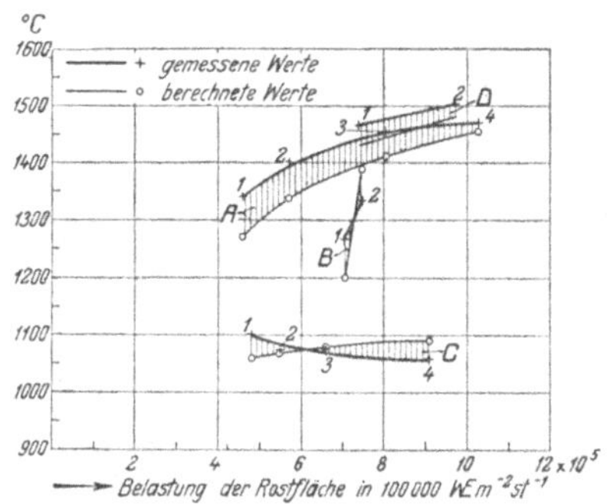

Abb. 15. Unterschied zwischen errechneter und gemessener Feuerraumtemperatur bei verschiedenen Kesseln.

Versuch.	Kesselbauart	Rostbauart	Brennstoff	Heizwert
A 1 bis 4	500 m²-Schiffskessel	Wanderrost mit Abstreifer	Ruhrkohle	7200 WE Kg.⁻¹
B $\frac{1}{2}$	530 m²-Steilrohrkessel	Wanderrost mit Abstreifer	Braunkohlenbriketts	4740 WE Kg.⁻¹
			Ruhrkohle	6800 WE Kg.⁻¹
C 1 bis 4	500 m²-Steilrohrkessel	Treppenrost	Mitteldeutsche Braunkohle	2350 WE Kg.⁻¹
D 1 bis 2	600 m²-Steilrohrkessel	Wanderrost mit Feuerbrücke	Ruhrkohle	7150 WE Kg.⁻¹

3. auch bei Verfeuerung von Steinkohlen und von Braunkohlenbriketts auf Wanderrosten unter einem 500 m²-Steilrohrkessel sind die Unterschiede nicht groß.

Hält man sich die Unsicherheit und die teilweise Willkür der Messung und des Berechnungsverfahrens vor Augen, so ist die erzielte Übereinstimmung recht befriedigend. Dieser Auffassung widersprechen meines Erachtens auch die mit fallender Belastung steigenden Differenzen von Versuchsreihe A nicht. Sie rühren offenbar davon her, daß der Luftüberschuß bei Wanderrosten mit Abstreifern auf den verschiedenen Teilen der Rostfläche ziemlich verschieden sein kann. Die gemessenen Werte sind daher dort nur örtlich begrenzt auftretende Höchst-, aber keine mittleren Temperaturen und es ist anzunehmen, daß an den Stellen, wo sie gemessen wurden, auch der Luftüberschuß etwa ebenso hoch wie der mittlere Luftüberschuß bei Höchstbelastung war. Wenngleich das vorliegende Versuchsmaterial zu einer Klärung nicht ausreicht, so zeigt es doch, daß innerhalb ziemlich weiter Belastungsgrenzen berechnete und gemessene Feuerraumtemperaturen recht befriedigend miteinander übereinstimmen, wenn auch bei Teillast die Zusammensetzung

Zahlentafel 1.

Zusammenstellung der Kennwerte verschiedener Kesselbauarten.

(Sämtliche Kessel haben Rauchgasvorwärmer und erzeugen Dampf von 14 bis 18 at/abs. und 330° bis 375° C.

Nr.	Kesselfirma und Baujahr	Kesselbauart	Höchste Heizflächenbelastung $= D$	Länge der Wasserrohre $= L$	Heizfläche des Kessels $= F_H$	$\mu = \dfrac{F_S}{F_R}$	$100 \cdot \dfrac{F_R}{F_H}$	$100 \cdot \varphi_R$	$100 \cdot \varphi'$	$\varphi' \cdot \dfrac{F_R}{F_H}$	Rostbreite $= b_R$	Rostlänge $= l_R$	Länge der Feuergewölbe $= l_g$	$100 \cdot \dfrac{l_g}{l_r}$	Mittlere Höhe des Feuerraumes
			$kg \cdot m^{-2} \cdot st^{-1}$	mm	m^2		vH.	vH.	vH.		mm	mm	mm	vH.	mm
	a	b	c	d	e	f	g	h	i	k	l	m	n	o	p

A. Zweikammerwasserrohrkessel mit Doppel-Wanderrosten (Hochwertige Steinkohle oder Braunkohlenbriketts).

Nr.	Firma	Bauart	D	L	F_H	μ	$100\frac{F_R}{F_H}$	$100\varphi_R$	$100\varphi'$	$\varphi'\frac{F_R}{F_H}$	b_R	l_R	l_g	$100\frac{l_g}{l_r}$	Höhe
1	A 1912	normaler Wasserrohrkessel	33—39[1]	5500	332	0,759	2,78	24,1	54,9	0,0153	2×1350	3420	1750	51,2	1370
2	B 1914		33—39[1]	5450	410	0,849	2,81	35,6	63,5	0,0178	2×1510	3800	1500	39,5	1250
3	C 1914	Hochleistungskessel	45—54[1]	3600	600	0,667	3,85	29,6	53,8	0,0207	2×2450	4700	2100	44,8	1740
4 a / b	D 1913		48—56[1]	4550	500	1,095	4,07	27,7[2] / 33,8[3]	66,0[2] / 69,1[3]	0,0268[2] / 0,0281[3]	2×2180	4650	2240[2] / 1320[3]	48,4[2] / 28,4[3]	2260

B. Steilrohrkessel mit Doppel-Wanderrosten.

Nr.	Firma	Bauart	D	L	F_H	μ	$100\frac{F_R}{F_H}$	$100\varphi_R$	$100\varphi'$	$\varphi'\frac{F_R}{F_H}$	b_R	l_R	l_g	$100\frac{l_g}{l_r}$	Höhe
5 a / b	E 1917	3 Bündel	41—48[1]	5350	530	1,265	3,48	12,1[4] / 18,3[5]	61,8[4] / 64,9[5]	0,0215[4] / 0,0226[5]	2×2100	4365	2300	52,7	3750
6	E 1919	3 Bündel	43—50[1]	4900	460	1,140	3,61	13,6	60,0	0,0217	2×1900	4365	2300	52,6	3500
7	C 1919	2 Bündel[7]	44—52[1]	—	600	0,665	3,74	24,8	51,8	0,0194	2×2300	4840	2000	41,5	2200
8	A —	1 Bündel	48—57[1]	5750	560	0,61	4,10	21,4	47,7	0,0195	2×2550	5400	2500	46,3	2760

C. Steilrohrkessel mit Treppenrosten (Mitteldeutsche Braunkohle).

Nr.	Firma	Bauart	D	L	F_H	μ	$100\frac{F_R}{F_H}$	$100\varphi_R$	$100\varphi'$	$\varphi'\frac{F_R}{F_H}$	b_R	l_R	l_g	$100\frac{l_g}{l_r}$	Höhe
9	F 1915	2 Bündel	22—29	4200	550	1,33	3,43[6]	8,90	61,5	0,0232	4×1400	3375	—	—	4500
10	D 1915	3 Bündel	25—32	5300	500	1,37	3,78[6]	7,26	61,2	0,0231	4×1400	3375	—	—	4150
11	G 1915	2 Bündel	25—32	4750	500	1,55	3,78[6]	8,93	65,0	0,0246	4×1400	3375	—	—	4650

[1]) Bezogen auf 640 WE-kg^{-1} Erzeugungswärme des Dampfes, 7500 WE-kg^{-1} Heizwert der Kohle, 120 bzw. 150 kgm^{-2}st^{-1} Rostbelastung. [2]) Bei normaler Länge der Feuergewölbe. [3]) Bei verkürztem Feuergewölbe und vorgeschobenem Rost. [4]) Mit durchgehender Mittelwand zwischen den Rosten. [5]) Ohne durchgehende Mittelwand zwischen den Rosten. [6]) Aus Gründen, die mit der Ableitung der Gleichungen (1) bis (12) zusammenhängen, kann als F_R nur ein Teil der tatsächlich vorhandenen Rostfläche in Ansatz gebracht werden. Nach der üblichen Art der Berechnung der Rostgröße ist $\dfrac{F_R}{F_H}$ um rund 33 vH. größer als die in Spalte 9 g bis 11 g angegebenen Werte. [7]) Kombinierter Kessel (Schrägrohre und Steilrohre).

der Rauchgase auf der ganzen Rostfläche gleichmäßig ist, und daß da,
wo dies nicht zutrifft, die Rechnungswerte unter Einsetzen des Luftüberschusses bei Vollast sich mit den örtlich begrenzt auftretenden Höchsttemperaturen recht gut decken. Sämtliche Versuche (auch
diejenigen mit minderwertiger Braunkohle) wurden mit verhältnismäßig gasreicher Kohle durchgeführt. Gleichung (10) könnte daher
möglicherweise bei mageren Brennstoffen weniger brauchbare Werte
geben.

Um einen Anhalt über die Größe der verschiedenen Faktoren in
Gleichungen (10) bis (12) an neuzeitlichen Großdampferzeugern zu geben,
wurden für verschiedene Kessel die Werte $\dfrac{F_R}{F_H}$, $\dfrac{F_S}{F_R}$, φ_R und φ' berechnet und in Zahlentafel 1 mit einigen anderen kennzeichnenden
Werten eingetragen. Man kann etwa mit folgenden Grenzwerten
rechnen:

Zahlentafel 2.

Brennstoff Heizflächenbehandlung	Rohbraunkohle		Steinkohle	
	mäßig	hoch	mäßig	hoch
$\dfrac{\text{Rostfläche}}{\text{Kesselheizfläche}} = 100 \cdot \dfrac{F_H}{F_R}$ vH.	3,0	5,6	2,5	4,5
$\dfrac{\text{Bestrahlte Heizfläche}}{\text{Rostfläche}} = \dfrac{F_S}{F_R}$	0,6	1,6	0,6	1,3
Winkelverhältnis $= 100 \cdot \varphi_R$ vH.	5	10	12	40
„Berichtigtes Winkelverhältnis" (Summe aus unmittelbarer und Re- flexionsstrahlung) $= 100 \cdot \varphi'$ vH.	40	65	45	70
$\varphi' \cdot \dfrac{F_R}{F_H}$	0,012	0,025	0,015	0,030

Zur schnellen Ermittlung der ungefähren Feuerraumtemperatur
wurde Gleichung (10) in folgende Form gebracht:

$$(15) \qquad 0{,}0056 \cdot \varphi' \cdot \frac{F_R}{F_H} \cdot \frac{1}{D} \cdot \left(\frac{T_R}{100}\right)^4 + 0{,}00054 \cdot t_R = 1\,,$$

φ' liegt zwischen 0,45 und 0,70 und zwar gilt:

$\quad \varphi' = 0{,}45$ für schwachbelastete Kessel mit kleiner Rostfläche,

$\quad \varphi' = 0{,}70$ für Hochleistungskessel mit großer Rostfläche.

Gleichung (15) gibt von normaler Belastung ab für Kessel mit Wanderrosten und Rauchgasvorwärmern und für Kohle von mehr als
5500 WE kg^{-1} Heizwert, unter der Voraussetzung guter Verbrennung

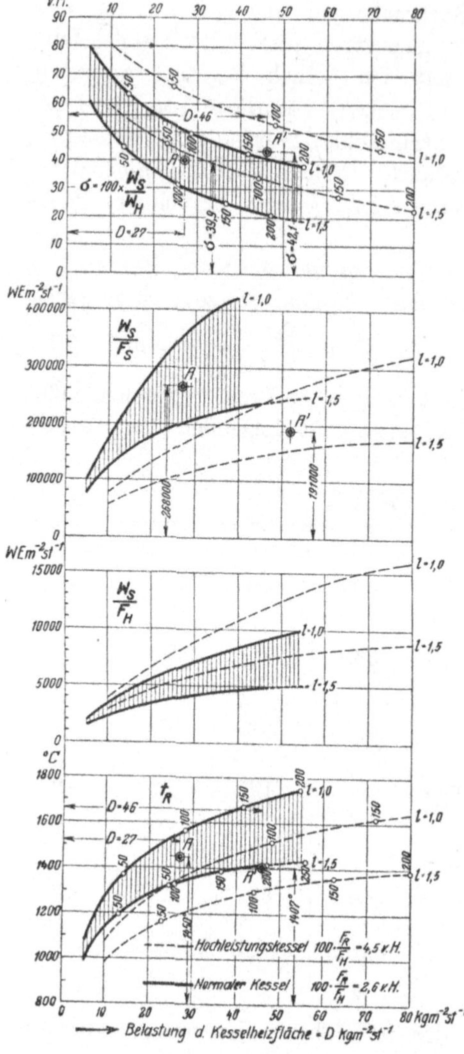

Abb. 16. Feuerraumtemperatur und Wärmeaufnahme durch Strahlung bei einem normalen und einem Hochleistungskessel mit mechanischen Rosten.

Beachte: Bei Hochleistungskesseln liegt die Feuerraumtemperatur t_R u. die Höchstbelastung der Heizfläche $\dfrac{W_s}{F_s}$ tiefer als bei normalen Kesseln.

(Luftüberschuß gleich 1,25), und einer Lufttemperatur von 0° C die mittlere Feuerraumtemperatur auf etwa ± 50° C richtig an. Bei unternormaler Leistung stellen die errechneten Werte örtlich begrenzte Höchsttemperaturen dar.

b) Der Unterschied zwischen normalen und Hochleistungskesseln.

Mit Hilfe von Gleichung (10) bis (12) wurde das Verhalten verschiedener Kesselarten und die Wirkung bestimmter konstruktiver Maßnahmen untersucht. In Abb. 16 sind die Verhältnisse für einen ausgesprochenen Hochleistungskessel

$$\left(\varphi' \cdot \frac{F_R}{F_H} = 0,030\right)$$

und einen normalen Wasserrohrkessel

$$\left(\varphi' \cdot \frac{F_R}{F_H} = 0,015\right)$$

dargestellt. Zur Erläuterung der Schaubilder ist folgendes zu bemerken:

Die Verbrennung verläuft bei gut gewarteten Kesseln zwischen den Luftüberschußzahlen 1,0 und 1,5, sämtliche Kurven wurden daher für diese beiden Werte berechnet. Die tatsächlichen Werte liegen also zwischen beiden Kurven.

Die unterste Kurvenschar zeigt, daß bei gleicher Heizflächenbelastung die Feuerraumtemperatur bei Hochleistungskesseln wesentlich tiefer ist. Aber auch bei gleicher Rostbelastung haben

Hochleistungskessel tiefere Feuerraumtemperaturen. Die parallel zu den Ordinaten an die Kurven geschriebenen Zahlen (50, 100, 150, 200) geben die Rostbelastung in kg m^{-2} st^{-1} bei der betreffenden Heizflächenbelastung an. Z. B. beträgt bei einer normalen Rostbelastung von 100 kg m^{-2} st^{-1} und 1,25 fachem Luftüberschuß die Feuerraumtemperatur beim:

Hochleistungskessel rd. 1407° C bei 46 kg m^{-2} st^{-1} Heizflächenbelastung,
normalen Kessel   ,,   1450° C ,, 27 kg m^{-2} st^{-1} ,,

Obgleich also die Heizfläche des Hochleistungskessels fast doppelt so stark belastet ist, liegt seine Feuerraumtemperatur rd. 40° C niedriger, eine auch durch Messungen bestätigte Tatsache. **Die oft geäußerte Ansicht, die Einmauerung von Hochleistungskesseln müsse infolge der durch die hohe Heizflächenbelastung verursachten sehr hohen Feuerraumtemperaturen vorzeitig schadhaft werden, ist also falsch.** Zum mindesten können hochbelastete Kessel so gebaut werden, daß die feuerfeste Einmauerung hohe Lebensdauer hat und daß auch andere, dieser Kesselart zugeschriebenem Mängel, wie z. B. schneller Verschleiß der höchstbelasteten Wasserrohre, kaum störender sind als bei normalen Kesseln. Freilich werden aus mangelnder Sachkenntnis als ,,Hochleistungskessel'' angebotene Dampferzeuger häufig so gebaut, daß sie tatsächlich die gerügten Mängel besitzen und unaufhörliche Betriebsschwierigkeiten verursachen. Auf diesen Punkt wird später noch zurückgekommen. Die verhältnismäßig tiefe Feuerraumtemperatur erschöpft aber das Wesen von Hochleistungskesseln noch nicht. Die Erfahrung hat gezeigt, daß zweckmäßig gebaute Hochleistungskessel trotz hoher Heizflächenbelastung mit günstigem Wirkungsgrad arbeiten. Dies rührt, wie die oberste Kurvenschar in Abb. 16 zeigt, u. a. davon her, daß Hochleistungskessel wesentlich mehr Wärme durch Strahlung aufnehmen als normale Kessel. Je mehr Wärme aber in die erste Kesselheizfläche eingestrahlt wird, mit um so tieferer Temperatur treten die Rauchgase in die Kesselheizfläche ein, um so weniger Wärme braucht also bei gleichem Wirkungsgrad durch Berührung übertragen zu werden. So z. B. werden unter der Voraussetzung gleicher, normaler Rostbelastung (100 kg m^{-2} st^{-1} entsprechend 46 kg m^{-2} st^{-1} Heizflächenbelastung) beim Hochleistungskessel rd. 42 vH. der insgesamt aufgenommenen Wärme durch Einstrahlung übertragen, gegenüber rd. 40 vH. beim normalen Kessel und 27 kg m^{-2} st^{-1}. Die Kurven für den Anteil der eingestrahlten Wärmemenge W_S an der insgesamt aufgenommenen Wärmemenge W_H, $\left(\dfrac{W_S}{W_H}\right)$, zeigen ferner, daß der Anteil der Strahlungswärme mit steigender Heizflächenbelastung

schnell abnimmt trotz Zunahme der absoluten Größe der auf 1 m²
Gesamtkesselheizfläche eingestrahlten Wärme. Die Kurvenschar $\dfrac{W_S}{F_S}$
gibt die Belastung von 1 m² bestrahlter Heizfläche an, die (unter
Ausschluß der durch Berührung übertragenen Wärme) gleichzeitig
die höchste innerhalb der Kesselheizfläche auftretende Belastung ist.
**Die innerhalb des Kessels auftretende Höchstbelastung der
Heizfläche ist trotz weit höherer mittlerer Heizflächenbelastung bei Hochleistungskesseln viel geringer als bei
normalen (191000 WE m^{-2} st^{-1} gegenüber 268000 WE m^{-2} st^{-1}.)**
Dieser Feststellung scheint die Tatsache zu widersprechen, daß
die untersten Wasserrohrreihen bei Hochleistungskesseln oft
früher schadhaft werden als bei normalen Kesseln. Die Ursachen
des vermeintlichen Widerspruches werden später erörtert (Seite 80).
Auch eine Definition für „Hochleistungskessel" wird an dieser
Stelle gegeben.

c) Der Einfluß von Hochleistungsrosten auf das Verhalten eines Kessels.

Neuere Bestrebungen versuchen die spezifische Belastung mecha-
nischer Feuerungen erheblich über die heute gebräuchlichen Werte
hinaus zu steigern.

Verhältnismäßig kleine, sehr leistungsfähige Roste würden die
Anlagekosten merklich verbilligen, allerdings wäre dann Unterwind
kaum zu vermeiden. Es ist aber nicht richtig, im Unterwind nur
eine lästige Beigabe zu erblicken, wenngleich er die Anlage verwickelter macht. Diesem Nachteil stehen nämlich so große Vorzüge
gegenüber, daß an seiner allgemeinen Einführung, wenigstens unter
Hochleistungskesseln, kaum zu zweifeln ist. Bei natürlichem Zug ist
die Höhe der Rostbelastung verhältnismäßig eng begrenzt, bei Unterwind könnte die Feuerung innerhalb weiter Grenzen mit günstigem
Luftüberschuß betrieben und der Kessel starken Belastungsschwankungen wesentlich besser angepaßt werden als bei normalen Rosten
mit ihrer großen glühenden Brennstoffmasse.

Durch Verstärkung der Saugzuganlage allein ist die gleiche Wirkung
nicht erreichbar, weil sonst unerwünscht hohe Unterdrücke in die
Kesselzüge kommen und durch die, auch bei Blechummantelung un-
vermeidlichen Undichtheiten des Kessels und Ekonomisers viele falsche
Luft ansaugen würden. Bei den großen Rostflächen neuzeitlicher
Großdampferzeuger endlich müssen die Feuertüren zum Ausgleich
von Unregelmäßigkeiten in der Rostbedeckung, zum Entfernen von
Schlackenkuchen usw. öfters geöffnet werden. Die Möglichkeit, bei

Unterwind mit annähernd ausgeglichenem Zug arbeiten zu können, erhöht daher den Wirkungsgrad und schont Kessel und feuerfeste Einmauerung. Endlich scheint die Verbrennung bei Unterwind besser als bei reinem Saugzug zu verlaufen, weil die Luft die Kohlenschicht offenbar in günstigerer Weise durchströmt (mit stärkerer Wirbelbildung, allerdings bei gleicher Luftmenge auch mit größerem Widerstand).

Um die Wirkung kleiner hochbelasteter Roste zu untersuchen, sind in Abb. 17 die Kennlinien zweier gleich großer und gleich belasteter Dampfkessel einander gegenübergestellt, der eine mit normalen Wanderrosten, der andere mit doppelt so stark belastetem „Hochleistungsrosten“. Die Vergleichswerte wurden für einen bewährten, für hohe Belastungen besonders geeigneten Kessel errechnet. Beim Hochleistungsrost ist bei normaler Belastung (d. h. einer Belastung, bei der stündlich ebensoviel Kohle verbrannt wird wie auf einem gewöhnlichen Wanderrost bei 100 kg m^{-2} st^{-1}), die Feuerraumtemperatur um rd. 100° C, bei hoher Belastung um rd. 130° C höher. Innerhalb dieses Belastungsbereiches nimmt ein Kessel mit Hochleistungsrost um 18 v. H. weniger Wärme durch Strahlung auf, sein Wirkungsgrad wird daher nicht so groß werden

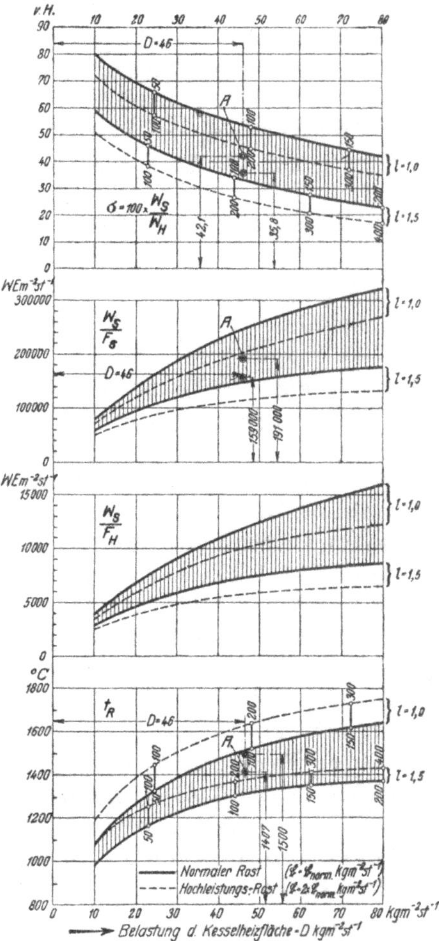

Abb. 17. Feuerraumtemperatur und Wärmeaufnahme durch Strahlung des in Abb. 16 untersuchten Hochleistungskessels bei einem normal bemessenen und einem doppelt so hoch belasteten Roste von halber Rostfläche.

Beachte: Verkleinerung der Rostfläche bei entsprechender Steigerung der spezifischen Rostbelastung erhöht die Feuerraumtemperatur und vermindert die durch Strahlung übertragene Wärmemenge.

wie bei normalen Rosten. Zur Erreichung desselben Wirkungsgrades wie bei gewöhnlichen Rosten müßte daher (wenigstens bei so ausgesprochenen Hochleistungsrosten) die Kessel- oder die Vorwärmerheizfläche etwas vergrößert werden. Tatsächlich würde aber der Vorteil eines trotz heftiger Belastungsschwankungen gleichmäßig hohen CO_2-Gehaltes bei Hochleistungsrosten den Nachteil ungünstigerer Wärmeaufnahme im normalen Betriebe mindestens ausgleichen. Auf alle Fälle ist es wertvoll, sich eine Vorstellung vom Einfluß stark erhöhter Rostbelastung auf die Wärmeaufnahme eines Kessels zu machen.

d) Die konstruktiven Mittel zur Erhöhung der eingestrahlten Wärmemenge.

Lediglich mit Rücksicht auf billige Anlage-, Reparatur- und Unterhaltungskosten wäre ein Mindestaufwand an feuerfestem Mauerwerk, also ein möglichst niederer und einfacher Feuerraum am besten. Im Interesse guter Verbrennung und aus anderen, später zu erörternden Gründen darf jedoch eine gewisse Höhe, die sich nach dem Brennstoff, der Belastung und Bauart des Rostes und seinem Zusammenbau mit dem Kessel richtet, nicht unterschritten werden. Sieht man von Feuerungen für Kohle mit hohem Wassergehalt, die besondere Maßnahmen erfordert, zunächst ab und beschränkt sich auf hochbeanspruchte Kessel für gute Steinkohle, so sollte die Feuerung so bemessen und angeordnet werden, daß auch bei kleinem Luftüberschuß Temperaturen von 1550° C selbst bei hoher Belastung nicht überschritten werden. Es ist also dafür zu sorgen, daß möglichst viel Wärme unmittelbar vom Rost in die Heizfläche einstrahlt, d. h. die Größe φ_R tunlichst groß wird. Hierfür geeignete Mittel sind ein nach der Heizfläche zu weit geöffneter Feuerraum, mäßiger Abstand zwischen Rost und Heizfläche und eine Anordnung, bei der die Rostfläche tunlichst weitgehend von Heizfläche überdeckt wird. Die Winkel, unter denen die Strahlenkegel den Rost verlassen, sollen recht groß sein und die Achsen der Strahlenkegel sollen möglichst senkrecht zur Rostfläche stehen (Abb. 2 und 5 bis 10).

Einen raschen Überblick über die durch Strahlung übertragene Wärme bekommt man, wenn man vom Mittelpunkt der wirksamen Rostfläche nach beiden Enden der von Wärmestrahlen eben noch unmittelbar erreichten Heizfläche (Wasserrohre) Geraden OP zieht. Die Strahlungsverhältnisse liegen im allgemeinen um so günstiger, je größer Winkel POP ist und je näher Winkel α zwischen Rost und Achse des Strahlenbündels POP an 90° liegt. In Abb. 18 sind verschiedene kennzeichnende Anordnungsmöglichkeiten zwischen Rostfläche F_R und bestrahlter Heizfläche F_S schematisch dargestellt. Abstand A zwischen Rost und Mitte der bestrahlten Heizfläche darf je nach der Lage des Rostes zur Heizfläche, der Gestaltung von Feuerraum und erstem Zug, der Rostbelastung und dem Brennstoff eine bestimmte Größe nicht unterschreiten. Die Wärmeübertragung durch Strahlung ist im allgemeinen um so besser, je größer Winkel POP und Winkel α sind. Abb. 18 zeigt schnell, wie bei verschiedenen Entfernungen und Lagen von Rost und Heizfläche die für Wärmeübertragung durch Strahlung maßgebenden Winkel POP und α sich ändern.

Nach Zahlentafel 1, Seite 16, werden aber selbst bei dem vorzüglich durchgebildeten Hochleistungskessel 4 a nur rd. 28 v. H. der vom Rost ausgehenden Wärmestrahlen unmittelbar in die Heizfläche eingestrahlt. Ein normaler Zweikammerkessel mit langen Rohren (2 in Zahlentafel 1) hat zwar ein günstigeres Winkelverhältnis ($\varphi_R = 35,6$ v. H.). Sein Feuerraum ist jedoch nur rd. halb so hoch wie beim Hochleistungskessel 4 a und wäre für einen Hochleistungskessel viel zu niedrig. Für gewisse, leicht entgasende Kohlen hätte vielleicht bei Kessel 4 durch Verkürzen der Zündgewölbe von rd. 48 v. H. auf rd. 28 v. H. der freien Rostlänge und durch Zurückschieben des Rostes nach dem Abstreifende zu φ_R von rd. 28 v. H. auf rd. 34 v. H. vergrößert werden können (4 b in Zahlentafel 1). Alles in allem geht aber aus Zahlentafel 1 hervor, daß bei den in Deutschland gangbaren Rosten und Kesselarten

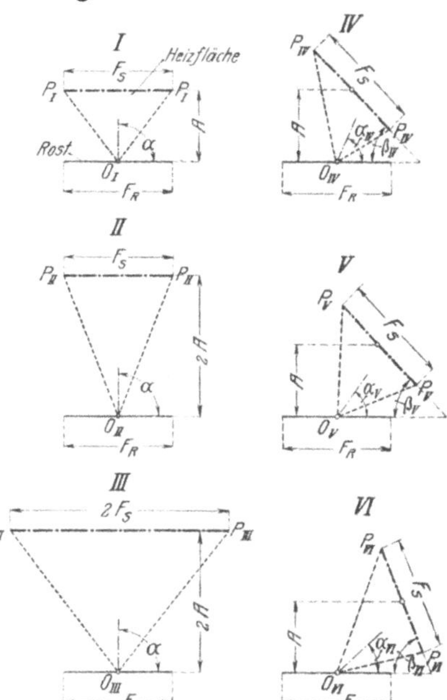

Abb. 18. Schematische Darstellung des Einflusses verschiedener Lage der Rostfläche F_R zur bestrahlten Heizfläche F_s und des Verhältnisses $\dfrac{F_s}{F_R}$ auf die Wärmeübertragung durch Strahlung.
A = Abstand zwischen Rostfläche F_R und Mitte bestrahlter Heizfläche F_s; POP = Winkel des von Flächenteilchen O ausgehenden, die bestrahlte Heizfläche erreichenden Strahlenbündels; α = Winkel zwischen F_R und Mittellinie von Winkel POP. **Beachte:** Wärmeübertragung durch Strahlung im allgemeinen um so günstiger, je größer Winkel POP und je größer Winkel α.

nicht mehr als etwa 36 v. H. der vom Roste ausgestrahlten Wärme der ersten Heizfläche unmittelbar zugeführt werden. Abb. 2, 5 bis 10 und 18 zeigen, daß unter sonst gleichen Verhältnissen um so mehr Wärmestrahlen die erste Heizfläche treffen, je größer sie im Vergleich zur Rostfläche ist. Eine große bestrahlte Heizfläche erhöht außerdem nach Gleichung (6a) u. (8) und Abb. 14 den Anteil der infolge Rückstrahlung in die Heizfläche insgesamt eingestrahlten (φ') zu den vom Rost ausgesandten Strahlen sehr wirkungsvoll und bringt ihn selbst bei kleiner unmittelbarer Einstrahlung (φ_R) auf 50 bis 70 v. H. Dies ist für Steilrohrkessel von Bedeutung, wo infolge der großen, über den Rosten

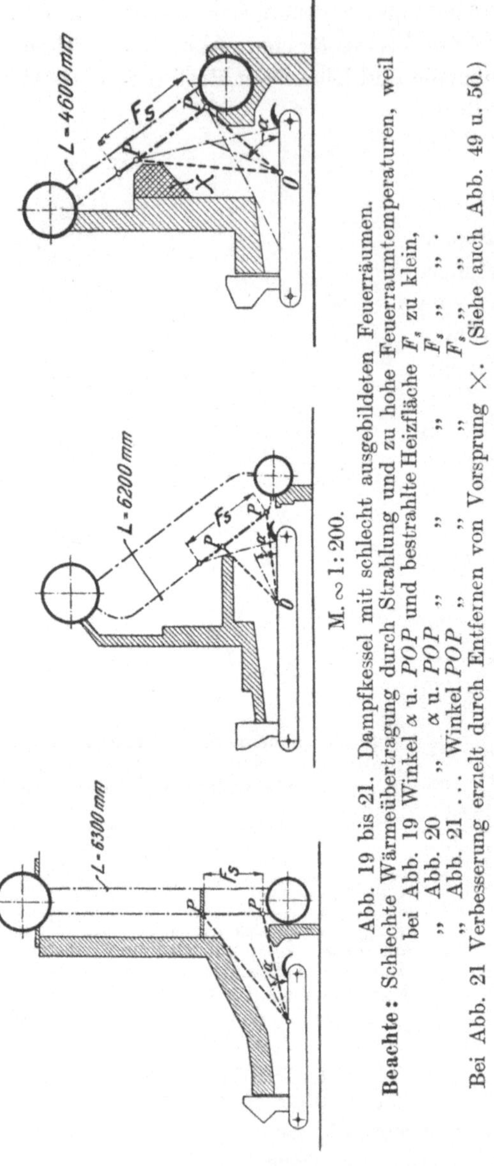

M. ∞ 1 : 200.

Abb. 19 bis 21. Dampfkessel mit schlecht ausgebildeten Feuerräumen.

Beachte: Schlechte Wärmeübertragung durch Strahlung und zu hohe Feuerraumtemperaturen, weil bei Abb. 19 Winkel α u. POP und bestrahlte Heizfläche F_s zu klein,
„ Abb. 20 „ α u. POP „ F_s „ „ .
„ Abb. 21 … „ Winkel POP „ F_s „ „ .
Bei Abb. 21 Verbesserung erzielt durch Entfernen von Vorsprung $\times$. (Siehe auch Abb. 49 u. 50.)

liegenden Heizfläche fast ebensoviel Wärme insgesamt eingestrahlt wird, trotzdem oft nur 7 bis 10 v. H. der ausgesandten Strahlen die Heizfläche unmittelbar erreichen. Die im Vergleich zu den kleinen Werten von φ_R auffallend großen φ' der Braunkohlensteilrohrkessel rühren zum Teil von der großen Breite dieser Kessel her. Sind, was z. B. bei Braunkohlenkesseln zuweilen der Fall ist, die einzelnen Roste durch feuerfeste, die ganze Höhe des Feuerraumes durchquerende Wände voneinander getrennt, so werden bei gleicher Größe und Lage von Rostfläche und Heizfläche φ_R und φ' kleiner als bei gemeinsamem, nicht unterteiltem Feuerraum. Für Kessel 5 in Zahlentafel 1 wurde z. B. ermittelt, daß die Trennwand die unmittelbare Einstrahlung (φ_R) von 18,3 v. H. auf 12,1 v. H. verkleinert, daß aber die insgesamte Einstrahlung (φ') nur von 64,9 v. H. auf 61,8 v. H. fällt. Der Einfluß einer Trennwand scheint daher (wenigstens bei nicht zu schmalen Wanderrosten) verhältnismäßig klein zu sein. Bei den schmalen Treppenrosten von Braunkohlenkesseln fällt er mehr ins Gewicht. Dort dienen aber Trennwände als Wärmespeicher, außerdem sind unzulässig hohe Temperaturen infolge des hohen Wassergehaltes der Braunkohle kaum zu befürchten. Für die Höhe der Feuerraumtemperatur und den Anteil der durch Strahlung an die Heizfläche übertragenen Wärme ist letzten Endes die Größe $\varphi' \cdot \dfrac{F_R}{F_H}$ maßgebend, die bei Steinkohlenkesseln zwischen 0,015 bis 0,030, bei Braunkohlenkesseln zwischen 0,012 bis 0,025 liegt und das Verhalten eines Kessels gut kennzeichnet.

Ein Dampferzeuger mit verhältnismäßig großen Rosten braucht noch nicht ohne weiteres die Eigenschaften zu haben, die man von einem Hochleistungskessel verlangt. Trotz seiner im allgemeinen hohen Dampfleistung können sein Wirkungsgrad und seine Betriebssicherheit schlecht sein. Ein Beispiel hierfür ist Kessel Nr. 7 in Zahlentafel 1, der Spitzenleistungen bis zu 65 kgm^{-2}st^{-1} zulassen sollte und den seine Erbauerin als einen besonders zweckmäßig durchgebildeten Dampferzeuger bezeichnete. Daß dies nur recht bedingt zutrifft, zeigt der Umstand, daß trotz seiner großen Rostfläche der Wert $\varphi' \cdot \dfrac{F_R}{F_H}$ nur wenig größer als bei Kessel 2 in Zahlentafel 1 ist, der mit weit einfacheren Mitteln als normaler, langrohriger Zweikammerkessel gebaut ist. Der Konstrukteur hatte nämlich den Feuerraumschacht des Kessels 7 zu eng und die bestrahlte Heizfläche zu klein gemacht.

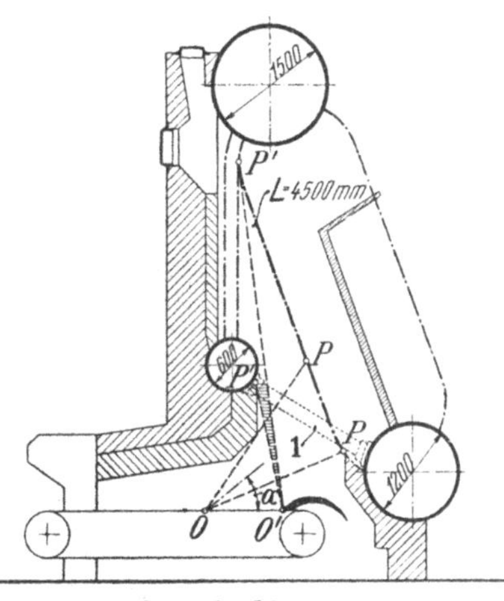

$M. \backsim 1 : 125.$

Abb. 22. Beispiel für den geringen Nutzen eines besonderen Rohrbündels zum Schutze der Stirnwand des Feuerraumes von Steilrohrkesseln.

Beachte: Infolge sehr kleinen Winkels $P'O'P'$ ungünstige Wärmeaufnahme durch Strahlung; Notwendigkeit besonderer Verbindungsrohre 1 zwischen den Untertrommeln. Erzielte Wirkung lohnt aufgewendete Mittel nicht.

Die Untersuchung des Kessels in Abb. 21 ergab schon bei mittleren Belastungen Feuerraumtemperaturen von über 1500° C, das Mauerwerk wurde sehr schnell schadhaft (Abb. 49 u. 50). Nachdem der schraffierte Mauerwerksvorsprung bei X entfernt und das minderwertige Mauerwerk durch besseres ersetzt war, hörten die Übelstände auf. Auch die Kessel in Abb. 19 und 20 haben die Kennzeichen schlechter Strahlungsübertragung und lassen einen ordnungsgemäßen Betrieb nicht erwarten. Das an der freien Kesselstirnwand gelegene besondere Bündel in Abb. 22 nimmt, wie das horizontal schraffierte, von der Spitze des Schlackenabstreifers aus gezogene Strahlenbündel $P'O'P'$ zeigt, infolge seiner unvorteilhaften Anordnung an der Strahlungsübertragung fast keinen Anteil, die erreichte Wirkung wird daher den aufgewendeten, konstruktiven Mittel nicht entsprechen. Die Kessel in Abb. 19 bis 22 zeigen, wie nutzlos Baustoffe aus mangelnder Kenntnis wichtiger Zusammenhänge verschwendet werden und wie mit wenigen, anscheinend ganz geringfügigen Änderungen gute Ergebnisse hätten erzielt werden können.

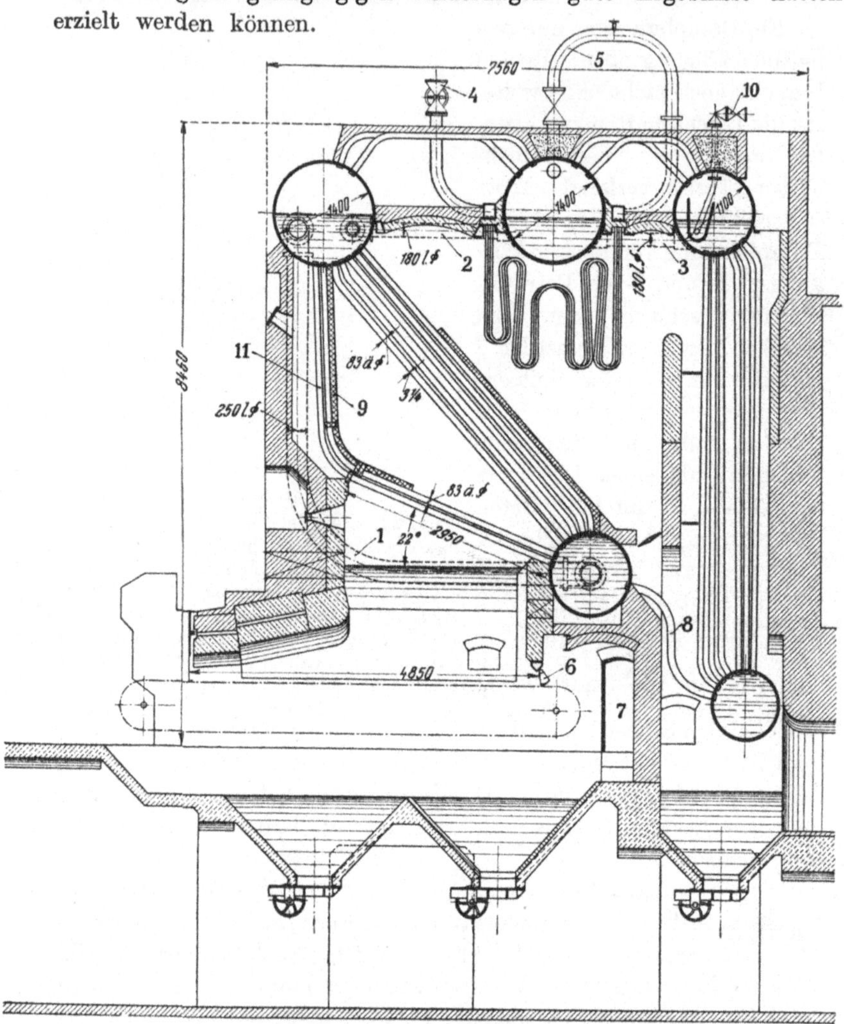

M. ∽ 1:100.

Abb. 23. Hochleistungskessel von L. & C. Steinmüller, Gummersbach, Rhld.

1 = Kalt liegendes Fallrohr; 2 u. 3 = Wasserverbindung zwischen Obertrommeln; 4 = Ventil für überhitzten Dampf; 5 = Dampfleitung zum Überhitzer; 6 = Feuerbrücke; 7 = Bedienungsgang für Feuerbrücke; 8 = Verbindung zwischen Untertrommeln; 9 = Abdeckung der höchstbelasteten Steigrohre 11; 10 = Speiseleitung; 11 siehe unter 9.
Beachte: Geringe Neigung der bestrahlten Wasserrohre (siehe S. 27) und Wärmeschutz des oberen Teiles dieser Wasserrohre (siehe Abb. 79 Fall IV).

Die Strahlungsverhältnisse im Feuerraum lassen sich auch durch kleine Neigung des ersten Rohrbündels bzw. der ersten über dem Roste lagernden Rohrreihen von Steilrohrkesseln gegen die Wagrechte verbessern, mit der in neuester Zeit einige Firmen bis zu 22° gegenüber den üblichen 70 bis 60° gehen, Abb. 23, 132, 133 u. 157. Bei kleiner Rohrneigung müssen zwar die Rohre schärfer gebogen werden, was nicht nachteilig ist, solange darunter ihre Auswechslung nicht leidet, da neuzeitliche mechanische Rohrreiniger gekrümmte Rohre ebenso gut reinigen wie gerade, und da die Möglichkeit, gerade Rohre auf ihrer ganzen Länge zu durchblicken. keine große Rolle spielt. Schwierig kann dagegen der Ersatz schadhafter Rohre bei Kesseln mit aus der Symmetrieebene herausgebogenen Rohren (dreidimensional gebogenen Rohren) werden. Sie werden daher besser vermieden. Beim Badinghausen-Kessel kann die Neigung des ersten Bündels unter Beibehaltung schwach gebogener Rohre durch Zwischenschalten einer Trommel, die Dampf-Wassergemisch führt, in weiten Grenzen geändert werden, Abb. 132 u. 133.

Einige Firmen haben die Strahlungswärme in Steilrohrkesseln dadurch zu erhöhen versucht, daß sie vor der nach dem Heizerstand zu gelegenen Stirnwand des ersten Zuges ein besonderes Rohrbündel anordneten, Abb. 22. Diese Bauart hat sich hauptsächlich deshalb nicht durchgesetzt, weil die Schaffung eines befriedigenden Wasserumlaufes in diesem Bündel schwierig ist, und weil die aufgewendeten Mittel meist nur mangelhaft ausgenützt werden können. Selbst wenn durch günstige Anordnung die vorderste Rohrreihe dieses Bündels viel Dampf erzeugen würde, so werden die übrigen Reihen von den Rauchgasen doch nur mangelhaft bespült und daher schlecht ausgenützt. Auch aus anderen Gründen haben derartige besondere Bündel wenig Zweck, zudem ist gute Lebensdauer der Kesselstirnwand weit billiger erreichbar.

e) Rücksichten auf gute Verbrennung.

An Hand vorstehender Berechnungen wurde wiederholt darauf hingewiesen, daß es mit Rücksicht auf billige Anlage- und Unterhaltungskosten und aus anderen Gründen erwünscht wäre, mit wenig feuerfestem Mauerwerk auszukommen und den Feuerraum niedrig zu machen.

Gute Verbrennung und störungsfreier Betrieb erfordern jedoch eine Mindesthöhe, die nicht unterschritten werden darf. Im Gegensatz zu den Annahmen bei Entwicklung von Gleichungen (1) bis (12) wird nämlich ein erheblicher Teil der Brennstoffwärme nicht auf dem Rost, sondern im freien Feuerraum entbunden. Dieser Betrag hängt u. a. vom Gasgehalt der Kohle ab und soll nach amerikanischen Feststellungen bis zu 50 v. H. des Heizwertes ausmachen[1]).

---

[1]) Power 1918, S. 596.

Innige Durchmischung der brennbaren Gase mit Luft verlangt bei den verhältnismäßig einfachen Mitteln der uns bekannten Roste einen gewissen Weg und damit einen bestimmten Abstand der Heizfläche vom Rost. Andernfalls kann die Flamme nicht ausbrennen und erlischt unter erheblichen Wärmeverlusten vorzeitig. Rostbauart oder ungeeignete Kohle drängen ferner manchmal die Entwicklung der brennbaren Gase auf dem Roste örtlich zusammen, z. B. bei Verfeuerung stark gashaltiger Kohle auf Wanderrosten mit zu langen Zündgewölben. Der größte Teil des Gasgehaltes wird dann schon unter dem Zündgewölbe ausgetrieben, wo er nicht genügend Verbrennungsluft vorfindet. Er tritt in eine schmale Bahn zusammengedrängt aus den Gewölben hervor und bietet der im Feuerraum zuströmenden Verbrennungsluft weit weniger Berührungsfläche als bei einer über den ganzen Rost gleichmäßiger verteilten Entgasung. Infolgedessen braucht die Flamme auch einen beträchtlich längeren Weg

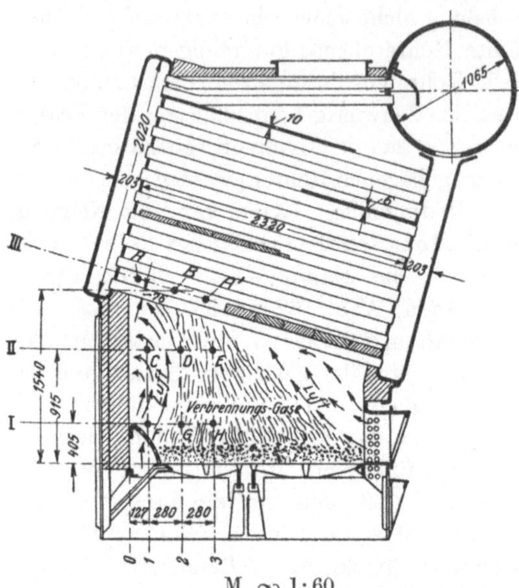

M. ∽ 1:60.

Abb. 24. Amerikanischer, für „Einheitsschiffe" bestimmter Schrägrohrkessel mit Angabe der Meßstellen für die Untersuchung der Rauchgase und Sekundärluftzufuhr durch Feuerbrücke, Bauart Wager, und durch Feuertürgeschränk.
Beachte: Horizontale Führung der Rauchgase, kleine Länge der Wasserrohre.

zum Ausbrennen. Da nun auf demselben Rost oft die verschiedenartigsten Kohlensorten verfeuert werden sollen, muß er so gebaut sein, daß auch gasarme Brennstoffe noch einigermaßen gut verbrennen. Die Zündgewölbe sind daher für gasreiche Brennstoffe öfters viel zu lang. **Deshalb muß der Abstand zwischen Rost und Heizfläche so groß sein, daß auch unter ungünstigen Verhältnissen die Flamme vollkommen ausbrennt.** Die U. S. Emergency Fleet Corporation hat an den für die amerikanischen Einheitsschiffe bestimmten Wasserrohrkesseln, Abb. 24, lehrreiche Untersuchungen über den Verlauf der Verbrennung im freien Feuerraum angestellt[1]). Die handgefeuerten Planroste wurden

―――――

[1]) Engineering 1920, S. 294.

ohne und mit Zufuhr von Oberluft durch eine Feuerbrücke, Bauart Wager, betrieben, die der in Deutschland ziemlich verbreiteten Kowitzke-Feuerung ähnelt. Durch die Feuerbrücke und durch Löcher in der Feuertür strömt an beiden Enden des Rostes Oberluft zu und hüllt die brennbaren Gase gewissermaßen in zwei Luftströme ein, Abb. 24.

Abb. 25 zeigt für Betrieb mit und ohne Feuerbrücke, die Zusammensetzung mehrerer in verschiedener Höhe über dem Rost entnommener Gasproben. Bei fehlender Oberluft enthalten die Verbrennungsgase selbst in 1540 mm Höhe über dem Rost noch nahezu 5 v. H. unverbrannte Gase, die Verbrennung setzt sich bis weit in die Feuerzüge hinein fort, im Fuchs sind noch immer 1,1 v. H. unverbrannte Gase vorhanden. Bei beiderseitiger Oberluftzufuhr war der mittlere Gehalt an unverbrannten Gasen schon 915 mm über dem Rost nur rd. 1,8 v. H., am Eintritt in das Röhrenbündel nur rd. 0,4 v. H., am Eintritt in den Fuchs nur 0,1 v. H., obgleich der CO_2-Gehalt im Fuchs in beiden Fällen nahezu gleich hoch war. Ferner verdient Beachtung, daß in unmittelbarer Nähe der Feuerbrücke, wo Luft leicht zu den brennbaren Gasen gelangen kann,

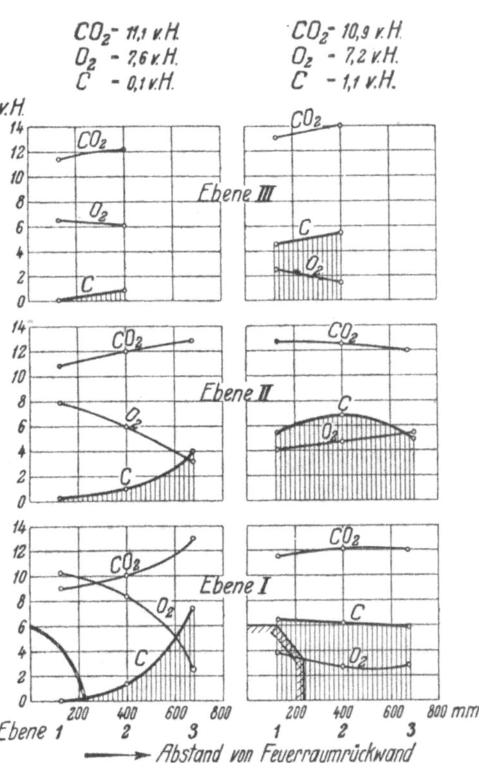

Abb. 25. Zusammensetzung der Rauchgase im Feuerraum des Kessels in Abb. 24 in verschiedener Höhe über dem Roste bei Betrieb mit und ohne Zufuhr von Sekundärluft.
C = Gehalt an unverbrannten Gasen.
Beachte: Ohne Zufuhr von Sekundärluft tritt starker Luftmangel bis weit in die Züge hinein **auf.**

schon 400 mm über dem Rost unverbrannte Gase kaum mehr nachweisbar sind. Bei Kesseln mit ähnlicher Zugführung müßte also bei Rostbelastungen bis rd. 150 $\mathrm{kgm^{-2}st^{-1}}$ der Feuerraum mindestens 1500 mm hoch sein.

Das amerikanische Bureau of Mines[1]) hat untersucht, welchen Weg die Rauchgase zu ihrer völligen Verbrennung brauchen, bzw. welcher

---

[1]) Power 1918, S. 596.

Zusammenhang zwischen Rostbelastung und Größe des Feuerraumes besteht und folgendes festgestellt:

1. der Verbrennungsraum muß um so größer sein, je geringer der Verlust durch unverbrannte Gase, je höher die Rostbelastung und je kleiner der Luftüberschuß werden soll,
2. der Mindestverlust durch unverbrannte Gase ist unter sonst gleichen Bedingungen in kleinen Feuerräumen viel höher als in großen,
3. der Verbrennungsraum muß um so größer sein, je gashaltiger eine Kohle ist.

Diese Feststellungen stimmen mit deutschen Erfahrungen überein.

Da die Versuche am Einheitskessel und die des Bureau of Mines mit handbeschickten Feuerungen gemacht wurden, könnte eingeworfen werden, bei mechanischen Rosten, wie z. B. Wanderrosten, liegen die Verhältnisse um so viel günstiger, daß auch bei hoher Rostbelastung eine Feuerraumhöhe von 1500 mm unter allen Umständen ausreicht. Nach Zahlentafel 1, die ein Auszug aus zahlreichen Ermittlungen ist, sind zwar die Feuerräume schwachbelasteter normaler Zweikammerwasserrohrkessel zum Teil nur rd. 1300 mm hoch, erstklassige ·neuzeitliche Hochleistungskessel haben aber wesentlich höhere Verbrennungsräume (2000 bis 2400 mm) und es ist gewagt, bei gasreicher Kohle und hoher Heizflächen- (Rost-) Belastung selbst bei günstiger Zugführung wesentlich unter 2000 mm herunterzugehen. Trotz der allmählichen Überführung des auf Wanderrosten verfeuerten Brennstoffes aus der Entgasungs- in die Vergasungs- und Verbrennungszone herrscht infolge von Unregelmäßigkeiten im Betriebe, von ungeeigneter Kohle, durch die Unachtsamkeit der Heizer und aus anderen Gründen zuweilen an einzelnen Stellen Luftmangel. Die Flamme braucht dann einen längeren Weg zum völligen Ausbrennen als bei tadelloser Feuerführung. Bei zu knapp bemessenem oder unvorteilhaft angeordnetem Feuerraum treten die für die Wasserrohre so verhängnisvollen Nachverbrennungen auf. Es muß auch berücksichtigt werden, daß man bei Landkesseln größere Lebensdauer der Wasserrohre verlangt und daß ihre Rohre meist wesentlich länger sind als bei Bordkesseln.

Andererseits kann durch geschickte Flammenführung an Feuerraumhöhe gespart werden. In dieser Beziehung sind die den Schiffskesseln nachgebildeten Hochleistungskessel mit nach dem Rostende zu steigenden Wasserrohren vorteilhaft, da die brennbaren Gase vor ihrem Auftreffen auf die Wasserrohre den ganzen Feuerraum durchqueren und da der Eintritt in den ersten Zug nahezu am höchsten Punkte des Feuerraumes liegt (Abb. 6, 7 u. 27). Diese Anordnung verbindet in geschickter Weise den Vorteil senkrechter Zugführung innerhalb der Heizfläche mit wagerechter Flammenführung, die besonders bei gashaltiger Kohle

erwünscht ist. Sie macht es ferner den heißen Gasen unmöglich, vorzugsweise in schmaler Bahn in der Nähe der Wasserkammer hochzuströmen
und durch örtliche Überlastung die Wasserrohre frühzeitig anzugreifen[1]).

Nach Zahlentafel 1 ist die Größe $\varphi' \cdot \dfrac{F_R}{F_H}$ unter sonst gleichen Verhältnissen im allgemeinen bei Steilrohrkesseln kleiner als bei Zweikammerkesseln. Die Tatsache, daß bei ersteren die Feuerraumtemperatur etwas
höher ist, stimmt also mit theoretischen Forderungen überein. Man
kann aber meist ohne Schwierigkeit den Rost bei Steilrohrkesseln so
anordnen, daß gegenüber Schrägrohrkesseln kein nennenswerter Unterschied besteht.

Bei gewissen feinkörnigen Brennstoffen, besonders bei klarer, zu
Flugkoksbildung neigender minderwertiger Braunkohle, ist es vorteilhaft, den Feuerraum beträchtlich höher zu machen, als es für glatten
Verlauf der chemischen Reaktionen nötig wäre. Soll das feuerfeste
Mauerwerk trotzdem nicht leiden, so muß bei hochwertiger Steinkohle
durch zweckmäßige Formgebung zu hohen Feuerraumtemperaturen
vorgebeugt werden. Reichlicher Abstand zwischen Rost und Wasserrohren empfiehlt sich zuweilen auch zur Verhinderung von Flugaschen-
ansätzen an den ersten Rohrreihen. Diese Ansätze treten besonders bei
manchen Rohbraunkohlen auf. Bei starker Erhitzung werden gewisse
mineralische Bestandteile (Alkalisalze) der Kohlen flüchtig[2]). Diese
Dämpfe und geschmolzene Flugaschenteilchen schlagen sich an den
verhältnismäßig kalten Wasserrohren nieder und bilden unter Umständen
ausgedehnte Nester, die den Wärmeübergang beeinträchtigen und höher
gelegene Rohrreihen Temperaturen aussetzen, die sie infolge ihres
(wie später gezeigt wird) schwachen Wasserumlaufes nicht aushalten.
Besonders Braunkohlenkraftwerke leiden unter solchen Flugaschen-
nestern und unter dem Niedertropfen geschmolzener Flugasche
auf die feuerfeste Ausmauerung, wo sie große harte Klumpen bildet.
Das Anbacken geschmolzener Flugasche an die Rohre kann durch
Schaffung niederer Gasgeschwindigkeit und hoher Feuerräume verringert werden. Aber auch bei hochwertigen Steinkohlen treten ähnliche
Anstände auf, z. B. bei Schiffskesseln, in deren Bemessung man weniger
freie Hand hat[3]).

Abb. 4 zeigte, daß infolge der Feuergewölbe vom vorderen Teile
von Wanderrosten weit weniger Wärme in die Heizfläche eingestrahlt
wird als von der weiter rückwärts liegenden Rostfläche. Man könnte
nun in Anlehnung an amerikanische Vorbilder daran denken, die Roste
unter Weglassen jeglicher Feuergewölbe vollkommen unter die Heizfläche
hinunter zuschieben Abb. 7, 10, 93, 94, 131, 132, 133. Bei Unterschubrosten

---

[1]) Zeitschr. d. Bayer. Rev. Ver. 1913, S. 197 ff.   [2]) Z. d. V. 1920, S. 393 ff.
[3]) Spyer, Water Tube versus Cylindrical Boilers, Liverpool 1920.

wäre dies ohne weiteres möglich. Die Vorteile sind aber nicht so groß wie es zunächst scheinen mag, weil dann zur guten Durchmischung von brennbaren Gasen und Luft sehr hohe Feuerräume nötig werden, die die Strahlung nach der Heizfläche ähnlich beeinträchtigen wie Feuergewölbe. Wie Abb. 5 bis 13 zeigt, in der Feuerräume nach deutscher und amerikanischer Anordnung im gleichen Maßstab einander gegenübergestellt sind, sind bei amerikanischen Kesseln Höhen von 3 bis 5 m keine Seltenheit.

Die im neuen Kraftwerk der Ford Motor Co. in Detroit aufgestellten, für Beheizung mit Kohlenstaub und Hochofengas eingerichteten Ladd-Kessel von 2460 m² Heizfläche haben sogar eine Feuerraumhöhe von fast 10 m[1]), Abb. 26. Obgleich bei der Bemessung des Feuerraumes dieser Kessel andere, mit dem Arbeiten von Kohlenstaubfeuerungen zusammenhängende Gründe eine Rolle spielten, fragt es sich doch, ob unter solchen Umständen der Vorteil völlig offener Feuerräume nicht zu teuer erkauft wird.

Schrägroste haben bei deutscher Steinkohle bisher nicht die Verbreitung gefunden, die man auf Grund der Vorzüge, die sie in mancher Hinsicht bieten, erwarten könnte. Es ist dies insofern verwunderlich, als wir schon lange gute Schrägroste für Rohbraunkohle haben. An der starken Bevorzugung von Wanderrosten dürfte u. a. wohl der vielfach recht unvorteilhafte Einbau von Schrägrosten schuld sein, der zu schweren Enttäuschungen geführt hat. Neuerdings scheint indessen dem Bau von Schrägrosten für Steinkohle wieder mehr Beachtung geschenkt zu werden.

Bei der Formgebung des Feuerraumes spielen übrigens auch Rücksichten auf die Verbrennung bei schwacher Belastung eine Rolle, da selbst unter der Voraussetzung eines unverändert niedrigen Luftüberschusses die Feuerraumtemperatur bei kleiner Rostbeanspruchung stark abnimmt, Abb. 16. In Wirklichkeit ist wegen des mit fallender Belastung steigenden Luftüberschusses die Abnahme noch größer als in den Kurven von Abb. 16. Geordnete Verbrennung schwer zündender Brennstoffe unter ausgesprochenen Hochleistungskesseln kann daher bei Schwachlast Schwierigkeiten machen.

Im Interesse vollkommener Verbrennung bei Schwachlast dürfen u. U. nur beschränkte Strahlungsheizflächen über den Rost verlegt werden, wenn nicht durch teilweise Abdeckung der Rostfläche oder durch Erhöhung der normalen Rostbelastung unter Anwendung von Unterwind und entsprechender Verkleinerung der Rostfläche dem starken Wärmeentzug bei Schwachlast entgegengearbeitet wird. Jedenfalls ist bei Durchbildung der Feuerung zu beachten, daß Brennstoff, Rost und Feuerraum immer als Ganzes betrachtet werden müssen. Nur dann wird der Erfolg die aufgewendeten Mittel lohnen.

[1]) Mitteilung d. Vereinigung d. El. W. 1921, Nr. 292.

Abb. 16 zeigt endlich noch, daß selbst bei einem ganz extremen Hochleistungskessel, der meines Wissens in dieser die Wärmeübertragung durch Strahlung aufs äußerste betonenden Ausführung noch nicht gebaut

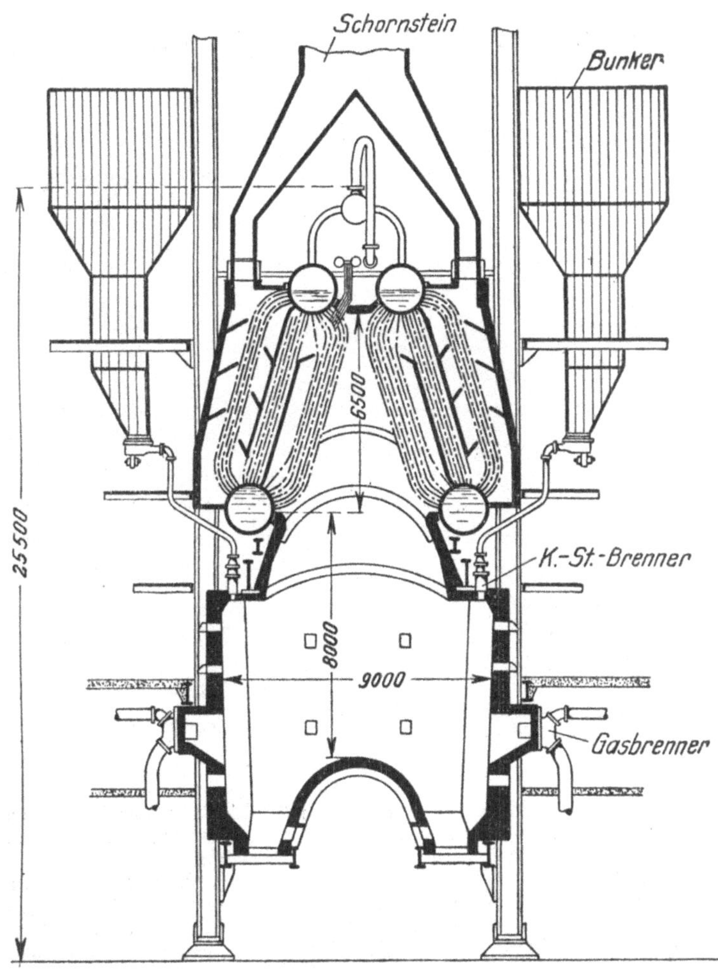

Abb. 26. Amerikanischer Steilrohrkessel, Bauart Ladd, von 2460 m² Heizfläche im Kraftwerk der Ford Motor Co., U. S. A., in Detroit für Beheizung mit Kohlenstaub und Gas.

Beachte: Sehr großer und hoher Feuerraum, sehr große Gesamthöhe des Kessels; sorgfältige Unterstützung des Mauerwerks des Feuerraumes.

wurde, Heizflächenbeanspruchungen von höchstens $300\,000\ \mathrm{WE\,m^{-2}\,st^{-1}}$ nicht überschritten werden. Hat daher das Gesetz von Stefan - Boltzmann für die Feuerungen von Dampfkesseln mit mechanischen Rosten

im großen und ganzen Gültigkeit, was auf Grund zahlreicher Versuche
angenommen werden darf, so können Werte von 400 000　$WE\,m^{-2}st^{-1}$
und mehr, die an ausgeführten Anlagen festgestellt worden sein sollen,
nur von falscher Temperaturmessung herrühren. Es wird nämlich nicht
immer beachtet, daß infolge des hohen Einflusses der Strahlung die

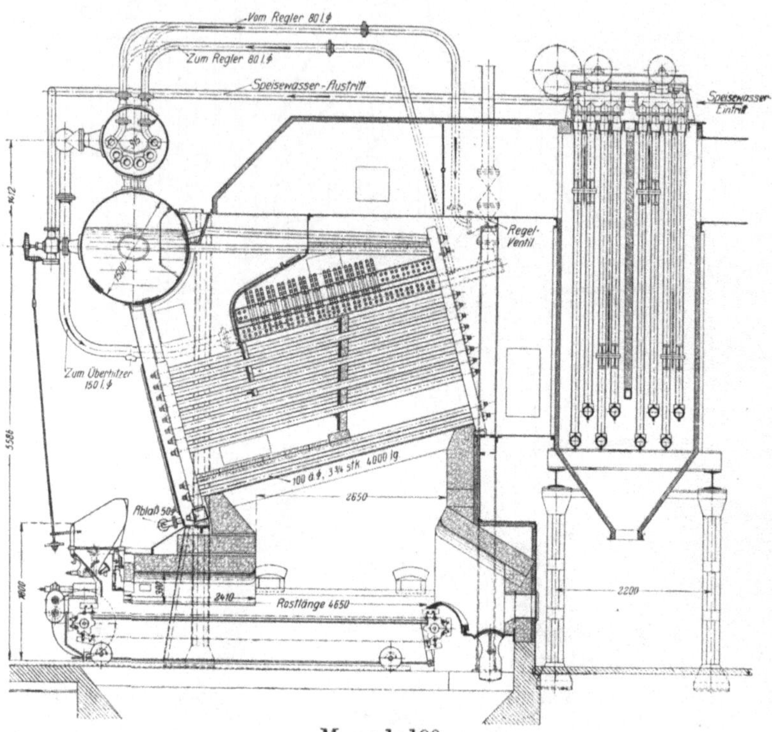

M. ∼ 1:100.

Abb. 27.　Hochleistungskessel von **400 m²** Heizfläche der Deutschen
Babcock-Werke, Oberhausen Rhld., mit organisch angebautem gußeisernem
Ekonomiser von 232 m² Heizfläche.

Beachte: Zugänglichkeit des hinteren Rostendes. Blechummantelung
statt Einmauerung. Flammenweg diagonal durch Feuerraum. Sorgfältiger
Schutz der unteren Enden der Sektionen vor den Flammen. Oberkessel
liegt quer zu den Wasserrohren. Je 2 Verbindungsrohre zwischen Oberkessel und dampfführenden Sektionen. Gasführung im Ekonomiser parallel zu den Rohren, dadurch langer Gasweg trotz kleiner Bautiefe des
Ekonomisers.

Rauchgastemperatur innerhalb der Kesselzüge (besonders im Bereich
hoher Temperaturen) mit den üblichen Versuchsapparaten einigermaßen
richtig nicht gemessen werden kann und daß Folgerungen aus solchen
Messungen sehr leicht zu Trugschlüssen führen[1]).

　　Bei Kohle mit fließender oder backender Schlacke ist gute Zugänglichkeit zu den Rosten besonders wichtig und für die Wärmeausnützung

---

[1]) Zeitschr. d. Bayer. Rev. Vereins 1914, Nr. 3 u. ff.

im praktischen Betriebe oft bedeutungsvoller als ausgeklügelte Kesselkonstruktionen, damit Schlacken und Löcher in der Rostbedeckung
schnell beseitigt werden können. Wanderroste sollten daher bei solchen
Kohlen auf mindestens einer Längsseite und womöglich auch auf der
Rückseite durch Schürtüren zugänglich sein, Abb. 27, 157 u. 172. In vielen
Fällen kann auch bei Steilrohrkesseln durch Höherlegen des Kessels
das hintere Rostende freigemacht werden, wodurch Feuerführung und
Kesselwirkungsgrad im praktischen Betrieb oft erheblich verbessert
werden (Abb. 157 u. 172).

f) Zusammenfassung.

Wenngleich die drei Annahmen auf S. 9 und 10 tatsächlich nicht
ganz zutreffen, Abb. 3, so ist das beschriebene Berechnungsverfahren
doch insofern von beträchtlicher praktischer Bedeutung, als man
mit seiner Hilfe die Haupteigenschaften einer Kesselkonstruktion
schon am Zeichentisch beurteilen und Versuchsergebnisse mehr als
bisher daraufhin untersuchen kann, welche Einzelheiten des Kessels
gut oder mangelhaft und welchen Umständen die erzielten Werte zu-
zuschreiben sind.

Auf S. 22 wurde gezeigt, daß um so mehr Wärme unmittelbar
eingestrahlt wird, je stumpfer die Pyramide ist, unter welcher die
Strahlen den Rost verlassen und je mehr sich die Achse der Pyramide
einer zur Rostfläche senkrechten Lage nähert. Mit Hilfe von Abb. 2, 5 bis 13
u. 18 kann man also schnell erkennen, welchen Einfluß eine Veränderung
von Größe und gegenseitiger Lage von Rostfläche und Heizfläche hat,
indem man diese Abbildungen auf eine bestimmte Kesselausführung
sinngemäß anwendet.

Außer der Möglichkeit einer einfachen Klassifizierung der verschiedenartigsten Bauarten durch wenige, eindeutig bestimmbare Größen
können aus vorstehenden Betrachtungen folgende Richtlinien für den
Bau hochbeanspruchter Dampfkessel abgeleitet werden:

1. Ausreichend hoher Feuerraum, damit die Flamme selbst unter
ungünstigen Verhältnissen vor Erreichen der Wasserrohre vollständig
ausgebrannt ist,

2. Anordnung des Feuerraumes und des ersten Zuges derart, daß
gute Durchmischung der brennbaren Gase mit Luft gewährleistet
wird. Abführen der Verbrennungsprodukte womöglich am höchsten
Punkte des Feuerraumes, Hauptgasströmung gegebenenfalls in die
Diagonale des Feuerraumes legen,

3. Feuerraumtemperaturen über 1500° C vermeiden durch

    a) Verlegen eines möglichst großen Teiles der Rostfläche senk-
recht unter die bestrahlte Heizfläche, Abb. 2 u. 18,

b) Weglassen überflüssiger Gewölbe, Schaffung eines weiten, freien Feuerschachtes,

c) Anordnung großer bestrahlter Heizflächen,

4. Bau der Roste derart, daß die Verbrennung möglichst gleichmäßig auf ihrer ganzen Fläche erfolgt. Anordnung der Roste derart, daß die Ausstrahlung von Rostteilen, auf denen viel Wärme entbunden wird, zuungunsten von schwachbelasteten Rostteilen bevorzugt wird (z. B. Rostmitte gegenüber Abstreiferende bei Wanderrosten bevorzugen),

5. breite und kurze Roste sind für Hochleistungskessel zuweilen etwas vorteilhafter als lange schmale,

6. Kessel mit mehreren Rosten ohne Zwischenwände haben etwas tiefere Feuerraumtemperaturen als solche mit nur einem Rost,

7. große Feuerraumhöhe, durchgehende Trennwände zwischen den Rosten, großer Winkel zwischen Rost und bestrahlter Heizfläche erhöhen die Feuerraumtemperatur.

III. Einmauerung und Kesselgerüst[1].

a) Allgemeines.

Feuergewölbe und Feuerraum hochbeanspruchter Kessel geben oft Anlaß zu Klagen und dauernden teuern Ausbesserungsarbeiten, was hauptsächlich von der Verwendung ungeeigneter Baustoffe, von unrichtiger Konstruktion und schlechter Ausführung der Einmauerung und von unsachgemäßer Bedienung herrührt.

Die Kesselbauer haben sich lange Zeit hindurch zu wenig mit den Eigenschaften der Baustoffe und der Ausführung und Bemessung von Einmauerungen befaßt, so daß ihre Entwürfe nicht selten der Eigenart von Mörtel, Ziegel- und Schamottsteinen nicht genügend Rechnung trugen und daß Konstruktionen entstanden, die ein halbwegs geschulter Bautechniker selbst bei einfachen, durch hohe Temperaturen nicht gefährdeten Gebäuden nie angewendet hätte. Andererseits mangelte bautechnisch erfahrenen Maurermeistern häufig das Verständnis für die besonderen Verhältnisse bei Kesseleinmauerungen und und soweit sie es besaßen, suchten sie dem Kesselbauer möglichst wenig Einblick in ihre „Geheimnisse" zu geben. Der größte Übelstand war aber eine vielerorts durchaus unangebrachte falsche Sparsamkeit bei der Wahl der feuerfesten Baustoffe, obgleich eine gute Einmauerung in besonders hohem Maße Vertrauenssache ist. In den letzten Jahren haben sich die Verhältnisse sehr gebessert und es gibt heute eine große Zahl

---

[1] Dieses Kapitel deckt sich z. T. mit Kapitel V meines Buches „Kohlenstaubfeuerungen für ortsfeste Dampfkessel", Verlag von Julius Springer, Berlin W 9, 1921.

tüchtiger, ihrer Aufgabe gewachsener Einmauerungsfirmen. Auch die Industrie der feuerfesten Baustoffe hat Hervorragendes geleistet. Wenn trotzdem noch Übelstände auftreten trotz sorgfältiger Auswahl des Einmauerungsgeschäftes und der Baustoffe, so liegt dies, von unsachgemäßem Entwurf des Kessels abgesehen, hauptsächlich an den eigenartigem Anforderungen, die an die Einmauerung hochbelasteter, neuzeitlicher Kessel zuweilen gestellt werden.

b) Rohstoffe für feuerfeste Steine.

Herstellung und Eigenschaften der Baustoffe kommt daher ganz besondere Bedeutung zu. Ihre Kenntnis ist unerläßlich, wenn Entwurf und Ausführung der Einmauerung den hohen Anforderungen an hochbelastete Kessel genügen sollen.

Feuerfeste Steine müssen etwa folgende Eigenschaften haben:

1. Widerstandsfähigkeit gegen hohe Temperaturen, ohne zu erweichen oder gar zu schmelzen,
2. Widerstandsfähigkeit gegen die chemische Einwirkung der — oft flüssigen — Schlacke,
3. gute mechanische Festigkeit, ohne durch den Einfluß wechselnder Temperaturen zu reißen,
4. Raumbeständigkeit, d. h. mäßige Wärmeausdehnung und kleine bleibende Formänderung bei wiederholtem Erhitzen und Abkühlen.

Ein feuerfester Stein kann einzelnen dieser Anforderungen um so besser angepaßt werden, je weniger die übrigen berücksicht zu werden brauchen. Da bei Dampfkesselfeuerungen sämtliche vier Punkte eine Rolle spielen, werden an ihr feuerfestes Mauerwerk sehr hohe Anforderungen gestellt.

Feuerfeste Steine für Dampfkesseleinmauerungen werden aus folgenden Rohstoffen hergestellt:

a) Basische Bestandteile: Roher Ton als Bindemittel und gebrannter, auch Schamotte genannter Ton. Hochwertige Tone schmelzen bei SK (Segerkegel) 37 bis 38 (1830 bis 1850° C).

b) Saure Bestandteile: Quarzite und Quarzsande, die fast frei von Al_2O_3 sind und nur roh verarbeitet werden.

Guter Quarzit enthält durchschnittlich 97,5 v. H. SiO_2; 1,5 v. H. Al_2O_3; 0,5 v. H. Fe_2O_3 und hat SK 35 bis 36 (1770 bis 1790° C). Nur wenig Quarzite eignen sich für feuerfeste Steine.

Man unterscheidet zwischen Schiefertonen, plastischen Tonen und Kaolinen. Schiefertone sind meist sehr rein, sehr feuerfest, haben hohen Al_2O_3-Gehalt, aber wenig Bindefähigkeit. Man verwendet sie daher häufig als Schamotte. Die Zusammensetzung der plastischen Tone und ihre Feuerbeständigkeit wechseln sehr, sie haben aber große

Bindekraft. Kaoline sind sehr rein und feuerbeständig, enthalten bis 44 v. H. Al_2O_3, binden aber schlecht.

Ton ist um so wertvoller, je mehr Al_2O_3 und je weniger Flußmittel (CaO, MgO, Fe_2O_3 und TiO_2), die höchstens 4 v. H. ausmachen sollen, er enthält. Verhältnismäßig unreine Tone sind reinen Tonen mit hohem Gehalt an Al_2O_3 infolge ihrer größeren Plastizität und Unempfindlichkeit gegen Temperaturwechsel zuweilen überlegen. Sehr plastische Tone geben zwar dichten Stein, zerklüften aber beim Brennen und Trocknen leicht. Sie müssen deshalb durch Zusatz von Schamotte oder Quarz „gemagert" werden, wodurch der Schmelzpunkt sinkt.

c) Herstellung feuerfester Steine.

Zuschläge und Herstellung feuerfester Steine richten sich nach ihrem Verwendungszweck. Als Baustoffe für Dampfkesseleinmauerungen kommen Quarzschiefer und Schamottsteine in Betracht.

Quarzschiefer hält hohe Temperaturen aus, ist aber gegen Temperaturwechsel empfindlich und in der Faserrichtung gegen die Einwirkung des Feuers nicht so widerstandsfähig wie senkrecht dazu. Immerhin haben sich in einigen Kesselanlagen Feuergewölbe aus Quarzschiefer bei Wanderrostfeuerungen und Steinkohle bewährt. Doch überwiegt die Verwendung von Schamottsteinen die von Quarzschiefer bei weitem.

Es ist üblich, Schamottsteine je nach ihrem Gehalt an SiO_2 und an Al_2O_3 als „sauer" oder als „basisch" zu bezeichnen, diese Art der Einteilung ist aber schwankend und unsicher.

Es wird oft zu viel Wert auf hohen SK gelegt. Steine für die Feuergewölbe und den heißesten Teil des Feuerraumes sollen etwa SK 32 bis 33 (1710 bis 1730° C) haben. Steine mit höherem SK sind sehr teuer, ohne daß der höhere Schmelzpunkt viel nützt, da zwischen SK 32 (1710°) und SK 34 (1750°) nur ein kleiner Temperaturunterschied besteht.

Dem Schmelzen eines feuerfesten Steines geht eine eigentümliche, teigartige Zwischenstufe zwischen festem und flüssigem Zustand voraus. Bei einem Versuche sank z. B. ein belasteter Stab in erhitzte hochfeuerfeste Steine schon 220 bis 440° C unter dem Schmelzpunkt ein. Viele Schamottsteine halten bei 1200° C eine Belastung von 5 $kgcm^{-2}$ nicht mehr aus. Ist daher feuerfestes, hocherhitztes Mauerwerk zu stark belastet, so gibt es unter Umständen schon lange vor dem Schmelzpunkt nach und stürzt vorzeitig ein. Die Schmelzung eines feuerfesten Steines ist in Wirklichkeit eine Auflösung und folgt den für Lösungen und Legierungen gültigen Gesetzen. Der Schmelzpunkt einer Legierung richtet sich nach ihrer Zusammensetzung und liegt oft tiefer als der ihres am niedrigsten schmelzenden Bestandteiles.

Die bei der tiefsten Temperatur schmelzende Legierung derselben Stoffe heißt die eutektische. Schamottsteine enthalten außer Al_2O_3 und SiO_2 noch Fe_2O_3, CaO, MgO und Alkalien. Feuerfeste Steine können schmelzen, sobald sie über den Schmelzpunkt der eutektischen Lösung ihrer Bestandteile erhitzt werden. Bei inniger Berührung der Flußmittel unter sich und mit dem Ton entsteht zunächst die am leichtesten schmelzende Lösung, die viel Flußmittel und wenig Al_2O_3 enthält. Bei weiterer Erwärmung wird allmählich der Schmelzpunkt schwerer schmelzender Lösungen erreicht, so daß immer mehr SiO_2 und Al_2O_3 in Lösung übergehen. Deshalb erweichen Schamottsteine allmählich.

Ton hat einen um so höheren Schmelzpunkt, je mehr Al_2O_3 er enthält und je reiner er ist. Schon ein kleiner Prozentsatz an Flußmitteln setzt seinen Schmelzpunkt stark herab. Auch das Mischungsverhältnis von Al_2O_3 zu SiO_2 ist von großem Einfluß auf den Schmelzpunkt.

Die Widerstandsfähigkeit gegen Schlackenangriff hängt ab von:

1. der Zusammensetzung der Schlacke,
2. der Feuerraum- bzw. Steintemperatur,
3. der Zusammensetzung und
4. der Dichtigkeit des Steines.

Je höher die Temperatur ist, um so leichter entsteht aus den im Stein enthaltenen Flußmitteln eine Lösung, die sein Erweichen einleitet. Gleichzeitig versuchen die Lösungsstoffe der Schlacke in den Stein einzudringen. Im allgemeinen wird daher ein feuerfester Stein nur dann durch Auflösung zerstört, wenn sein Gefüge nicht genügend dicht ist, um das Eindringen der Schlacke zu verhindern oder wenn die chemische Struktur der Schlacke besonders aggressiv gegen das Schamottmaterial ist. Überwiegend basische Körper, MgO, CaO und Fe_2O_3 sind äußerst gefährlich. Bildet sich aus dem feuerfesten Steinmaterial und der Schlacke ein zäher Überzug, der selbst nicht weiter in den Stein eindringt, so schützt er die Ausmauerung oft vor weiterem Schlackenangriff. Die stärksten Zerstörungen bewirken Erdalkalien und Eisenverbindungen. Da sie in Verbindung mit Al_2O_3 aber zum Teil schwer schmelzbar sind, halten tonerdereiche Schamottsteine Schlackenangriff meist besser aus. Versuche mit Schamottsteinen, die mit verschiedenem Wasserzusatz (7 bis 15 v. H.) hergestellt und bei verschiedenen SK gebrannt worden waren, ergaben, daß der Schlackenangriff um so stärker ist, mit je höherem Wasserzusatz und SK die Steine gebrannt wurden. Insbesonders Eisenoxyd im reduzierenden Feuer verursacht gewaltige Zerstörung. Die Widerstandsfähigkeit feuerfester Steine gegen die Alkalien der Schlacke nimmt mit wachsendem Gehalt an Al_2O_3 wahrscheinlich auch aus dem Grunde zu, weil ein Al_2O_3 reiches Material im Feuer sein Gefüge wenig ändert und dadurch das Eindringen der Schlacke erschwert. Bei vielen Kohlen mit aggressiver

Schlacke sind daher scharfer Brand und dichtes Gefüge wichtiger als ungewöhnlich hoher SK oder sehr hoher Al_2O_3-Gehalt.

Steine mit niedrigerem SK und verhältnismäßig kleinem Al_2O_3-Gehalt, die zunächst einen weniger günstigen Eindruck machen, genügen den gestellten Anforderungen manchmal vollauf und sind nicht selten wirtschaftlicher als hochwertige, teure Marken. Endlich muß ein feuerfester Stein raumbeständig und unempfindlich gegen Temperaturschwankungen sein. Reiner Ton schwindet im Feuer, man setzt ihm daher Schamotte zu oder auch Quarz, der bei Erhitzung wächst. Quarzzusatz drückt allerdings den Schmelzpunkt herab.

Schamottsteine werden bei SK 9 bis 12 (1280 bis 1350° C) gebrannt. Scharfes Brennen und inniges Durchmischen der richtig bemessenen Zuschläge erhöhen die mechanische Festigkeit. Ein guter, widerstandsfähiger Stein soll keine größeren Quarzkörner enthalten und beim Beklopfen hell klingen. Scharf gebrannte Steine klingen stets hell. Die Quarzitkörner sollen nicht größer als 3 mm sein, weil gröbere Körner durch ihr Wachsen die umliegende Steinmasse lockern und sprengen und das Eindringen der Schlacke erleichtern. Als Durchschnittswerte kann bei guten Steinen eine Porosität von etwa 15 v. H. und ein Nachschwinden von etwa 3 v. H. angesehen werden. Die Porosität eines Steines wird bestimmt, indem der vorher sorgfältig getrocknete Stein in Wasser gekocht und dann 24 st im erkaltenden Wasser liegen gelassen wird. Die Gewichtszunahme gibt ein Maß von der Dichtigkeit des Gefüges. Mauerwerk aus feuerfesten Steinen wächst beim Erhitzen bei weitem nicht so stark, als auf Grund der Ausdehnungszahl der Steine angenommen werden sollte, weil die Fugen zwischen den Steinen, vielleicht aber auch die Poren der Steine zusammengedrückt werden.

Die Farbe eines Schamottsteines hängt von der Brennfarbe der zu seiner Herstellung verwendeten Rohstoffe ab und ist kein ganz sicheres Zeichen für seine Güte. Sächsische Steine, für die häufig weiß brennende Kaoline benutzt werden, sehen meist weißlich, westdeutsche Steine meist braungelb aus. Bräunliche Farbe rührt zwar im allgemeinen vom Eisenoxydgehalt des benutzten Tones her, der aber oft so nieder ist, daß er den Schmelzpunkt nicht wesentlich herabdrückt.

Im Zweifelsfall empfiehlt sich Übersendung einer Probe an ein keramisches Laboratorium, dessen Untersuchungen sich auf folgende Punkte zu erstrecken haben:

1. Bestimmung des Seger-Kegels,
2. Prüfung der Raumbeständigkeit,
3. chemische Zusammensetzung,
4. Verhalten gegen Asche und Schlacke,
5. Porosität.

Zahlentafel 3.

Untersuchungsergebnisse einiger Schamottsteine.

Nr.	1	2	3	4	5	6	7
Verwendungszweck der Steine	Feuergewölbe			Feuerungswangen und Feuerbrücke		zweiter Zug	
Chemische Zusammensetzung:							
Glühverlust . . . . . v. H.	0,26	0,48	0,17	0,13	0,20	0,20	0,36
Kieselsäure . . . . . ,,	59,83	70,86	71,97	64,44	71,33	76,45	82,56
Tonerde. . . . . . . ,,	36,30	26,43	26,05	32,80	26,53	20,82	14,33
Eisenoxyd . . . . . ,,	2,10	1,59	1,45	2,29	1,58	1,69	0,99
Summe v. H.	98,49	99,36	99,64	99,66	99,64	99,16	98,24
Segerkegel	34	32—33	31	33	32	31	30
Porosität . . . . . . v. H.	16,0	20,1	12,8	19,6	20,2	17,0	19,9
Schlackenangriff von Schlacke, die bei Segerkegel 16 aufgebrannt wurde	Schlacke frißt sich unter Zerstörung 10 mm tief ein	—	—	Schlacke mit Stein verschmolzen u. bis 5 mm tief eingedrungen	Schlacke mit Stein verschmolzen u. bis 5 mm tief eingedrungen	Schlacke drang nur an einigen Stellen ganz wenig in den Stein ein	—
Volumenbeständigkeit: Schwindung I. Brand v. H.	—	1,27	1,88	—	—	—	—
II. ,, ,,		1,67	2,20				
III. ,, ,,		1,71	2,77				
IV. ,, ,,		1,72	2,86				
Gesamturteil:	hoh. Tonerdegehalt, hohe Feuerfestigkeit, geringer Widerstand geg. Schlacke	mittlerer Tonerdegehalt, befriedigende Feuerfestigkeit, mäßiges Nachschwinden	mittlerer Tonerdegehalt, mittlere Feuerfestigkeit, beträchtliches Nachschwinden	hoh. Tonerdegehalt, hohe Feuerfestigkeit, befriedig. Widerstandsfähigkeit geg. Schlacke	—	—	—

In Zahlentafel 3 sind die Grenzwerte der Untersuchungsergebnisse einiger Schamottsteine I. und II. Qualität wiedergegeben, die für eine große Anlage mit Rostfeuerungen für Braunkohle von mehreren Einmauerungsfirmen angeboten worden waren. Da die Preise der verschiedenen Angebote annähernd übereinstimmten, und da sie für denselben Brennstoff abgegeben waren, gibt die Zusammenstellung einen Anhalt von dem in solchem Falle etwa zu erwartenden Unterschied der Wertziffern.

Zahlentafel 4.

Zusammensetzung der Aschen aus vier Flözen derselben Grube.

Zusammensetzung		Flöz 1	Flöz 2	Flöz 3	Flöz 4
Kieselsäure	v. H.	46,8	38,2	39,1	32,2
Tonerde	„	30,2	34,1	19,5	17,9
Eisenoxyd	„	21,3	15,1	21,5	17,4
Kalk	„	1,7	12,3	10,7	17,8
Magnesia	„	Spur	1,2	3,5	7,0

Feuerfeste Steine werden mit Mörtel vermauert, der eine ähnliche Zusammensetzung haben soll wie die Steine und bei Tonschamottsteinen aus fein gemahlenem gebranntem Ton besteht, dem ein angemessener Zuschlag von Bindeton zugesetzt wird, um ihn genügend bindefähig zu machen. Mörtel wird zweckmäßigerweise fertig vom Tonwerk bezogen und braucht dann nur mit Wasser angerührt zu werden. Es hat keinen Zweck, Mörtel zu verwenden, der bedeutend hochwertiger ist als die Steine, doch soll er der Güte der Steine auch nicht nachstehen; sein Schmelzpunkt kann etwas tiefer liegen als der der Steine. Im Zweifelsfall ist gleichfalls Untersuchung durch ein Fachlaboratorium anzuraten.

Zahlentafel 5.

Zusammensetzung der Asche einiger deutscher Steinkohlen.

Herkunft der Kohle	Kieselsäure	Tonerde	Eisenoxyd	Kalk	Magnesia
	v. H.	v. H.	v. H.	v. H.	v. H.
Ruhr	27,4	22,6	46,9	2,7	—
Aachen	1,7	2,1	60,8	19,2	5,0
Oberschlesien	55,4	18,9	16,1	3,2	1,9
Niederschlesien	31,3	8,3	54,5	3,4	1,6
Sachsen	45,3	22,5	25,8	2,8	0,5

Vorstehende Punkte geben lediglich in großen Zügen Richtlinien für die Beurteilung feuerfester Steine; es ist nicht möglich, einen zuverlässigen Wertungsmaßstab in Form starrer Regeln aufzustellen. Die Güte eines Steines bleibt letzten Endes immer Vertrauenssache.

Bei hochbelasteten Kesseln wird es sich besonders empfehlen, erfahrene Einmauerungsfirmen von gutem Ruf zu bevorzugen und zu bedenken, daß die Einmauerungskosten desselben Kessels außerordentlich verschieden sein können je nach der Güte der verwendeten Baustoffe und der Sorgsamkeit der Ausführung.

d) Asche der Brennstoffe.

Zusammensetzung, Schmelzpunkt und Verhalten von Kohlenaschen sind außerordentlich verschieden. Selbst aus derselben Grube stammende Kohlen weisen in dieser Hinsicht große Unterschiede auf. Proben aus 4 übereinander liegenden Flözen einer westfälischen Zeche hatten die in Zahlentafel 4 angegebene Zusammensetzung.

Die Zusammensetzung der Asche einiger deutscher Steinkohlen zeigt Zahlentafel 5, diejenige einiger amerikanischer Kohlen Zahlentafel 6.

Einen gewissen Maßstab für die Schmelzbarkeit einer Asche gibt das Verhältnis ihres Gehaltes an Flußmitteln zu ihrem Gehalt an Tonerde und Kieselsäure. Je größer der Wert

$$\frac{Al_2O_3 + SiO_2}{F_2O_3 + CaO + MgO}$$

ist, um so höher soll der Schmelzpunkt liegen. Eine zuverlässigere Beurteilung soll das Verhältnis $Al_2O_3 : SiO_2$ und das Verhältnis des Gehaltes an Tonerde zu den Basen geben. Den sichersten Aufschluß über die Widerstandsfähigkeit gegen Schlackenangriff erhält man freilich durch Untersuchung eines Probesteines durch ein keramisches Laboratorium bei allmählich steigenden Temperaturen. Die Untersuchung von

Zahlentafel 6

Zusammensetzung der Aschen einiger amerikanischer Steinkohlen.

Art der Kohle	Herkunft	Aschen-Zusammensetzung									Zusammensetzung der Kohle		Erweichungspunkt
		SiO_2 v. H.	Al_2O_3 v. H.	Fe_2O_3 v. H.	TiO_2 v. H.	CaO v. H.	MgO v. H.	Na_2O v. H.	K_2O v. H.	SO_3 v. H.	Schwefel v. H.	Asche v. H.	° C
bituminös . . .	Thomson, Ala.	54,8	27,0	7,0	1,3	4,3	1,7	0,3	3,1	1,4	0,6	17,5	1425
halbbituminös .	Pocahontas Nr. 3 W.-Va.	37,2	25,5	11,8	1,5	12,6	1,9	1,4	0,4	5,6	0,6	5,9	1322
bituminös . . .	Mingo, Tenn.	42,2	30,6	19,0	1,2	1,3	1,0	1,3	2,9	0,2	1,4	7,5	1490
bituminös . . .	Nr. 5, Ind.	37,1	17,6	35,9	0,7	3,2	0,9	0,4	1,8	2,3	5,8	11,5	1335
bituminös . . .	Coal Creek, Tenn. . . .	12,3	12,2	69,7	0,4	3,9	0,7	0,3	0,6	0,2	5,8	8,2	1458

2 feuerfesten Steinen aus einem großen, mit rheinischer Braunkohle gefeuerten Kraftwerk ergab folgende Werte:

Zahlentafel 7.

Untersuchungsergebnisse von zwei Schamottsteinen.

Stein-analyse:	Glüh-verlust v. H.	SiO_2 v. H.	Al_2O_3 v. H.	CaO v. H.	MgO v. H.	F_2O_3 v. H.	Seger-Kegel S. K.	Porosi-tät v. H.	lineare Ausdehnung nach 6 Bränden v. H.
Stein I	0,35	58,61	36,67	0,25	0,12	2,00	33	14,8	·0,59
„ II	0,28	58,81	36,83	0,20	0,09	2,11	33	12,4	0,66

Sie wurden von den Kohlenrückständen schnell und vollkommen zerstört, und zwar auch an Stellen, wo nur Flugasche an das Steinmaterial herankommen konnte. Die Zusammensetzung der gefährlichen Asche zeigt Zahlentafel 8.

Zahlentafel 8.

Zusammensetzung der Asche einer rheinischen Braunkohle.

Glühverlust . . . . 5,20 v. H.
    davon CO_2 . . . . 3,85 „
Kieselsäure . . . . 2,78 „
Tonerde . . . . 6,47 „
Fe_2O_3 . . . . 13,00 „
CaO . . . . 62,10 „
MgO . . . . 5,88 „
Alkalien . . . . 1,22 „
Schwefelsäureanhydrid . . . . 3,42 „
Schwefel . . . . 0,22 „

Die Asche enthält außerordentlich wenig SiO_2 und wirkte deshalb so zerstörend, weil zu ihrem hohen Kalkgehalt noch starker Gehalt an Fe_2O_3 hinzukommt. Bei der Untersuchung im Laboratorium fraß die Schlacke schon bei SK 14 bis 17 (1410 bis 1480° C) das Steinmaterial auf 20 mm Tiefe glatt weg. Der Stein hatte zwar guten SK, enthielt aber sehr viel Schamotte und ziemlich große, ungleichmäßig verteilte Quarzkörner. Sein Bruch war sehr porös. Die schnelle Zerstörung nimmt daher nicht wunder.

Mit Rücksicht auf den heftigen Schlackenangriff mancher Kohlen empfiehlt es sich besonders, vor Ausführung der Einmauerung Probesteine zusammen mit Asche des später zu verfeuernden Brennstoffes auf Schlackenangriff untersuchen zu lassen.

e) Ausführung der Einmauerung.

Die höchstbeanspruchten Teile einer Feuerung sind die Feuergewölbe und vor allem die Wangen, die die Gewölbe tragen. Während die an den Seitenwänden des Kessels gelegenen Feuerungswangen eine gewisse, wenn auch kleine Wärmemenge an das Kesselhaus abgeben und deshalb eine tiefere Temperatur als diejenige des Feuers haben, nehmen die zwischen den Rosten liegenden Wangen allmählich Feuertemperatur an und sind, da sie auch beiderseits dem chemischen Angriff der Schlacke ausgesetzt sind, besonders gefährdet. Die für den Bau dieser Wangen verwendeten Steine und die Steine für die Feuergewölbe müssen sorgsam ausgewählt werden. Die Wangen zwischen den Rosten

Abb. 28. Eingestürztes Feuergewölbe eines Steilrohrkessels.
Ursache: Zu schwache Mittelwange zwischen den Rosten, ungünstig gestalteter Feuerraum, ungeeignete Schamottsteine.

sollten bei Steinkohle mindestens 380 mm stark sein, damit die Gewölbe auch bei angegriffenen Wangen stehen bleiben und als kräftige Gewölbewiderlager ausgebildet werden können. Abb. 28 zeigt die Folgen zu schwacher Wangen und minderwertiger Steine für die Feuergewölbe eines Steilrohrkessels. Das Vorsetzen einer $^1/_2$ Stein starken Schutzschicht, die etwa alle 500 bis 1000 Betriebstunden erneuert wird, schützt sowohl Wangen als auch Widerlager.

Feuergewölbe werden aus Formsteinen ausgeführt, die je nach der Spannweite eine Höhe von rund 250 bis 350 mm haben, indem man die Formsteine auf sauber gehobelten Lehren aufmauert und die zueinander passenden Steine sorgsam aussucht und vor dem Vermauern an ihren Berührungsflächen solange aufeinander schleift, bis sie sich recht satt berühren. Behauen der dem Feuer ausgesetzten

Flächen der Steine ist zu vermeiden. Die letzte Schicht am Ende der Gewölbe soll aus Steinen bestehen, die vor dem Brennen halbrund geformt wurden. Eckig gebrannte oder durch Behauen abgerundete Kanten brennen schneller ab, Abb. 29. Die Steine müssen vor dem Vermauern sorgfältig mit dünnflüssigem Mörtel bestrichen und derart gegeneinander gedrückt und geklopft werden, daß recht dünne Fugen entstehen. Für Feuergewölbe sind nach Erfahrung des Verfassers glatte Keilsteine am geeignetsten.

Abb. 29. Eingedrücktes Feuergewölbe mit abgebrannten Endsteinen.

Ursache: Ausdehnungsschlitz zwischen Feuergewölbe und Entlastungsgewölbe war fälschlicherweise mit Steinen ausgefüllt worden. „Eckig“ gebrannte statt „abgerundet“ gebrannte Endsteine.

Formsteine mit Nut und Feder passen nicht so sauber aufeinander und geben daher breitere Fugen, endlich ist bei ihnen das Auswechseln schadhaft gewordener Steine meist schwieriger Abb. 30. Verfehlt sind Steine mit Doppelnuten und Federn, weil sie zwischen den Nuten infolge ungleichmäßiger Erwärmung reißen. Auch sonstige verwickelte Ausführungsformen sind teurer und nicht so gut wie glatte Keilsteine.

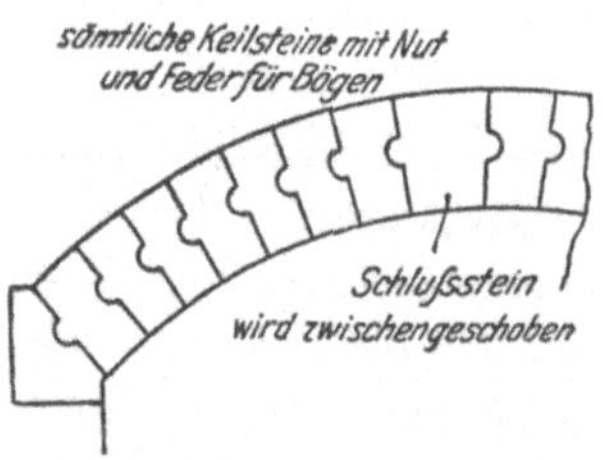

Abb. 30. Feuergewölbe aus Formsteinen mit Nut und Feder.

Der Stich der Gewölbe soll bei kleinen Spannweiten $^1/_{10}$, bei großen und bei hochwertiger Kohle bis zu $^1/_7$ der Spannweite betragen; er wird meist zu klein gemacht. Gleichmäßiger Abbrand der Kohle und gute Verbrennung lassen sich durch geeignete Maßnahmen auch bei großem Stich erzielen, Abb. 31—34. Um gute Zündung zu erhalten, kann der vordere Teil des Gewölbes (Zündgewölbe), der weniger hohen Temperaturen ausgesetzt ist, kleineren Stich bekommen, als der nach dem Feuerraum zu gelegene.

Man hielt es eine Zeitlang für gut, Feuergewölbe aus einzelnen
voneinander unabhängigen Gurtbogen auszuführen, um große Elastizität
zu erzielen und um schadhaft gewordene Bogen ohne Eingriff in das

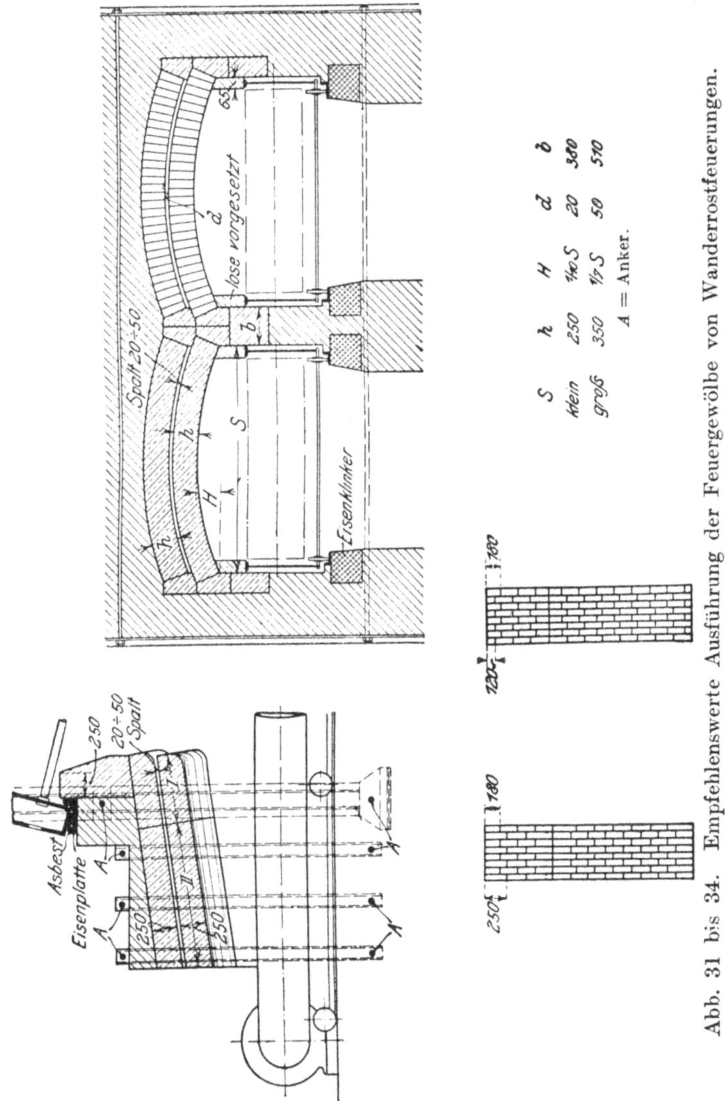

S	h	H	d	b
klein	250	¹⁄₁₀ S	20	380
groß	350	¹⁄₇ S	50	510

A = Anker.

Abb. 31 bis 34. Empfehlenswerte Ausführung der Feuergewölbe von Wanderrostfeuerungen.

übrige Gewölbe erneuern zu können. Derartige Ausführungen haben
aber den Nachteil, daß beim Herausfallen eines Steines der ganze
Bogen zusammenstürzt, und daß die einzelnen Bogen keine genügende

Seitensteifigkeit haben. Feuergewölbe neigen nämlich dazu, sich nach dem Feuerraum zu auszubauchen, Abb. 35, weil sie vorn mehr erhitzt werden. Man verzichtet daher besser auf Gewölbe aus einzelnen Gurt‑ bogen. Um trotzdem bei Ausbesserungen nicht das ganze Gewölbe erneuern zu müssen, führt man es am besten aus 2 oder 3 voneinander unabhängigen Teilen aus, die für sich im Verband gemauert werden. Der nach dem Feuerraum zu gelegene Teil soll etwa 3 bis 4 Steine breit sein, Abb. 31 bis 33. Damit die vordersten Steine fest im Verband haften, empfiehlt es sich, „Anfänger“ zu vermeiden und an ihrer Stelle etwas längere Formsteine zu verwenden. Die Ausführung nach Abb. 33 gibt einen besseren Verband als die nach Abb. 34, andererseits reißen kleinere Formsteine nicht so leicht. Die Gewölbe erhalten kräftige Widerlager aus Formsteinen und nicht aus entsprechend behauenen gewöhnlichen Steinen. Da das eigentliche Feuergewölbe schon durch das Feuer hoch beansprucht ist, sollte es von allen zusätzlichen Belastungen befreit werden, damit es sich ungehindert ausdehnen kann und nur sich selbst zu tragen hat. Das Gewicht des darüber liegenden Mauerwerkes wird deshalb durch ein zweites feuerfestes Gewölbe aufgefangen, das vom unteren durch einen Ausdehnungsspalt von 20 bis 50 mm Stärke getrennt ist, Abb. 31 und 36. Wird

Abb. 35. Feuergewölbe aus einzelnen Gurtbogen für einen Treppenrost vom Rost aus (von unten nach oben) gesehen.
Beachte: Spaltbildung zwischen erstem und zweitem Gurtbogen infolge ungleichmäßiger Erwärmung der Gurtbogen.

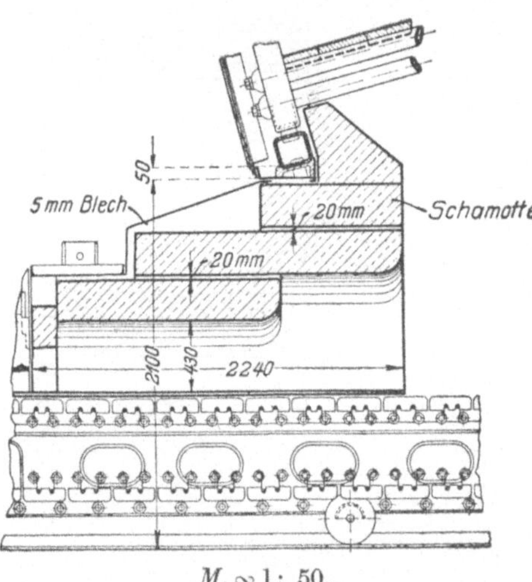

Abb. 36. Feuergewölbe eines blechummantelten Hochleistungskessels.
Beachte: Ausdehnungsspalte zwischen den einzelnen Gewölben.
Halbrund gebrannte Formsteine an der vom Feuer bespülten Kante der Gewölbe.

ein derartiger Spalt nicht angeordnet oder fälschlicherweise mit festen Steinstücken ausgefüllt, so werden die Gewölbe eingedrückt, Abb. 29. Der ganze Gewölbevorbau muß kräftig verankert werden, Abb. 31, 45 u. 59 Bei Befolgung dieser Vorschriften ist es auch bei hochwertiger Steinkohle wohl möglich, für Gewölbe von 2500 mm Spannweite und darüber recht gute Lebensdauer zu erzielen.

Eine weitere unerläßliche Voraussetzung ist sachgemäße Instandhaltung der Gewölbe, die bei jeder Außerbetriebnahme der Kessel nachgesehen werden müssen. Schadhaft gewordene Steine sind durch neue zu ersetzen und Fugen und Löcher, die sich gebildet haben, sind sauber mit Schamottmörtel oder einem Spezialmörtel zu verschmieren. Ein gelegentliches Überstreichen der Gewölbe mit dünnflüssigem Mörtel, der im Feuer einen glasartigen, glatten Überzug bildet, ist gleichfalls von Vorteil, wie denn überhaupt größtmögliche Glattheit der Gewölbe ihre Lebensdauer erhöht, weil die Flamme keine „Angriffspunkte" findet.

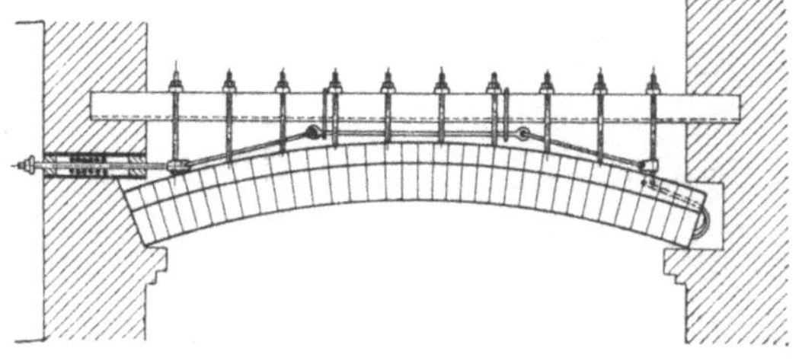

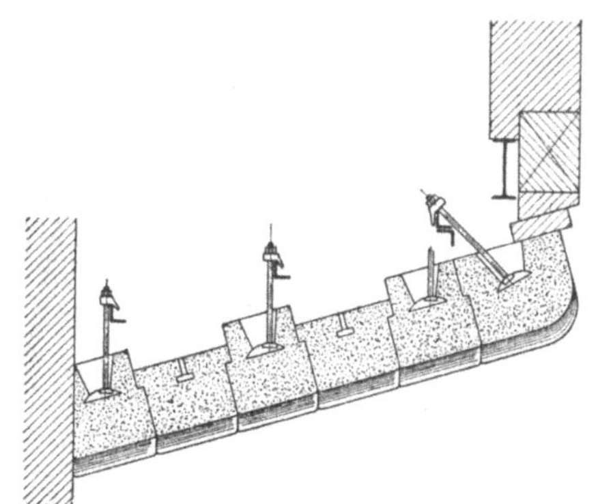

Abb. 37 u. 38. Amerikanische Feuergewölbe-Konstruktion. (Abb. 38 ist im doppelten Maßstab von Abb. 37 gezeichnet.)

Um Rißbildungen und Lockerungen der Gewölbe zu vermeiden, muß man sie vor schroffem Temperaturwechsel schützen. Unnützes Aufreißen der Feuertüren ist zu unterlassen, ferner sollten die Kessel nicht öfter als nötig außer Betrieb gesetzt werden.

Sogenannte Korbbogen sind für Feuergewölbe infolge des glatten Überganges des Bogens in die Widerlager möglicherweise normalen Stichbogen überlegen.

Die Amerikaner haben zwei eigenartige Konstruktionen durchgebildet. Bei der einen werden die feuerfesten Steine an Eisenträgern mit eisernen Zugstangen aufgehängt, Abb. 37 u. 38. Federn sollen für genügende Vorspannung und Nachgiebigkeit sorgen. Ob diese Bauart der üblichen deutschen Ausführung mit normalen Stich- oder Korbbogen, die weit einfacher sind, gleichwertig oder gar überlegen ist, erscheint sehr fraglich.

Die andere Konstruktion hängt gleichfalls an eisernen Trägern, Abb. 39 u. 40, ist eben, soll gleichmäßigen Abbrand bewirken und besteht aus Formsteinen, die mit Nut und Federn ineinander greifen Soweit man amerikanischen Fachzeitschriften entnehmen kann, ist besonders letztere Konstruktion in zahlreichen, großen Anlagen im Betrieb. Die Verhältnisse liegen in Amerika allerdings insofern etwas anders,

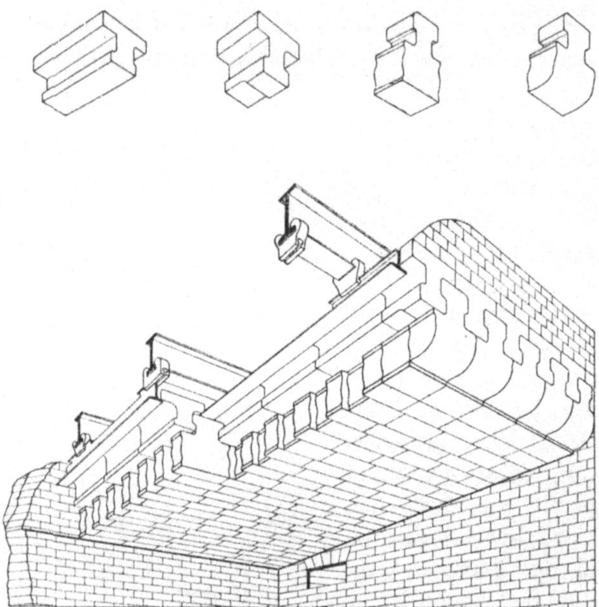

Abb. 39 u. 40.   Ausführung der Feuergewölbe und Gestalt der verschiedenen Formsteine der Liptak Fire-Brick Arch Co., Minneapolis, U. S. A.

Beachte: Feuerfeste Formsteine sind an kalt liegenden Trägern aufgehängt zur Erzielung eines Gewölbes ohne „Stich". Halbrundgebrannte „Endsteine".

als die Gewölbe oft bei Rosten angewendet werden, die aus zahlreichen gleichartigen, nebeneinanderliegenden Einzelfeuerungen bestehen, bei denen sich Zwischenwände zum Unterstützen von Gewölben manchmal nicht gut unterbringen lassen.

Die Schlacke gewisser Kohlen backt an den Seitenwänden des Feuerraumes fest und kann das Arbeiten selbsttätiger Roste stark beeinträchtigen, Abb. 41 u. 42. Durch das Abstoßen dieser Schlackenansätze leidet auch die Einmauerung. Man versuchte diesem Übelstand durch wassergekühlte, in die Seitenwände über dem Rost eingebettete Kästen abzuhelfen, die aber das gute Brennen mancher Kohlen beeinträchtigen und beträchtliche Wärmeverluste im Kühlwasser verursachen.

Abb. 41 u. 42. Schadhafte Feuergewölbe und ausgebrannte Seitenmauern des 500 m² Schrägrohrkessels in Abb. 44.
Ursache: Minderwertige Schamottsteine, schlechte Ausführung,
ungünstig gestalteter Feuerraum, Verfeuerung von Abfallkohle mit
vieler und sehr aggressiver Schlacke.

Es ist nämlich meist ein Trugschluß, zu glauben, die im Kühlwasser ab-
geführte Wärme könne wieder nutzbar gemacht werden, da in den
meisten Kraftwerken ohnehin ein Überfluß an nieder temperiertem
Wasser herrscht und da auch in diesem Falle der Wert einer bestimmten
Wärmemenge sehr von der Höhe ihrer Temperatur abhängt.

4*

Eine deutsche Firma ordnet daher bei gewissen Kohlen an den Längsseiten von Wanderrosten sogenannte Seitenroste an, eine amerikanische füttert die Feuerraumwände bis zu einer zweckmäßigen Höhe über Rost mit feuerfesten Steinen aus, durch deren düsenförmige Bohrungen Sekundärluft eingeblasen wird, die gleichzeitig die Steine kühlen und Schlackenansinterungen verhindern soll, Abb. 43.

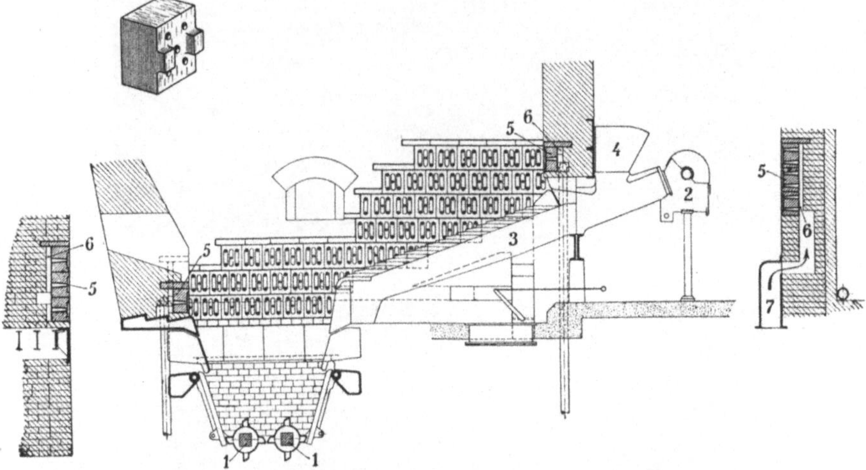

Abb. 43. Ausmauerung des Feuerraumes einer Unterschubfeuerung mit luftgekühlten, feuerfesten Steinen, Bauart der Drake Non-Clinkering Furnace Block Co., New York, U. S. A.

1 = Schlackenbrecher, 2 = Rostantrieb, 3 = Rostbahn, 4 = Kohlentrichter. 5 = Formsteine mit Düsen für Zufuhr von Kühlluft, 6 = Kühlluftkanal, 7 Anschluß zum Unterwindventilator.

Bei dem in Abb. 44 dargestellten Kessel, der als „Hochleistungskessel‘‘ verkauft wurde, sind die Roste wesentlich breiter als die Wasserkammern. Diese Anordnung ist schlecht, weil sie durch Verkleinern der bestrahlten Heizfläche F_s die Größe φ' und damit die durch Strahlung übertragbare Wärmemenge W_s herabsetzt (Glgn. 6a, 8 u. 9 auf S. 11 u. Abb. 18) und weil der schräge Mauerwerksvorsprung den Flammen eine empfindliche Angriffsfläche bietet und nicht so solide wie eine senkrechte Wand aufgemauert werden kann.

Es sollten überhaupt überall da, wo Flammen oder hohe Temperaturen auftreten, möglichst nur glatte, senkrechte Wände ohne Vorsprünge angeordnet werden.

Die von den heißeren Gasen bespülten Züge werden mit einem 250 mm, die kälteren Züge mit einem 120 mm starken Futter aus feuerfesten Steinen, die alle drei bis vier Schichten mit dem dahinterliegenden Mauerwerk im Verband gemauert werden, ausgekleidet. Für die kälteren Züge genügen Schamottsteine II. und III. Qualität.

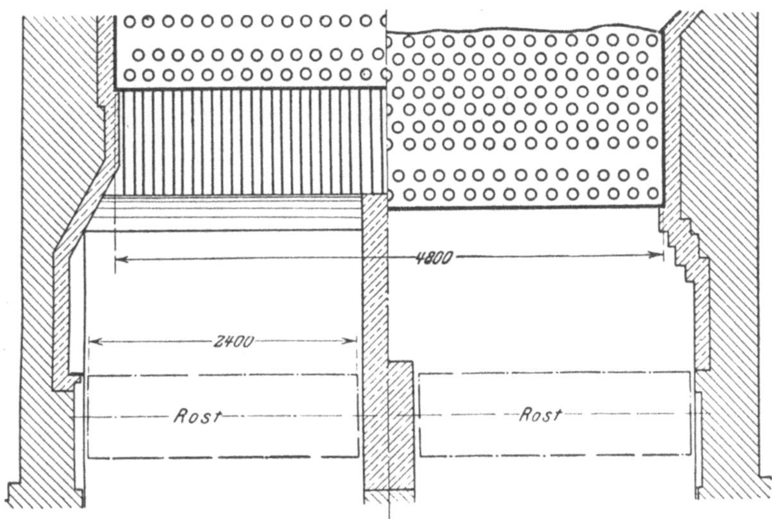

M. $\sim$ 1 : 65.

Abb. 44. Querschnitt durch Feuerraum eines Hochleistungs-Zweikammer-Wasser-rohrkessels mit unvorteilhaft schmaler Wasserkammer.

Beachte: Seitenmauern stehen über Rost vor und bieten den Flammen Angriffs-flächen dar. Wärmeausstrahlung vom Rost nach der Heizfläche wird ungünstig beeinflußt, siehe Abb. 41 u. 42.

Die begehbare Kesseldecke sollte so ausgebildet werden, daß die mit den heißen Rauchgasen in Berührung kommende obere Abdeckung der Züge durch ihr Gewicht nicht belastet wird. Abb. 109 und 110 zeigen eine Ausführung, bei der die Züge durch besondere feuerfeste Gewölbe abgeschlossen werden, während sich die Kesseldecke unabhängig davon auf die Eisenkonstruktion des Kesselgerüstes stützt; bei dem in Abb. 46 und 47 dargestellten Kessel liegt die Kesseldecke auf den Dampfverbindungsrohren zwischen den beiden Oberkesseln, und entlastet dadurch die oberen Rauchgasgewölbe gleichfalls. Ausführungen, bei denen auf die feuerfeste Decke eine mehr oder weniger hohe Aschenschicht auf-

Abb. 45. Durchgerissene Wange zwischen den Rosten einer Treppen-rostfeuerung für Braunkohle.

Ursache: ungenügende Verankerung.

gebracht wird, auf der dann die Kesselabdeckung ruht, sind meist nicht gut.

Die Gesetze des Wärmedurchganges werden zuweilen verkannt oder nicht beachtet, indem die Konstrukteure vergessen, daß Teile,

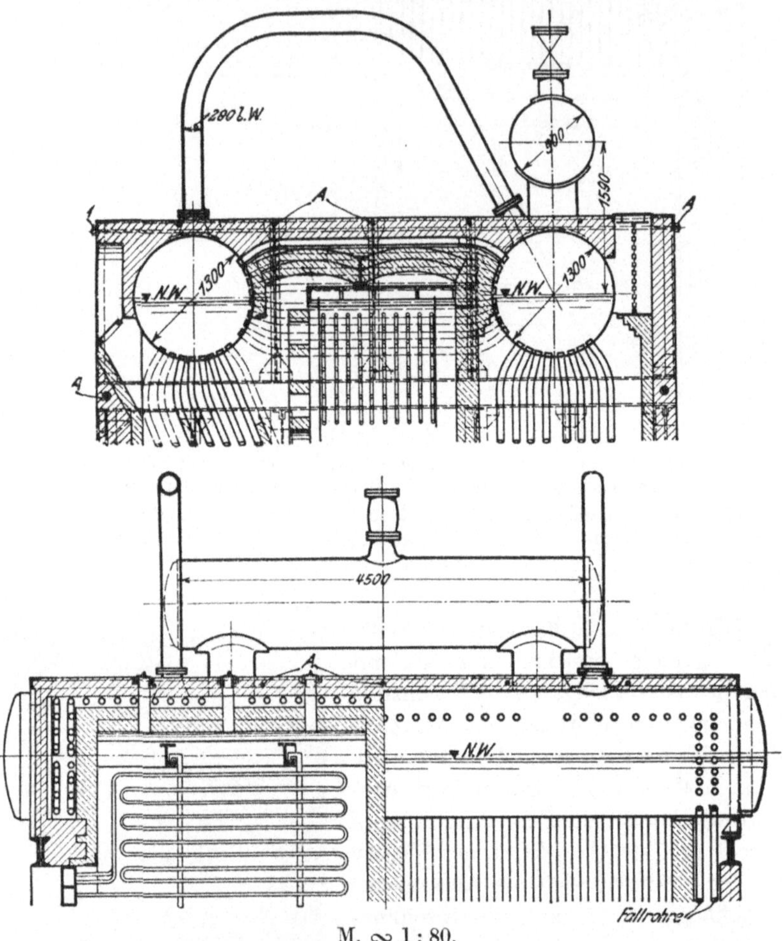

M. ∽ 1 : 80.

Abb. 46 u. 47. Obertrommeln und Kesseldecke eines 500 m² Steilrohrkessels von Walther & Co., Köln-Dellbrück.

Beachte: Besondere, weite Verbindungsrohre zwischen den Dampfräumen der Obertrommeln; Kesseldecke kommt mit heißen Gasen nicht in Berührung; kalt liegende Gerüstanker A; sorgfältige Aufhängung des Überhitzers.

die durch schlechte Wärmeleiter vor der Berührung mit den heißen Gasen geschützt sind, nur dann keine unzulässig hohe Temperatur annehmen, wenn sie ihrerseits eine gewisse Wärmemenge abgeben können. Konstruktionen nach Abb. 48, bei denen im feuerfesten Mauerwerk zwischen den Rosten eiserne Ständer untergebracht sind, führen auch bei Anordnung von Kühlluftkanälen leicht zu Fehlschlägen, wenn der Kessel längere Zeit hindurch Tag und Nacht stark belastet wird. Aus ähnlichen Gründen ist es verfehlt, Mauerwerk, das allseitig von heißen Gasen bespült wird, nur an den freien Flächen aus Schamott-steinen, im Kern aber aus Ziegeln herzustellen, da im Laufe der Zeit die Ziegel „treiben" und mürbe werden und das ganze Mauerwerk zum Einsturz bringen, Abb. 41, 42, 49 u. 50.

Mit der Einmauerung sollte erst begonnen werden, wenn sie durch ein Dach vor Regen und vor Frost ge-schützt ist. Sie muß nach ihrer Fertigstellung 8 bis 14 Tage lang durch allmählich verstärktes Feuer ausgetrock-

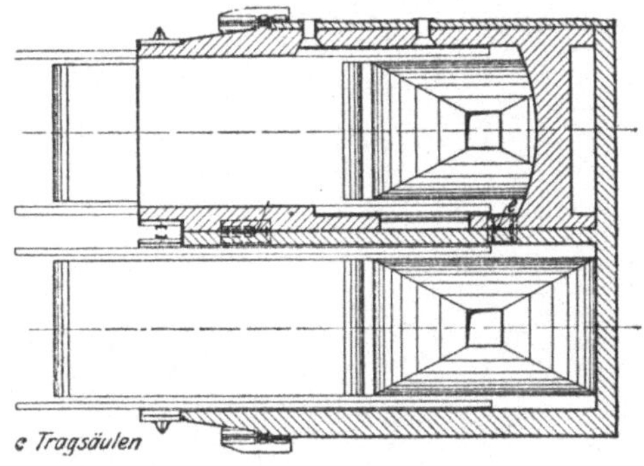

Abb. 48. Unvorteilhafter Einbau der Trag-säulen eines Hochleistungskessels in die beider-seits vom Feuer bespülte Wange zwischen den beiden Wanderrosten.

net werden, bevor der Kessel in Betrieb kommt. Auch nach größeren Ausbesserungen des Mauerwerkes sollte ein ausreichendes Austrocknen nicht unterbleiben.

Bei Hochleistungskesseln, bei denen geringer Platzbedarf besonders wichtig ist, tritt an Stelle der üblichen Einmauerung häufig eine Blechummantelung, die zur Erzielung guter Wärmedichtheit mit schlechten Wärmeleitern gefüttert wird, die man durch Vormauern feuerfester Steine vor Berührung mit den heißen Gasen schützt. Derartige Ummantelungen werden zwar teuer, sind jedoch sehr luft-dicht und verlangen fast keine Ausbesserungen. Eine befriedigende Durchbildung der Blechummantelung ist nicht ohne weiteres bei jeder Kesselbauart möglich, ein Kessel muß sich vielmehr seinem ganzen Aufbau nach hierfür eignen. Abb. 27, 36, 51 u. 52 zeigen Einzelheiten solcher Ausführungen für Hochleistungskessel der Schiffskesselbauart. Aschensäcke auf den Untertrommeln von Steilrohrkesseln lassen sich meist unschwer vermeiden, Abb. 53 u. 54.

f) Das Kesselgerüst.

Im vorhergehenden Abschnitt wurde darauf hingewiesen, daß starke Verankerung Grundbedingung für widerstandsfähige Feuergewölbe ist; dies gilt in ähnlichem Maße für die gesamte Kesseleinmauerung, die derartig verankert und unterstützt werden muß, daß unvermeidliche Wärmedehnungen unschädlich bleiben.

Abb. 49 und 50.   Zerstörte Mittelwand zwischen den beiden Wanderrosten des Steilrohrkessels in Abb. 21. Ursache: Unzweckmäßig gestalteter Feuerraum (siehe S. 25), minderwertige Schamottsteine, schlechte Unterstützung der Mittelwand.

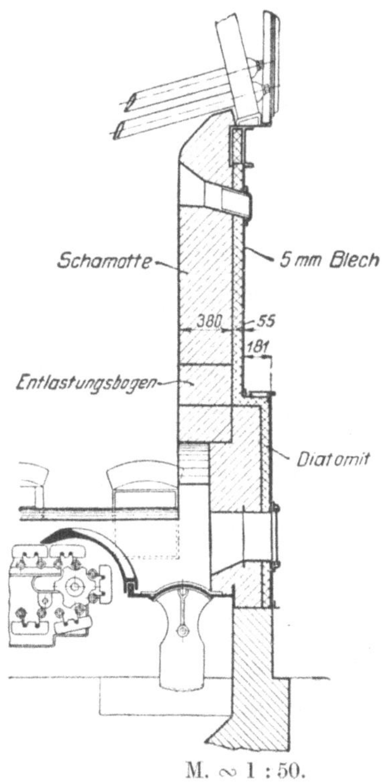

Abb. 51. Rückwand eines blechummantelten Hochleistungskessels der Deutschen Babcockwerke.

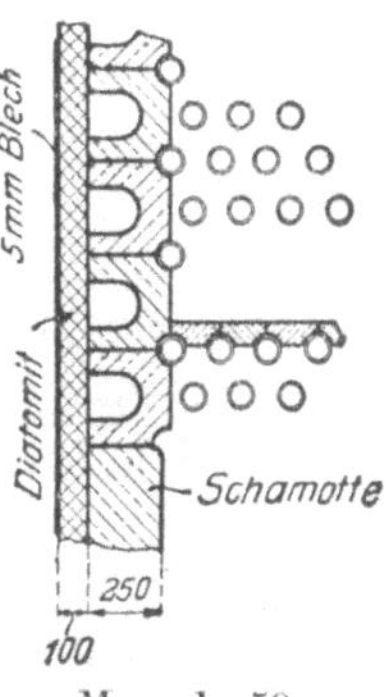

Abb. 52. Seitenwand
eines blechummantel-
ten Hochleistungs-
kessels der Deutschen
Babcockwerke.

Beachte: Trotz hoher Temperaturen und guter Wärmeisolierung sehr kleine
Wandstärke der Einmauerung.

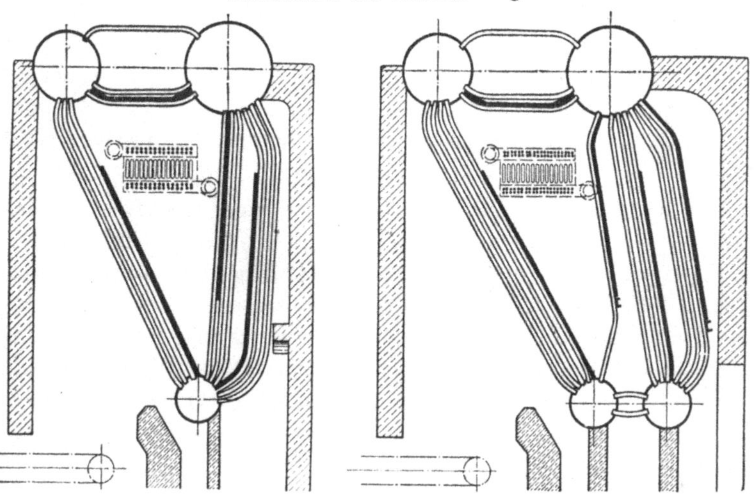

Abb. 53 und 54. Vermeiden eines Aschensackes auf der Untertrommel durch
Anordnen von zwei Untertrommeln.

Hierfür dient das Kesselgerüst, dessen sachgemäßer Ausbildung besonders bei Steilrohrkesseln größte Aufmerksamkeit zu widmen ist.

In Lehrbüchern findet man fast keine Angaben über Kesselgerüste, die meist nichts weiteres besagen, als daß die Tragsäulen das Gewicht des Kessels aufzunehmen haben und auf Knickung zu berechnen sind. Viele Kesselbauer begnügen sich daher mit einer Berechnung nach den Knickungsformeln. Nach derartigen Berechnungen gebaute Gerüste reichen vielleicht bei schwach belasteten Kesseln aus, versagen aber bei hochbeanspruchten und besonders bei der großen Bauhöhe der Steilrohrkessel, Abb. 59.

Die Berechnung der Gerüste hätte sich daher auf Ermittlung der Formänderung durch Knickung und durch Durchbiegung zu erstrecken. Hierfür fehlen zuverlässige Rechnungsgrundlagen. An die Stelle der Berechnung müssen daher Erfahrung und sicheres „konstruktives Gefühl" treten. Der Konstrukteur muß sich darüber klar sein, wie die verschiedenen Gerüstteile beansprucht werden und wo und in welchem Umfange Dehnungen des Mauerwerkes zu erwarten sind. Das Mauerwerk metallurgischer Feuerungen wird schon längst durch kräftige Eisenbekleidung zusammengehalten, im Dampfkesselbau dagegen trifft man auch heute noch Gerüste, die statischem Verständnis Hohn sprechen und auch werkstättentechnisch oft höchst mangelhaft ausgeführt sind.

Die Kesselfundamente großer Kesselhäuser bestehen häufig aus Mauerwerkwangen von nur 1,5 bis 2 m Stärke oder aus einzelnen Eisenbetonsäulen, weil man aus verschiedenen Gründen (gute Zugänglichkeit, einfache Entaschung, helle, luftige Aschenkeller) immer mehr dazu übergeht, jeden Kessel für sich aufzustellen und von den benachbarten durch einen 1,5 bis 2,5 m breiten Gang zu trennen.

Das Kesselgerüst muß daher ein in sich geschlossenes Ganzes sein, damit die Fundamente nur durch senkrecht wirkende Kräfte (Gewichte von Kessel und Mauerwerk) beansprucht werden. Höchstens in der Längsrichtung von Fundamentwangen dürfen mäßige Kräfte auftreten.

Abb. 55 und 56 zeigen statisch einwandfrei ausgeführte Kesselgerüste für einen Einbündel- und einen Mehrbündel-Steilrohrkessel. Die Ecksäulen der Gerüste sind besonders kräftig und tragen zusammen mit den übrigen senkrechten Profilen den Kessel. Die freie Biegungslänge der Ecksäulen ist durch mehrfache Verankerung der Profile untereinander möglichst verkürzt, um die unvermeidlichen Formänderungen tunlich zu verkleinern und Rißbildung des Mauerwerkes zu verhindern.

Die Anker müssen kalt liegen und vor unzulässiger Erwärmung geschützt werden. Diese Forderung erfüllen hohle Anker, durch die Kühlluft gesaugt wird, oder hohle wärmeisolierte Anker nur unvollkommen, da sie sich rasch mit Schmutz zusetzen und da die Kühlwirkung auch bei freiem Kühlquerschnitt meist ungenügend ist. Zweckmäßig angeordnete Aschentrichter ermöglichen es, die Anker an den Fußenden der senkrechten Profile kalt zu legen. Abb. 57 zeigt, wie die Aschen-

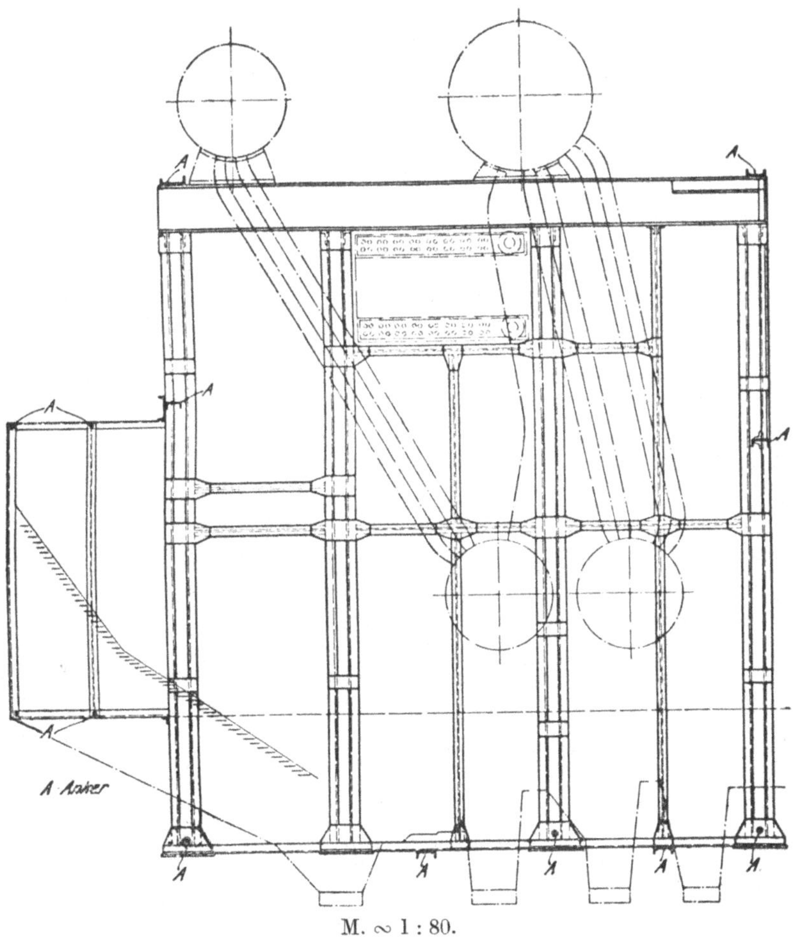

M. ∞ 1 : 80.

Abb. 55. Statisch einwandfreies Gerüst für einen Mehrbündel-Steilrohrkessel von 500 m² Heizfläche.

Beachte: Völlig in sich geschlossenes Gerüst mit kaltliegenden Ankern A.

trichter eines Steilrohrkessels mit Rücksicht hierauf durchgebildet und wie die Trichter selbst ausgeführt wurden. Die Verwendung von Eisenbeton gewährt große Freiheit in der Formgebung der Trichter. Eisenbeton muß aber vor der Hitze durch eine Rollschicht aus Hartbrandklinkern oder Schamottsteinen (und eine Schicht aus Kieselgursteinen) geschützt werden. Gute Wärmeisolierung ist übrigens schon aus dem

Grunde nötig, um das Arbeiten im Aschenkeller nicht zu erschweren.
Noch besser als die Ausführung in Abb. 57 ist es, wenn sämtliche horizontalen Eisenträger etwa in Ebene der Aschentrichterverschlüsse gelegt
werden, um tote Ecken zwischen den Trichtern, in denen leicht hohe

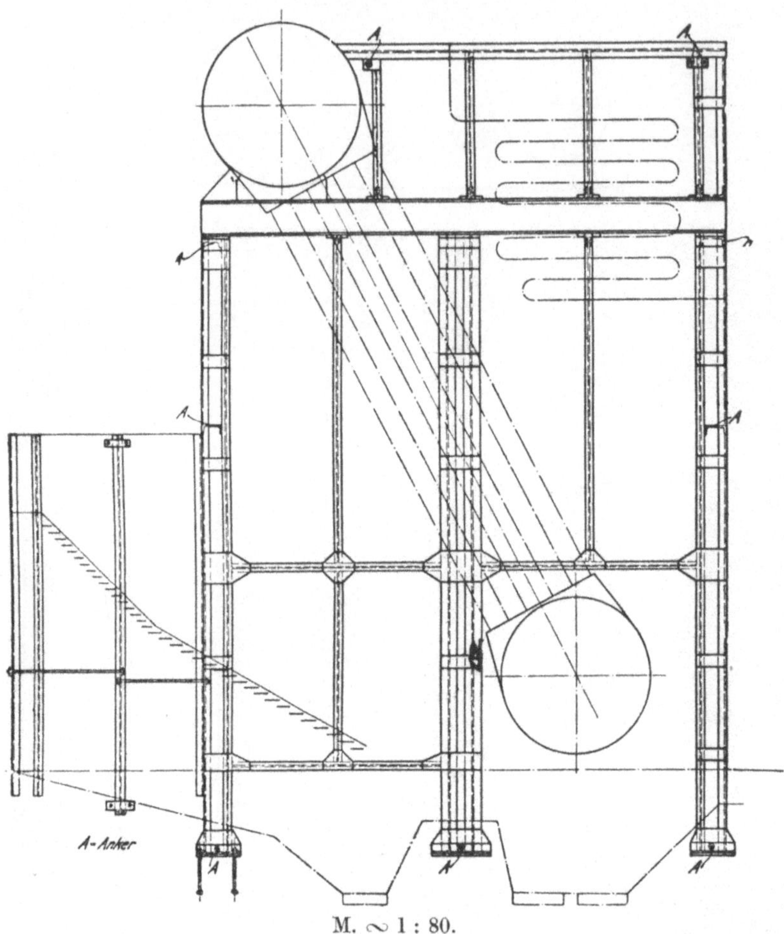

Abb. 56. Statisch einwandfreies Gerüst für einen Einbündel-Steilrohrkessel von
500 m² Heizfläche.
Beachte: Völlig in sich geschlossenes Gerüst mit kalt liegenden Ankern A.

Temperaturen entstehen, zu vermeiden. Zwischen den Trägern werden
kleine Kappengewölbe oder Eisenbetondecken gespannt. Die Hohlräume
zwischen den Trichtern werden mit Sand, Schlacke oder Sparbeton ausgefüllt, auf welche die schrägen Trichterwände aufgemauert werden. Diese
Anordnung ist einfach, billig, sauber, übersichtlich und sehr haltbar.

Dagegen gestattet der Aufbau mancher Steilrohrkessel eine kalt liegende unmittelbare Verankerung der oberen Enden der zwischen den Ecksäulen in den Seitenmauern liegenden Profile nicht, wenn man nicht

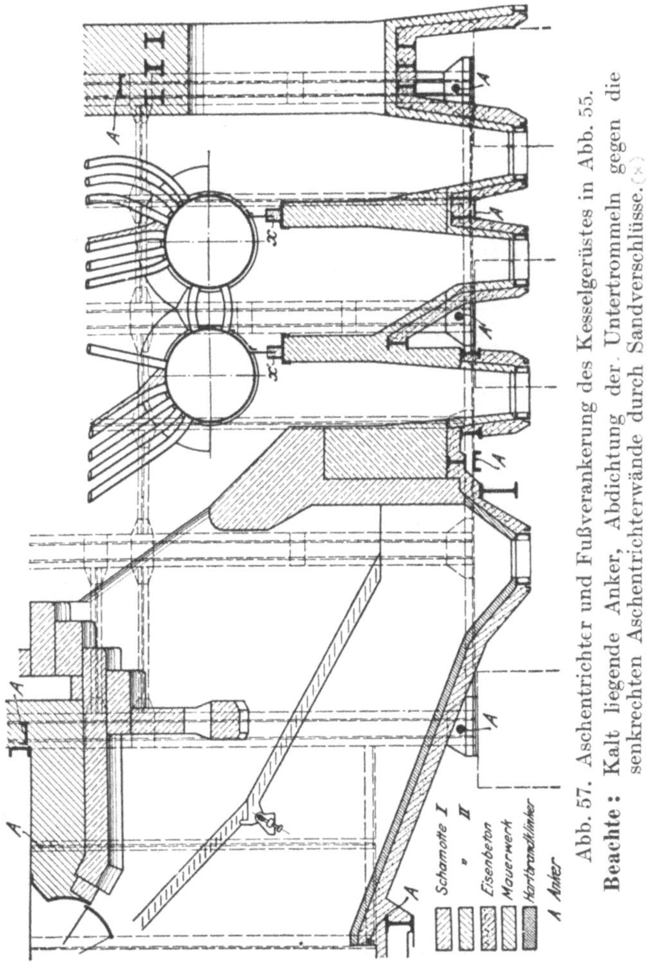

Abb. 57. Aschentrichter und Fußverankerung des Kesselgerüstes in Abb. 55. Beachte: Kalt liegende Anker, Abdichtung der Untertrommeln gegen die senkrechten Aschentrichterwände durch Sandverschlüsse.

zu gekünstelten und unsicheren Konstruktionen greifen will. Man kann sich in solchen Fällen dadurch helfen, daß man jene Profile an ein wagerecht liegendes kräftiges Profil anlascht, das meist sowieso zum Auflagern der Oberkessel nötig ist, und an seinen Enden mit dem gegenüberliegenden einwandfrei verankert werden kann, Abb. 55 und 56. Größere Mauerwerkflächen sollen senkrecht und wagerecht durch Eisenstützen unterteilt werden.

Die Kesselstirnwand von Steilrohrkesseln hat die Neigung, sich nach vorn auszubauchen, und ist daher ebenfalls durch entsprechend angeordnete wagrechte Profile zu stützen, Abb. 55 bis 56.

Die Kesselsäulen erhalten ordentlich ausgebildete Fußplatten, ihre einfache Einmauerung in das Fundament ist zu verwerfen. Sie müssen ebenso wie die Anker vor stärkerer Erwärmung geschützt sein.

Bei Gerüsten, die diesen Forderungen genügen, ist die Frage, ob Bogeneinmauerung, Abb. 58, oder durchgehende ebene Einmauerung besser sei, von untergeordneter Bedeutung. Verfasser bevorzugt eher letztere, weil die Bogenmauerung sowieso durch Befahrtüren usw. unterbrochen und an den betreffenden Stellen ebenflächig ausgeführt werden muß, wodurch Mauerverband und gutes Aussehen leiden.

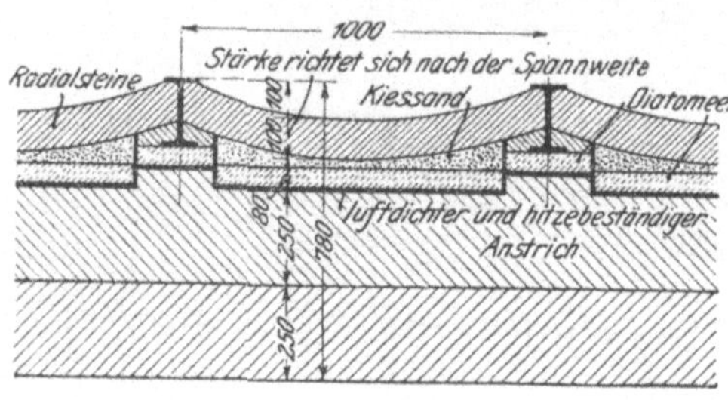

M. 1 : 33 1/3.

Abb. 58.　Ausführung der Seitenmauer eines Kessels in Bogeneinmauerung.

Der eigentliche Kesselkörper muß sich überall da, wo er das Mauerwerk durchdringt, oder wo er nahe an dasselbe heranreicht, frei ausdehnen können. Beilegen von Asbestzöpfen oder Sandverschlüsse (bei x in Abb. 57) bewirken eine elastische Abdichtung.

Der ganze Kesselblock muß sich allseitig genügend ausdehnen können. Dies ist beim Einbringen der Kesselhausdecken zu beachten. Man trifft hin und wieder Anlagen, bei denen ein findiger Konstrukteur die Decken des Kesselhauses zur gegenseitigen „Abstützung“ seiner zu schwach gebauten Kessel benutzt. In kleinen Werken mag dieser Notbehelf unter Umständen genügen, in großen Anlagen versagt er.

Je stärker ein Kessel beansprucht wird und je breiter und höher er ist, um so kräftiger muß sein Gerüst sein. Es gibt jedoch selbst beim stärksten Gerüst Grenzen, die nicht überschritten werden sollten. Bei großen Kesselbreiten machen besonders durchlaufende gemauerte Feuerbrücken Schwierigkeiten, da sie sich werfen und undicht werden. Ausdehnungsfugen nützen wenig, weil sie sich bald mit Flugasche zusetzen und weil sie den Verband des Mauerwerkes unterbrechen.

Die Notwendigkeit sorgfältigster Verankerung und Einmauerung ist leicht einzusehen, wenn man sich vor Augen hält, daß neuzeitliche Kessel eine Höhe von 15 bis 20 m über Kellerfußboden haben (d. h. die Höhe eines vierstöckigen Hauses), die einem nur deshalb meist nicht zum

Bewußtsein kommt, weil sie durch mehrere Decken des Gebäudes unterbrochen ist, Abb. 59. Das Kesselmauerwerk hat dazu noch zahlreiche, zum Teil große Öffnungen und macht infolge der wechselnden, hohen Rauchgastemperaturen unaufhörliche, wenn auch kleine Bewegungen, deren Größe an den einzelnen Teilen des Mauerblockes ziemlich verschieden sein kann.

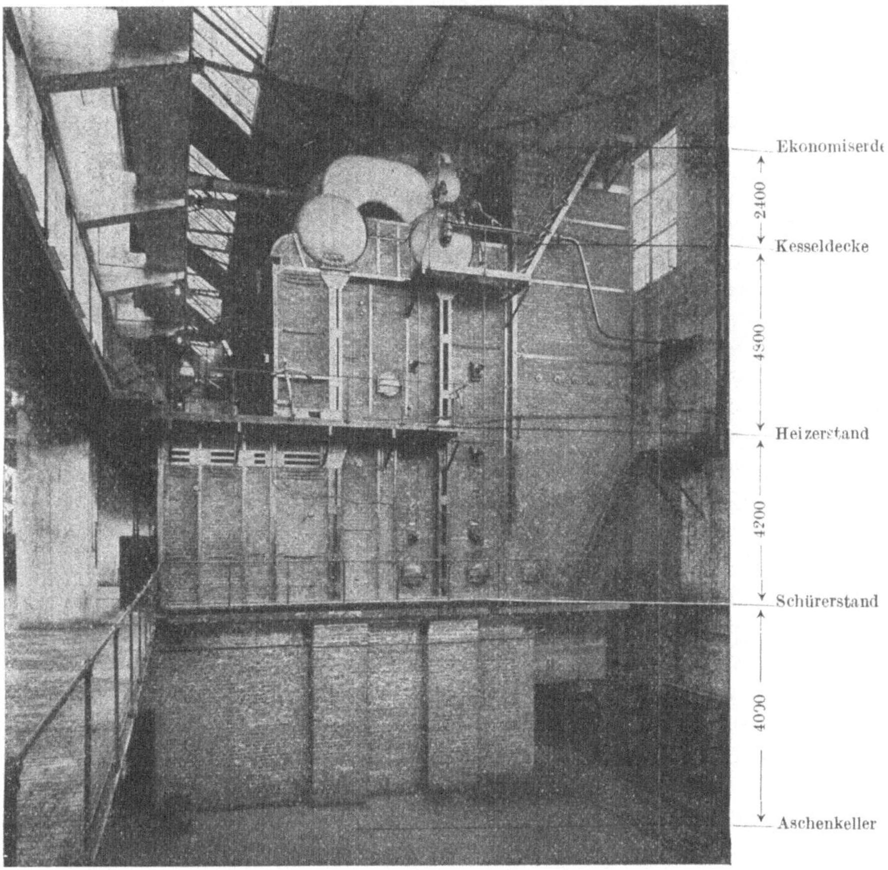

Abb. 59. 750 m²-Hanomag-Steilrohrkessel der Hannoverschen Maschinenbau-A.-G., Hannover-Linden, in einem großen deutschen Braunkohlenkraftwerk.
Beachte: Große Gesamthöhe des Kessels. Sorgfältig durchgebildetes, kräftiges Kesselgerüst, kräftige horizontale Widerlager für die Feuergewölbe, kaltliegende Gerüstprofile.

Dichtheit und Haltbarkeit sind daher nur zu erwarten bei peinlicher und verständnisvoller Beachtung aller statischen und bautechnischen Gesetze und Erfahrungen und sorgsamster Durcharbeitung von Einmauerung und Kesselgerüst.

IV. Der Wasserumlauf.

a) Theorie des Wasserumlaufes.

Geregelter, kräftiger Wasserumlauf hat vorwiegend betriebstechnische, weniger wirtschaftliche Bedeutung. Er ist das hervorragendste Mittel gegen Wärmestauungen und ungleiche Wärmedehnungen, die undichte Einwalzstellen und Nietnähte, Krummziehen und Aufreißen der Wasserrohre und Blechrisse hervorrufen. Der Kesselwirkungsgrad hängt von der Güte des Wasserumlaufes nur wenig ab, nicht aber das sogenannte „Spucken" der Kessel. Es scheint nämlich, daß Wasser und Dampf sich nur schwierig wieder voneinander trennen, wenn plötzlich größere Wassermengen durch Dampfpolster in den Dampfraum geschleudert werden. Diese Erscheinung kann aber eintreten, wenn in einzelnen Rohrreihen das Wasser-Dampfgemisch nicht stetig im selben Sinne umläuft.

Hält man sich die außerordentlich zahlreichen Bewegungen und Längenänderungen vor Augen, die die Wasserrohre und der ganze Kesselkörper infolge der unaufhörlich wechselnden Rauchgastemperaturen und aus anderen Gründen machen, so gewinnen diese Dehnungen trotz ihrer scheinbaren Geringfügigkeit außerordentliche Bedeutung, um so mehr, als mit Rücksicht auf die heute üblichen Drücken auch bei gebogenen Wasserrohren und beweglich gelagerten Trommeln der ganze Kessel immerhin ein verhältnismäßig starrer Körper ist. Aber auch schon während des Anheizens sollte das Wasser durch die Rohre und durch alle Trommeln recht kräftig umlaufen, da während dieser Periode Spannungen infolge ungleicher Temperaturen in besonderem Maße zu befürchten sind. Man hat zuweilen fast den Eindruck, daß manche Konstrukteure in allzu großem Vertrauen auf die hervorragende Güte neuzeitlicher Walzwerkerzeugnisse diesen Umstand nicht immer genügend beachten, aber auch Betriebsleiter springen mit ihren Dampfkesseln manchmal in einer Weise um, die auch die beste Konstruktion und der hochwertigste Baustoff auf die Dauer nicht vertragen können. Es wird· eben vielfach nicht bedacht, daß Heizfläche und Leistung von Dampferzeugern allmählich Werte erreicht haben, die über das vor noch verhältnismäßig kurzer Zeit übliche Maß weit hinausgehen. Je mehr die Entwicklung im bisherigen Sinne fortschreitet und je höher die Dampfdrücke werden, um so wichtiger sind möglichste Entlastung und Schonung der Baustoffe und sorgsamste Fertigung. Fehler in dieser Beziehung zeigen sich nicht selten erst nach mehrjähriger Betriebszeit in Rissen und Undichtheiten, für die eine Erklärung oftmals zu fehlen scheint. Die Zeiten, da der Kesselbetrieb von ungeschulten und unintelligenten Leuten — gleichsam im Nebenberuf — erledigt werden konnte, sind bei den heutigen Ansprüchen an die Leistungsfähigkeit von Dampferzeugern vorbei. Die Kessel sind in die Reihe der hochqualifizierten Maschinen getreten. Betriebe, die dieser Tatsache nicht Rechnung zu tragen vermögen, werden von neuzeitlichen Dampferzeugern hoher Leistung keinen großen Nutzen haben.

Im allgemeinen wird die Länge der Wasserrohre durch die Roststabmessungen bestimmt. Vielfach fürchtet man, daß lange Rohre zu sehr durchhängen und sich verziehen. Man hat auch festgestellt, daß die Rohre bei Überschreiten einer gewissen Länge frühzeitig schadhaft werden. Bei hochbelasteten Steilrohrkesseln geht man daher in Deutschland, wenigstens im ersten Zug, mit der Länge nicht gern über 5200 bis 5500 mm, bei Schrägrohrkesseln nicht gern über 4500 bis 5500 mm. In Amerika, wo Heizflächenbelastung und Rostfläche im Vergleich zur Kesselheizfläche im allgemeinen kleiner sind, trifft man vielfach größere Längen. Für die Lebensdauer kann aber nicht die Rohrlänge an sich, sondern nur im Zusammenhang mit dem Rohrdurchmesser maßgebend sein. Aber gerade hier trifft man auf seltsam widersprechende Auffassungen. Während manche Ingenieure meinen, enge Rohre werden vom Wasser besser „gekühlt“, sagen andere, daß weite Rohre „mehr Wasser“ bekommen und daher widerstandsfähiger seien. Sicher ist, daß Kessel mit langen Rohren billiger werden. Dieser Vorteil spielt aber keine große Rolle, da bei Zweibündelkesseln, d. h. Steilrohrkesseln mit 3 oder 4 Trommeln, die Rohrlänge wegen der Rostabmessungen und aus andern Gründen, 5000 bis 5500 mm meist nicht überschreiten kann. Er könnte nur bei Einbündelkesseln von Bedeutung sein, doch befürchten viele Kesselbauer, daß sich gerade bei dieser Bauart wegen ihres angeblich schlechteren Wasserrücklaufes längere Rohre nicht bewähren würden.

Untersuchungen über den Zusammenhang zwischen Heizflächenbelastung, Umlaufgeschwindigkeit, Wassergehalt des Dampfwassergemisches in den Steigrohren und den Rohrabmessungen sind nicht bekannt geworden. Die Arbeit von Gensch[1] über den Wasserumlauf ist wenig übersichtlich und läßt eine Reihe wichtiger Punkte außer acht.

Nach Bancel[2] ist die Umlaufgeschwindigkeit des Wassers

$$(16) \qquad v = \Phi \sqrt{\frac{\mathfrak{W} h}{\mathfrak{F}}}.$$

Hierin sind:

Φ = Beiwert, abhängig von den baulichen Verhältnissen des Kessels,
$\mathfrak{W}$ = erzeugte Dampfmenge in $\mathrm{m^3 st^{-1}}$,

---

[1] Gensch, Berechnung von Kesselanlagen, Springer, Berlin 1913.
[2] The Journal of the American Society of Mechanical Engineers, Bd. 38, Nr. 1.

$h =$ Höhenabstand der Mitte der Wärmeaufnahme vom Wasserspiegel im Oberkessel in m,

$\mathfrak{F} =$ gesamter Umlaufquerschnitt in m².

Folgende Rechnung sucht in Ermangelung eines brauchbareren Verfahrens den ungefähren Zusammenhang der verschiedenen Einflüsse zu zeigen. Sie geht von der Voraussetzung aus, daß:

1. Dampfblasen und Wasser in den Siederohren gleiche Geschwindigkeit haben,
2. das spezifische Dampfvolumen in den Siederohren gleichbleibend ist,
3. die ganze Rohrlänge gleichmäßig beheizt ist,
4. Steig- und Fallrohre gleiche Abmessungen haben,
5. die Anzahl der Steig- und Fallrohre gleich ist,
6. die Rohre gerade sind und senkrecht stehen,
7. die Wassersäule im Oberkessel gegenüber der Wassersäule in den Rohren vernachlässigt werden kann,
8. die Fallrohre nur dampffreies Wasser führen.

Es seien:

$i =$ Wärmeinhalt von 1 kg gesättigtem Dampf in WE,

$p =$ Kesseldruck in at abs.,

$t_s =$ Sättigungstemperatur des Kesseldampfes in ° C,

$i' = i - t_s \backsim$ Wärmezufuhr auf 1 kg Wasser im Kessel in WE,

$\gamma_w =$ spezifisches Gewicht von Wasser von t_s° C in kgm^{-3},

$\gamma_0 =$ spezifisches Gewicht von Wasser von 0° C in kgm^{-3},

$\gamma =$ spezifisches Gewicht des Dampfwassergemisches im Steigrohr in kgm^{-3},

$\gamma_s =$ spezifisches Gewicht von gesättigtem Dampf vom Kesseldruck in kgm^{-3},

$H =$ Heizflächenbelastung der Rohrfläche in WEm^{-2}st^{-1},

$L =$ Länge eines Rohres in m,

$d_a =$ äußerer Durchmesser eines Rohres in m,

$d =$ innerer Durchmesser eines Rohres in m,

$v_1 =$ Eintrittsgeschwindigkeit des Wassers ins Steigrohr in msk^{-1},

$v_2 =$ Austrittsgeschwindigkeit des Gemisches aus dem Steigrohr in msk^{-1},

$w_2 =$ Wassergehalt des Gemisches am Steigrohraustritt in v. H. Raumteilen.

Der Wassergehalt des austretenden Gemisches in Raumteilen ist:

$$(17) \qquad w_2 = 100 \, \frac{900\, d^2\, v_1 - \dfrac{1}{i'\, \gamma_w}\, d_a\, LH}{900\, d^2\, v_1 + \dfrac{d_a\, LH}{i'} \cdot \dfrac{\gamma_w - \gamma_s}{\gamma_w \gamma_s}} \quad \text{v. H.}$$

Für Kessel mit Rauchgasvorwärmern erhält man bei Rohren von 3,5 mm Wandstärke und 50 mm und 100 m l. W.:

Kesseldruck at	Wassergehalt des austretenden Gemisches für	
	$d = 50$ mm v. H.	$d = 100$ mm v. H.
10	$\dfrac{225\,v_1 - 0{,}000\,011\,6\ LH}{2{,}25\,v_1 + 0{,}000\,020\,3\ LH}$	$\dfrac{900\,v_1 - 0{,}000\,021\,8\ LH}{9\,v_1 + 0{,}000\,038\,1\ LH}$,
20	$\dfrac{225\,v_1 - 0{,}000\,011\,9\ LH}{2{,}25\,v_1 + 0{,}000\,010\,4\ LH}$	$\dfrac{900\,v_1 - 0{,}000\,022\,4\ LH}{9\,v_1 + 0{,}000\,019\,5\ LH}$.

Die Austrittsgeschwindigkeit des Gemisches v_2 ist:

$$(18) \qquad \text{für } p = 10 \text{ at: } \quad v_2 = v_1 + 0{,}000\,000\,395\,\frac{d_a}{d^2}\,LH \quad \text{msk}^{-1},$$

$$(19) \qquad \text{für } p = 20 \text{ at: } \quad v_2 = v_1 + 0{,}000\,000\,202\,\frac{d_a}{d^2}\,LH \quad \text{msk}^{-1},$$

Rohrdurchmesser von 50/57 und 100/107 mm sind zwar nicht gangbar. Trotzdem empfiehlt es sich, von runden Zahlen auszugehen, weil sie einen schnelleren Überblick ermöglichen.

Verdopplung des Dampfdrucks verringert somit den Geschwindigkeitszuwachs des austretenden Gemisches über das einströmende Wasser auf etwa die Hälfte. Der Geschwindigkeitszuwachs nimmt ferner proportional der Rohrlänge, der Heizflächenbelastung und umgekehrt proportional dem Rohrdurchmesser zu.

In folgenden Formeln gelten die deutschen Buchstaben für die Fallrohre, die lateinischen für die Steigrohre.

Bezogen auf Wasser von $0\,^\circ$ C bedeutet:

$\mathfrak{h}_{Dr}$, h_{Dr} = statische Druckhöhe bei Unterkante der Rohre in m W.-S.,

$\mathfrak{h}_{Be}$, h_{Be} = Widerstandshöhe für die Wasserbeschleunigung am Rohreintritt in m W.-S.,

$\mathfrak{h}_{ste}$, h_{ste} = Strömverlust am Rohreintritt in m W.-S.,

$\mathfrak{h}_{sta}$, h_{sta} = Strömverlust am Rohraustritt in m W.-S.,

$\mathfrak{h}_{R}$, h_{R} = Rohrreibungsverlust in m W.-S.,

h_{Bea} = Widerstandshöhe für die Beschleunigung des Gemisches im Steigrohr von der Eintrittgeschwindigkeit v_1 auf die Austrittsgeschwindigkeit v_2 in m W.-S.

Es wurde angenommen, daß die Wassergeschwindigkeit in den Kesseltrommeln sehr klein sei. Das Wasser muß daher am Eintritt in die Fall- und Steigrohre von der Geschwindigkeit 0 msk^{-1} auf v_1 msk^{-1} beschleunigt werden und verliert am Austritt aus den Fallrohren seine Geschwindigkeit wieder. Wäre die Einmündung der Fallrohre in die Untertrommel (etwa durch Kegelansätze) so ausgeführt, daß sich die Geschwindigkeit v_1 restlos wieder in Druck umsetzt, so entstände überhaupt kein Verlust durch Wasserbeschleunigung im Fallrohr und es wären lediglich der Stoßverlust am Eintritt des Wassers ins Fallrohr und die Rohrreibung zu überwinden. Tatsächlich wird nur ein Teil der Geschwindigkeitshöhe $\dfrac{v_1^2}{2\,g}\dfrac{\gamma_w}{\gamma_0}$ wieder in Druck verwandelt, der Verlust durch Wasserbeschleunigung im Fallrohr ist daher

$$(20) \qquad \frac{v_1^2}{2\,g}\frac{\gamma_w}{\gamma} - \left(\frac{v_1^2}{2\,g}\frac{\gamma_w}{\gamma_0} - \xi\,\frac{v_1^2}{2\,g}\frac{\gamma_w}{\gamma_0}\right) = \xi\,\frac{v_1^2}{2\,g}\frac{\gamma_w}{\gamma_0}.$$

Es wurde angenommen, daß 50 v. H. der Geschwindigkeitshöhe wieder in Druck umgesetzt werden, also ist $\xi = 0{,}5$.

Beim Steigrohr liegen die Verhältnisse etwas anders. Zur Vereinfachung der Rechnung sei vorausgesetzt, daß die Wassersäule in der Obertrommel gegenüber der Wassersäule in den Rohren vernachlässigt werden kann; das trifft zu, wenn z. B. die Steigrohre frei in den Dampfraum der Obertrommel ausgießen. Dann wird auch die Geschwindigkeit nicht in Druck zurückverwandelt. Die Druckhöhe für die Beschleunigung des Wassers am Steigrohreintritt ist daher eine Verlusthöhe, dazu kommt noch die Höhe, die nötig ist, um die durch teilweise Verdampfung des kreisenden Mittels hervorgerufene Geschwindigkeitszunahme des Dampfwassergemisches von v_1 auf v_2 zu erzeugen.

Für den Gleichgewichtzustand des kreisenden Wassers gilt

$$(21) \qquad \mathfrak{H}_{Dr} = \mathfrak{H}_{ste} + \xi \frac{v_1^2 \gamma_w}{2\,g\,\gamma_0} + \mathfrak{H}_R + h_{Be} + h_{ste} + h_{Bea}$$
$$+ h_R + h_{sta} + h_{Dr},$$

d. h. die Wassersäule im Fallrohr muß die Gemischsäule im Steigrohr einschließlich der Beschleunigungs-, Ström- und Reibungsverluste überwinden.

Entsprechend der Voraussetzung, daß das Wasser mit der Geschwindigkeit in die Steigrohre eintritt, mit der es durch die Fallrohre strömt und daß die Wassergeschwindigkeit in den Kesseltrommeln im Vergleich zu v_1 äußerst klein ist, wird

$$(22) \qquad \mathfrak{H}_{Be} = h_{Be} = \frac{\gamma_w}{\gamma_0} \frac{v_1^2}{2\,g} \quad \text{m W.-S.}$$

$$(23) \qquad \mathfrak{H}_{ste} = \xi_{ste}\,\mathfrak{H}_{Be} = 1{,}1 \frac{\gamma_w}{\gamma_0} \frac{v_1^2}{2\,g} \quad \text{m W.-S.}[1])$$

$$(24) \qquad h_{ste} = \mathfrak{H}_{ste}.$$

Nach der „Hütte" liegt ξ_{ste} zwischen 0,56 und 1,30[1]). Da die Rohrkanten beim Abschneiden und Einwalzen häufig etwas leiden, soll $\xi_{ste} = 1{,}1$ gesetzt werden. Dieser verhältnismäßig hohe Betrag berücksichtigt auch den Einfluß der Einwalzrillen.

Der Beschleunigungsverlust h_{Bea} im Steigrohr ist:

$$h_{Bea} = \int_{v_1}^{v_2} \frac{v\,d\,v}{g} \frac{\gamma}{\gamma_0} \quad \text{m W.-S.}$$

$$= \frac{\gamma_2}{\gamma_0\,g} v_2^2 - \frac{\gamma_w}{g\,\gamma_0} v_1^2 \quad \text{m W.-S.}$$

Setzt man die Werte für v_2 ein, so wird:

$$(25\,a) \qquad \text{für } p = 10 \text{ at: } h_{Bea} = 0{,}000\,000\,035\,7\,\frac{d_a\,H\,L}{d^2}\,v_1 \quad \text{m W.-S.,}$$

$$(25\,b) \qquad \text{für } p = 20 \text{ at; } h_{Bea} = 0{,}000\,000\,015\,7\,\frac{d_a\,H\,L}{d^2}\,v_1 \quad \text{m W.-S.}$$

Der Beschleunigungsverlust im Steigrohr ist also bei 10 at rd. doppelt so groß wie bei 20 at.

---

[1]) Hütte, 20. Auflage, S. 274.

Der Reibungsverlust $\mathfrak{h}_R$ im Fallrohr beträgt:

$$(26) \qquad \mathfrak{h}_R = \frac{\lambda'}{2g}\frac{\gamma_w}{\gamma_0}\frac{L}{d}v_1^2 \quad \text{m W.-S.}$$

Es ist

$$(27) \qquad \lambda' = a + \frac{\sqrt{\pi M}}{d\,v_1},$$

hierin ist

$$(28) \qquad a = 0{,}009 + \frac{a}{\sqrt{d}},$$

$$(29) \qquad M = \frac{1}{10\,\gamma_w}\cdot\frac{0{,}01775}{1 + 0{,}033\,t_s + 0{,}000244\,t_s^2}{}^1).$$

Es genügt, wenn für Kesseldrücke von 10 bis 20 at die dem mittleren Druck entsprechende Sättigungstemperatur t_s eingesetzt wird, und man erhält:

$$(30\,a) \qquad \text{für } p = 10\,\text{at: } \mathfrak{h}_R = 0{,}0452\,\gamma\,\frac{L}{d}v_1^2 \quad \text{m W.-S.,}$$

$$(30\,b) \qquad \text{für } p = 20\,\text{at: } \mathfrak{h}_R = 0{,}0432\,\gamma\,\frac{L}{d}v_1^2 \quad \text{m W.-S.}$$

Nach Biel[2]) kann für Wasser und Dampf dieselbe Reibungsziffer eingesetzt werden, nach neueren Forschungsergebnissen stimmen jedoch beide Werte nicht ganz miteinander überein. Der Unterschied ist aber so gering, daß für die Zwecke dieser Arbeit für beide Mittel mit den obigen Werten für λ' gerechnet werden darf.

Der Reibungsverlust im Steigrohr ist

$$(31) \qquad h_R = \frac{1}{d}\frac{1}{2g\,\gamma_0}\int_0^L \lambda'\,v^2\gamma^2\,\frac{dl}{\gamma} \quad \text{m W.-S.}$$

Die Rohrreibungszahl λ' ändert sich mit v. Zur Vereinfachung der Rechnung wird aber mit unveränderlichem λ' gerechnet und der dem quadratischen Mittelwert der Geschwindigkeit

$$(32) \qquad \sqrt{(v)_m^2} = \sqrt{{}^1/_3\,(v_1^2 + v_1\,v_2 + v_2^2)}$$

entsprechende Wert von λ' eingesetzt. Man erhält dann

$$(32\,a) \qquad h_R = \frac{1}{d}\frac{\lambda'}{2g\,\gamma_0}\int_0^L v^2\,\gamma^2\,\frac{dl}{\gamma} \quad \text{m W.-S.}$$

Nach einigen Umformungen wird

$$(33) \qquad h_R = \frac{\lambda'}{3600\,g}\frac{\gamma_w - \gamma_s}{i\,\gamma_s\,\gamma_0}\frac{d_a}{d^3}H\,L^2\,v_1 + \frac{\lambda'}{2g}\frac{\gamma_w}{\gamma_0}\frac{L}{d}v_1^2 \quad \text{m W.-S.,}$$

oder

$$(34) \qquad h_R = \frac{\lambda'}{2g}\frac{\gamma_w}{\gamma_0}\frac{L}{d}\frac{v_2 - v_1}{2}v_1 + \frac{\lambda'}{2g}\frac{\gamma_w}{\gamma_0}\frac{L}{d}v_1^2 \quad \text{m W.-S.,}$$

d. h. der Reibungswiderstand des Gemisches ist gleich dem Reibungswiderstand von Wasser vom spezifischen Gewicht γ_w mit der Geschwin-

---

[1]) Hütte, 22. Auflage, S. 294.   [2]) Z. 1908, S. 1066.

digkeit v_1, vermehrt um denselben Widerstand mit dem Unterschied, daß v_1^2 durch das Produkt aus der Eintrittsgeschwindigkeit v_1 und der halben Geschwindigkeitszunahme im Rohr $= \dfrac{v_2 - v_1}{2}$ ersetzt wird.

Der Strömverlust am Austritt aus dem Steigrohr wurde geschätzt auf

$$(35) \qquad h_{sta} \sim 0{,}2 \, \frac{v_2^2}{2\,g} \frac{\gamma_2}{\gamma_0} \quad \text{m W.-S,}$$

$$(35\,\text{a}) \qquad h_{sta} \sim 0{,}01 \, \frac{\gamma_w}{\gamma_0} \left(v_1^2 + \mathfrak{C} \frac{d_a}{d^2} L H v_1 \right) \quad \text{m W.-S.}$$

Hierin bedeutet $\mathfrak{C}$ eine vom Kesseldruck und der Speisewassertemperatur abhängige Zahl.

Die statische Druckhöhe bei Unterkante Fallrohr ist

$$(36) \qquad \mathfrak{h}_{Dr} = \frac{\gamma_w}{\gamma_0} L \quad \text{m W.-S.,}$$

$$(36\,\text{a}) \qquad \text{für } p = 10 \text{ at: } \mathfrak{h}_{Dr} = 0{,}887 \, L \quad \text{m W.-S.,}$$

$$(36\,\text{b}) \qquad \text{für } p = 20 \text{ at: } \mathfrak{h}_{Dr} = 0{,}848 \, L \quad \text{m W.-S.}$$

Die statische Druckhöhe bei Unterkante Steigrohr ist

$$(37) \qquad h_{Dr} = \frac{1}{\gamma_0} \int_0^L \gamma \, dl \quad \text{m W.-S.}$$

$$= \frac{\gamma_w \, d^2}{\gamma_0} \int_0^L \frac{v}{\dfrac{\gamma_w - \gamma_s}{i' \, \gamma_w \, \gamma_s} \dfrac{1}{900} d_a L H + d^2 v_1} \, dl \quad \text{m W.-S.}$$

Nach Umformung wird

$$(38) \qquad h_{Dr} = \frac{\gamma_w}{\gamma_0} \frac{i' \, \gamma_w \, \gamma_s}{\gamma_w - \gamma_s} \frac{900 \, d^2 \, v_1}{d_a H} \ln \left(\frac{(\gamma_w - \gamma_s) \, d_a}{i' \, \gamma_w \, \gamma_s \, 900} \frac{H L}{d^2 \, v_1} + 1 \right)$$

$$(39) \qquad = C_1 \frac{v_1}{H} \log \left(C_2 \frac{H L}{v_1} + 1 \right) \quad \text{m W.-S.}$$

Setzt man die Werte für die einzelnen Glieder in Gleichung (1) ein, so wird der Zusammenhang zwischen der Eintrittsgeschwindigkeit des Wassers v_1 und der Heizflächenbelastung H gegeben durch

$$(40) \qquad c_1 \, v_1^2 + c_2 \, H v_1 + c_3 \, \frac{v_1}{H} \lg \left(c_4 \frac{H}{v_1} + 1 \right) - c_5 = 0 \,.$$

Die Zahlen c_1, c_2, c_3, c_4 und c_5 hängen von den Rohrabmessungen, vom Dampfdruck und der Eintrittstemperatur des Speisewassers in den Kessel ab und wechseln von Fall zu Fall. Man findet für ein bestimmtes Rohr die zur Heizflächenbelastung H und zum Dampfdruck p gehörende Wasserumlaufgeschwindigkeit v_1, indem man v_1 in Gleichung (40) probeweise einsetzt.

Die Berechnung ist in Abb. 60 bis 67 für $p = 10$ at und zwei verschiedene Heizflächenleistungen ($H = 100\,000$ und $H = 300\,000$ WEm^{-2}st^{-1})

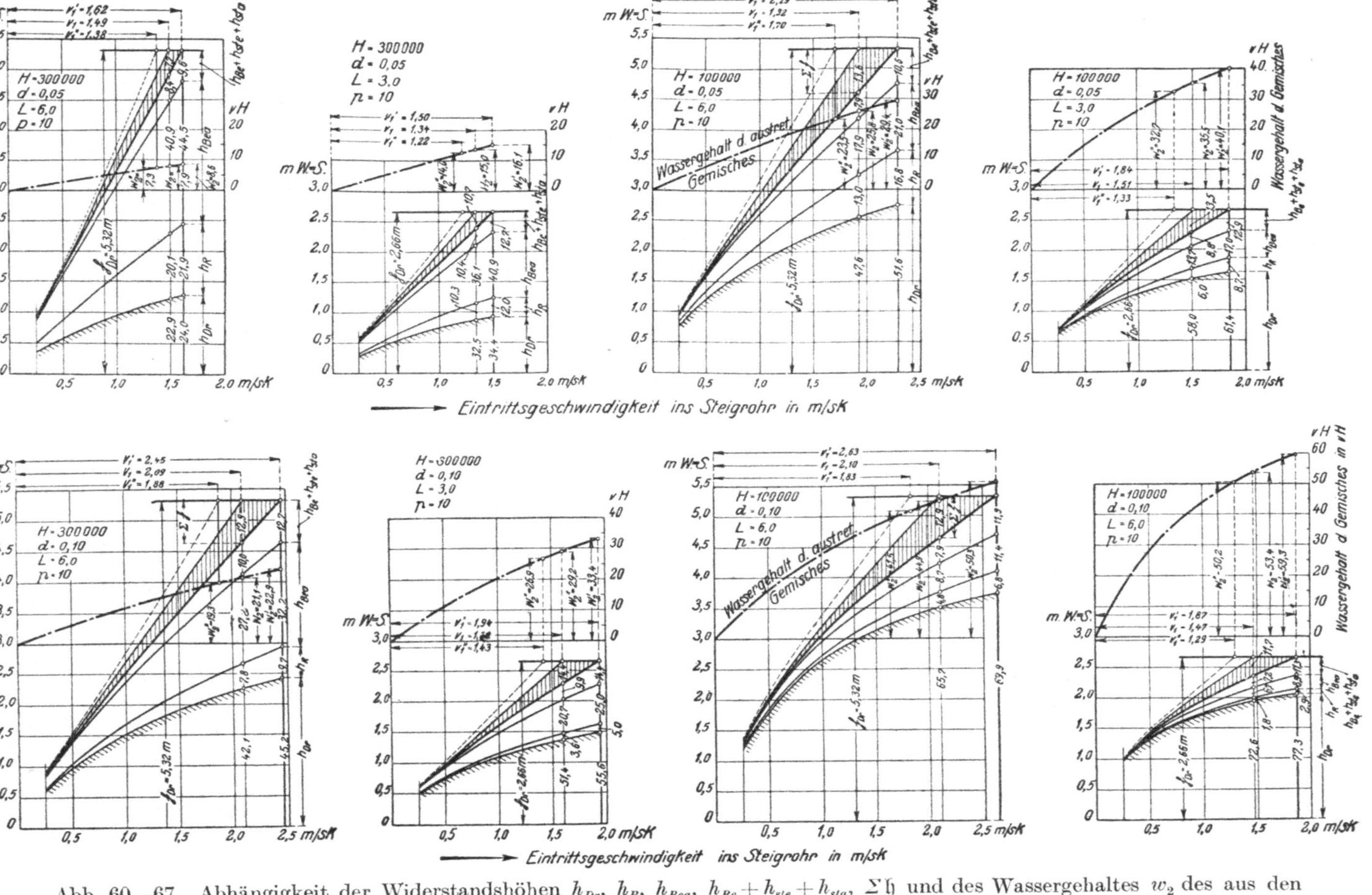

Abb. 60—67. Abhängigkeit der Widerstandshöhen h_{Dr}, h_R, h_{Bea}, $h_{Be} + h_{ste} + h_{sta}$, Σh und des Wassergehaltes w_2 des aus den Steigrohren von Steilrohrkesseln austretenden Dampfwassergemisches von der Eintrittsgeschwindigkeit ins Steigrohr v_1 für Drücke von 10 at/abs., Rohrlängen von 3 m und 6 m und Rohrdurchmesser von 50/57 mm und 100/107 mm.

und zwei verschiedene Rohrlängen ($L = 3$ m und $L = 6$ m) durchgeführt. Der besseren Übersichtlichkeit wegen sind die Summen der Widerstandshöhen im Fallrohr $= \Sigma \mathfrak{h}$ und die Größen $h_{Be} + h_{ste} + h_{sta}$ in zwei Einzelposten zusammengefaßt. Abb. 60 und 61 zeigen, daß z. B. bei $H = 300\,000$, $L = 6$ und $d = 0,05$ m die (Umlauf-)Eintrittsgeschwindigkeit $v_1 = 1,49$ msk^{-1} gegenüber 1,34 msk^{-1} bei einem halb so langen Rohre wird. Bei $d = 0,10$ betragen die entsprechenden Größen 2,09 msk^{-1} und 1,60 msk^{-1}. Entgegen der Erwartung ist aber die Eintrittsgeschwindigkeit ins Steigrohr v_1 bei Rohren von $L = 6$ und $d = 0,05$ für $H = 300\,000$ mit 1,49 msk^{-1} wesentlich kleiner als bei weit schwächerer Beheizung ($H = 100\,000$), wo sie $v_1 = 1,92$ msk^{-1} beträgt, Abb. 62. Ferner überrascht, daß Rohre von halber Länge im allgemeinen nur wenig kleineres v_1 haben. In die Ordinaten von v_1 sind die Anteile der verschiedenen Widerstandshöhen in Teilen der Druckhöhe $\mathfrak{h}_{Dr}$ im Fallrohr eingetragen, und man erkennt, daß infolge der kleineren Wärmeaufnahme kürzerer Rohre der Wert h_{Dr} einen größeren Anteil an $\mathfrak{h}_{Dr}$ hat, während der Einfluß des Reibungsverlustes im Steigrohr h_R infolge der kleineren Gemischgeschwindigkeit und Rohrlänge entsprechend zurücktritt. Für die Lebensdauer der Steigrohre ist letzten Endes der Wassergehalt des Gemisches maßgebend, da abnehmender Wassergehalt und steigende Temperatur der Rohrwand Hand in Hand gehen. Der auf die Lebensdauer nachteilige Einfluß kleinen Wassergehaltes wird allerdings dadurch zum Teil wieder aufgehoben, daß größere Gemischgeschwindigkeiten den Wärmeübergang von Rohrwand an Gemisch erhöhen. Wie groß unter sonst gleichen Verhältnissen v_1 und w_2 für befriedigende Lebensdauer mindestens sein müssen, ist bisher durch Versuche nicht ermittelt. w_2 ist in Abhängigkeit von v_1 aufgetragen. Bei $H = 300\,000$, $d = 0,05$, $L = 6,0$, $p = 10$ hat z. B. das austretende Gemisch nur noch 7,9 Raumteile Wasser; wahrscheinlich ist der Wassergehalt noch geringer, da die wirkliche Eintrittsgeschwindigkeit des Wassers hinter v_1 zurückbleiben dürfte. Um ungefähr ein Bild vom Einfluß der Querschnittbemessung der Fallrohre auf v_1 und w_2 zu erhalten, sind außerdem Kurven für unendlich große Fallrohrquerschnitte (dick ausgezogen, Werte v_1' und w_2') und für doppelten Widerstand im Fallrohr (dünn gestrichelt, Werte v_1'' und w_2'') eingetragen. Man sieht, daß w_2 nicht viel höher wird, wenn auf ein Steigrohr mehr als ein Fallrohr kommt.

In Abb. 68 und 69 ist für Drücke von 10 at und 20 at die Abhängigkeit der Größen v_1, v_2 und w_2 von der Heizflächenbelastung H für zwei verschiedene Rohrlängen (3 m und 6 m) und zwei verschiedene Rohrdurchmesser (50/57 mm und 100/107 mm) dargestellt. Sie zeigen, daß bei beiden Drücken und bei sämtlichen Rohren die Wassereintrittsgeschwindigkeit v_1 bis zu einer Heizflächenbelastung von etwa 50\,000

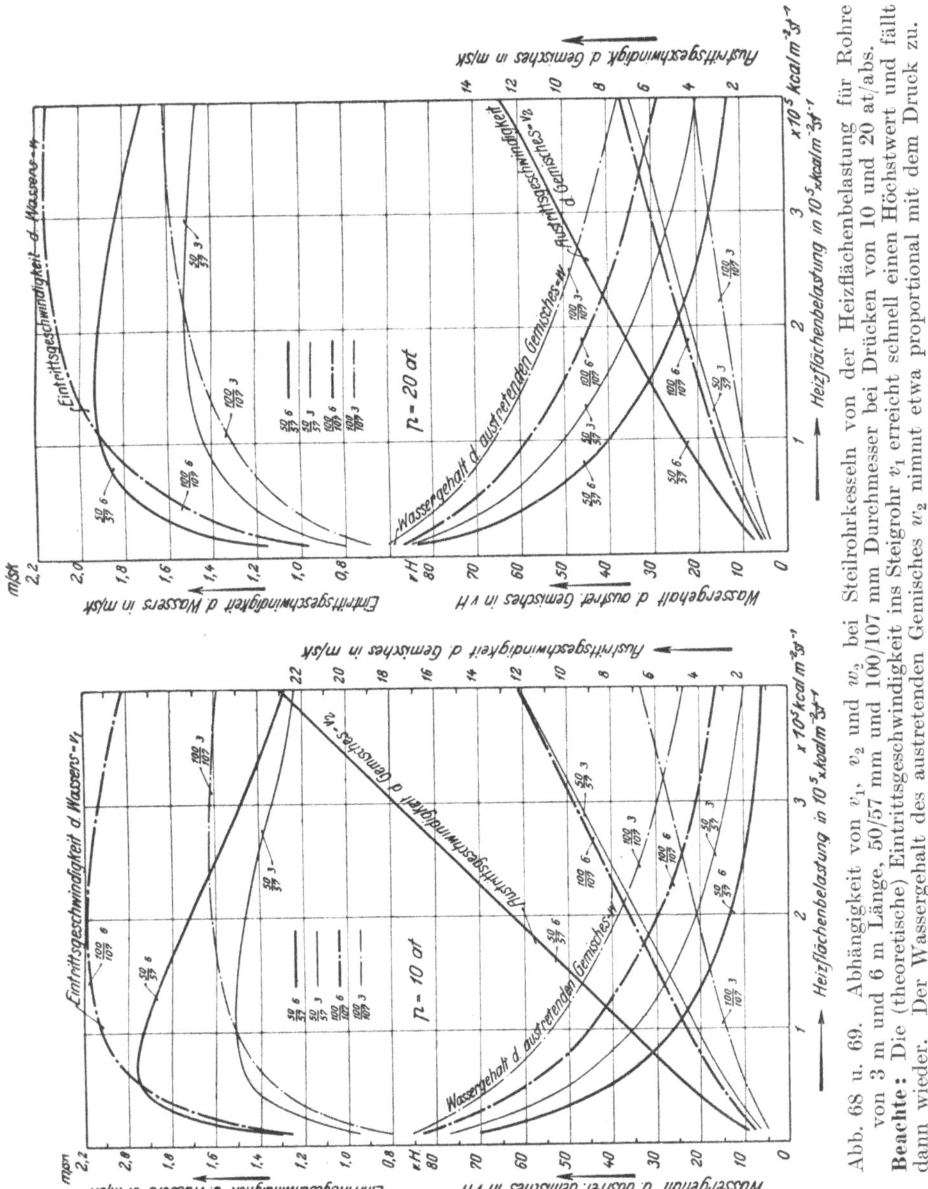

Abb. 68 u. 69. Abhängigkeit von v_1, v_2 und w_2 bei Steilrohrkesseln von der Heizflächenbelastung für Rohre von 3 m und 6 m Länge, 50/57 mm und 100/107 mm Durchmesser bei Drücken von 10 und 20 at/abs. **Beachte:** Die (theoretische) Eintrittsgeschwindigkeit ins Steigrohr v_1 erreicht schnell einen Höchstwert und fällt dann wieder. Der Wassergehalt des austretenden Gemisches w_2 nimmt etwa proportional mit dem Druck zu.

bis 100 000 WEm^{-2}st^{-1} sehr schnell ansteigt, um nach Erreichen eines Höchstwertes wieder langsam abzufallen. Der abfallende Ast nähert sich asymptotisch einem Mindestwert. Bei gleichmäßiger Rohrbeheizung erreicht also die Wassereintrittsgeschwindigkeit schon bei einer mittleren

Heizflächenbelastung ihren Höchstwert, der durch lange und weite Rohre innerhalb der im Landkesselbau üblichen und empfehlenswerten Abmessungen bis um etwa 30 v. H. gesteigert und durch kurze und weite Rohre mehr in das Gebiet höherer Heizflächenbelastungen ge-schoben werden kann. v_1 hat bei 10 und 20 at ungefähr denselben Verlauf und dieselbe Größe und nur bei engen, langen Rohren ($L = 6$ m, $d = 50/57$ mm) und niedrigem Kesseldruck einen ziemlich scharf ausgeprägten Höchstwert. Die Aus-trittsgeschwindigkeit des Gemisches v_2 wächst etwa von $H = 75\,000$ WEm^{-2}st^{-1} an nahezu geradlinig und ist bei 10 at rd. doppelt so groß wie bei 20 at.

Der Wassergehalt des austretenden Gemisches w_2 nimmt bei steigendem H parabelähnlich ab und ist bei 20 at bis 100 v. H. höher als bei 10 at. Bei gleicher Heizfläche der Rohre erhöht die Ver-größerung des Rohrdurchmessers w_2 stär-ker als die entsprechende Verringerung der Rohrlänge. Bei Heizflächenbelastungen von 300 000 bis 400 000 WEm^{-2}st^{-1} und den heute üblichen Drücken und Rohrabmessungen würde nach unserer Berechnung die Eintrittsgeschwindigkeit des Wassers

$$v_1 \sim 1,4 \text{ bis } 2,2 \text{ msk}^{-1},$$

die Austrittsgeschwindigkeit des Gemisches

$$v_2 \sim 4 \text{ bis } 16 \text{ msk}^{-1},$$

der Wassergehalt des austretenden Ge-misches in Raumteilen

$$w_2 \sim 10 \text{ bis } 40 \text{ v. H.}$$

betragen.

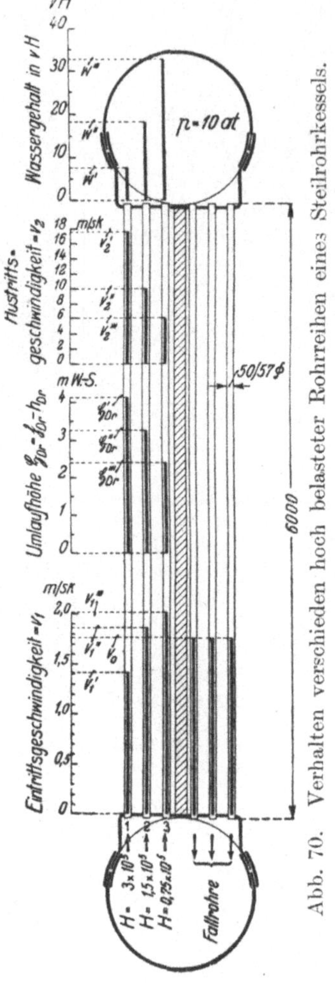

Abb. 70.

Abb. 70 zeigt v_1, $\mathfrak{H}_{Dr}$, v_2 und w_2 für einen Kessel mit 6 m langen Rohren von 50/57 mm Durchmesser und 10 at Kesseldruck für drei verschieden belastete Steigrohrreihen ($H = 75\,000$; $150\,000$; $300\,000$).

Die Ursache des eigentümlichen Verlaufes der v_1-Kurven geht aus Abb. 71 bis 78 hervor. Zum bequemen Vergleich ist der Maßstab für die Umlauf- und Widerstandshöhen der 3-m-Rohre doppelt so groß wie für die 6-m-Rohre gewählt. Der nach Abzug aller Widerstandshöhen von der statischen Druckhöhe bei Unterkante Fallrohr $\mathfrak{h}_{Dr}$ übrig bleibende Betrag $\sum \mathfrak{h}$ gibt die zur Überwindung der Widerstände im Fallrohr verfügbare Druckhöhe und ist ein Maß für die Umlaufgeschwindigkeit des Wassers v_1 gemäß $\sum \mathfrak{h} = c\,v_1^2$, worin c eine von den Rohrabmessungen und

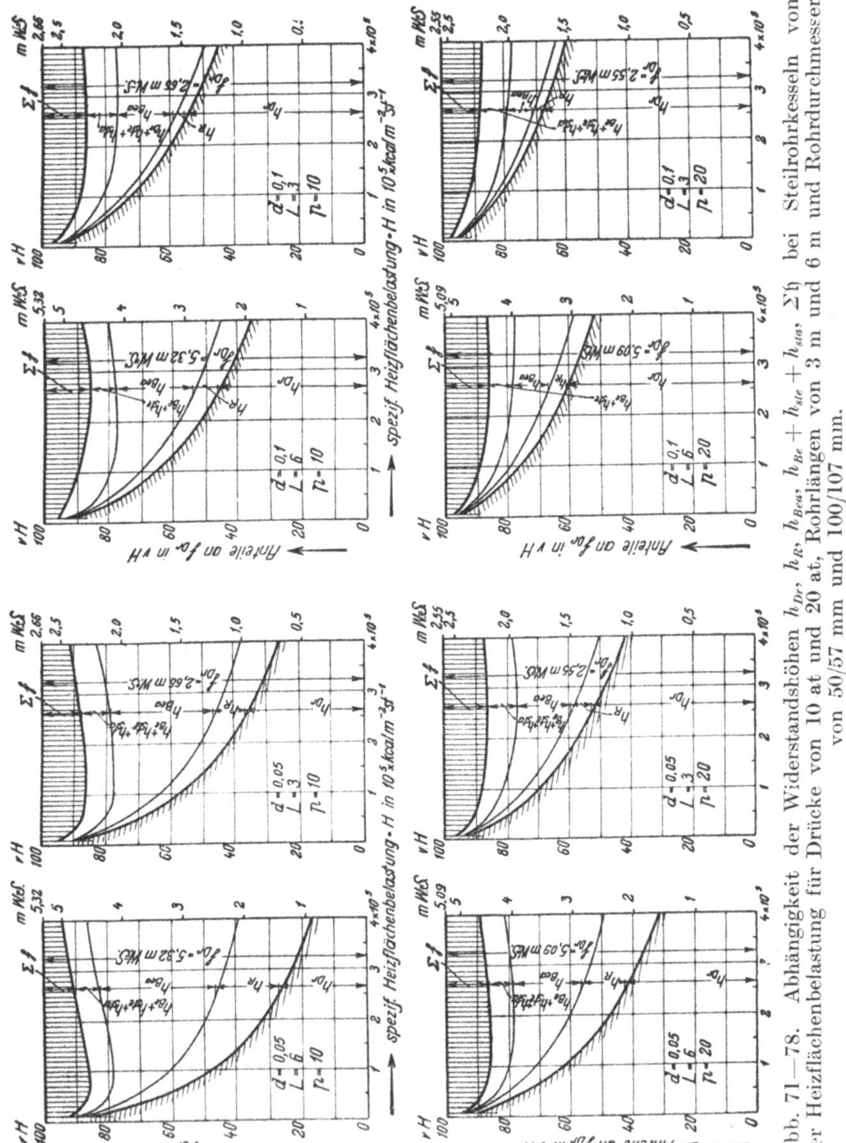

Abb. 71—78. Abhängigkeit der Widerstandshöhen h_{Dr}, h_R, h_{Bea}, $h_{Be} + h_{ste} + h_{sta}$, $\sum \mathfrak{h}$ bei Steilrohrkesseln von der Heizflächenbelastung für Drücke von 10 at und 20 at, Rohrlängen von 3 m und 6 m und Rohrdurchmesser von 50/57 mm und 100/107 mm.

dem Kesseldruck abhängige Zahl ist[1]). Abb. 71 bis 78 geben auch eine Übersicht über den Einfluß von Änderungen der Einzelwiderstände, so z. B.

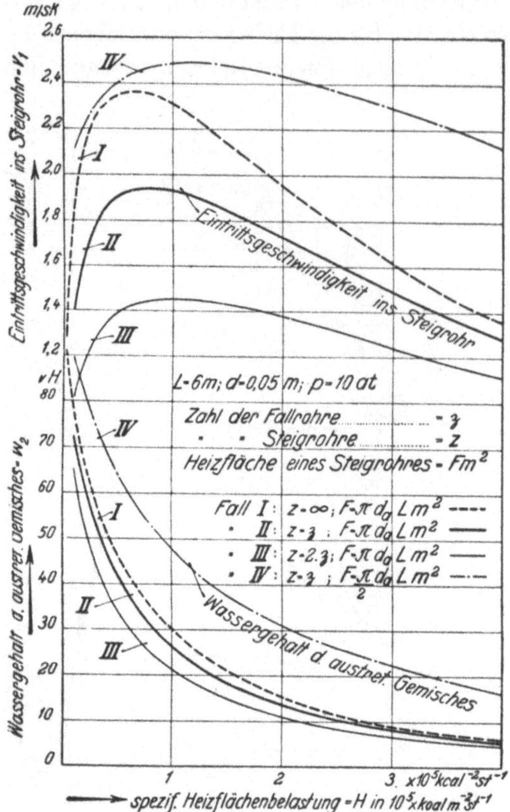

Abb. 79. Abhängigkeit von v_1 und w_2 von der Heizflächenbelastung bei Steilrohrkesseln für 10 at. Druck mit Rohren von 6 m Länge und 50/57 mm Durchmesser in einigen Sonderfällen.
Fall I: Querschnitt d. Fallrohre = ∞;
Fall II: „ „ „ = Querschnitt der Steigrohre;
Fall III: „ „ „ = $\frac{1}{2} \times$ „ „ „
Fall IV: Querschnitt der Fallrohre = Querschnitt der Steigrohre. Obere Hälfte der Steigrohre gegen Wärmeaufnahme geschützt (siehe Abb. 23 u. 158).

einer anderen Reibungsziffer als der für die Berechnung benutzten.

In Abb. 79 sind für 6 m lange Rohre von 50/57 mm Durchmesser und 10 at Kesseldruck folgende Fälle untersucht:

I. Die ganze Rohrlänge ist gleichmäßig beheizt, der Querschnitt der Rücklaufrohre ist im Vergleich zu dem der Steigrohre sehr groß.

II. Die ganze Rohrlänge ist gleichmäßig beheizt. Steigrohre und Rücklaufrohre haben gleichen Querschnitt.

III. Die ganze Rohrlänge ist gleichmäßig beheizt, der Querschnitt der Rücklaufrohre ist nur halb so groß wie der der Steigrohre.

IV. Die obere Hälfte der Steigrohre ist gegen Wärmeaufnahme geschützt, die untere gleichmäßig beheizt. Steigrohre und Rücklaufrohre haben gleichen Querschnitt.

Fall I entspricht den günstigsten, bei einem bestimmten Rohrdurchmesser für den Wasserumlauf erreichbaren Verhältnissen: Be-

---

[1]) Abb. 67 bis 78 sind mit einer etwas anderen Verteilung der Beiwerte als der vorstehend angegebenen berechnet. v_1, v_2 und w_2 werden dadurch nicht verändert, aber der Anteil von $\Sigma \mathfrak{h}$ an $\mathfrak{h}_{Dr}$ ist etwas kleiner als in Abb. 60 bis 67.

sondere, sehr weite, vor Wärmeaufnahme völlig geschützte Fallrohre sind so angeordnet, daß das Wasser gleichmäßig und ungestört den Steigrohren zufließt.

Fall II entspricht den Annahmen von Abb. 60 bis 78.

Fall III hat infolge der gegenüber Fall II doppelten Wassergeschwindigkeit den vierfachen Widerstand der Rücklaufrohre. Ein Vergleich von Fall I, II und III gibt ein anschauliches Bild von der Wirkung der Bemessung der Wasserrückführquerschnitte.

Fall IV zeigt den Einfluß von im oberen Teil gegen Wärmeaufnahme geschützten Steigrohren. Diese Abdeckung kommt beim kammerlosen Steinmüller-Kessel (Abb. 23) zur Anwendung zwecks kräftiger Kühlung der höchstbeanspruchten Rohre. Durch entsprechende Biegung und Anordnung dieser Rohre kann eine ähnliche Wirkung ohne Abdeckung erzielt werden, indem man den oberen Teil der Rohre so lagert, daß sie der Bestrahlung und der Berührung durch die heißen Rauchgase entzogen werden, Abb. 157.

Bei sehr weiten Fallrohren (Fall I) ist für Heizflächenbelastungen zwischen 100 000 und 400 000 $WEm^{-2}st^{-1}$ und die gewählten Rohrabmessungen ($L = 6$, $d = 0{,}05$) die Umlaufgeschwindigkeit des Wassers v_1 um 20 bis 55 v. H. und der Wassergehalt des auftretenden Gemisches w_2 um 30 bis 40 v. H. größer als bei einer nur die Hälfte der Steigrohre betragenden Zahl von Fallrohren (Fall III). Reichlich bemessene Fallrohre sind somit für die Lebensdauer der höchstbelasteten Siederohre sehr wichtig. Wasserumlaufgeschwindigkeit v_1 und Wassergehalt des austretenden Dampfgemisches w_2 werden durch Abdeckung des oberen Teiles der Steigrohre sehr wirkungsvoll erhöht, Fall IV.

Die Füllung der ganzen abgedeckten Rohrlänge mit einem Gemisch von kleinem spezifischen Gewicht (Abb. 23) vergrößert beträchtlich die Umlaufhöhe $\mathfrak{H}_{Dr} = \mathfrak{h}_{Dr} - h_{Dr}$, trotzdem das austretende Gemisch verhältnismäßig viel Wasser enthält. Deckt man die obere Rohrhälfte ab oder schützt man sie auf andere Weise vor Wärmeaufnahme, Abb. 157, so steigt zwischen $H = 100\,000$ und $400\,000$ $WEm^{-2}st^{-1}$ die Umlaufgeschwindigkeit des Wassers v_1 um 30 bis 60 v. H. und der Wassergehalt w_2 um 80 bis 300 v. H. Anordnungen nach Abb. 23 und 157 sind daher bei sehr hohen Belastungen recht vorteilhaft. Praktisch gleichen Wassergehalt erzielen aber auch nichtabgedeckte, gleichlange Rohre von doppeltem (100/107 mm) Durchmesser, Abb. 69.

Die Verwendung weiter Rohre für die höchstbelasteten Reihen unter Beibehaltung engerer Rohre für die übrige Kesselheizfläche wäre also gleichfalls eine einfache und auch betriebstechnisch vorteilhafte Konstruktionsmaßnahme für hochbelastete engrohrige Dampfkessel.

Es fragt sich, wieweit vorstehende, theoretisch ermittelte Ergebnisse durch die tatsächlichen Verhältnisse geändert werden. Hierbei kommen besonders in Betracht:

> die nicht über die ganze Länge gleichmäßige Beheizung der Siederohre,
>
> die Dampfbildung in den Fallrohren und
>
> die Neigung und Krümmung der Rohre.

In Wirklichkeit nimmt, wenigstens bei den höchstbelasteten Rohren, die uns hier besonders angehen, die Heizflächenbelastung im allgemeinen nach der Obertrommel zu ab. Werden bei gleichmäßiger und bei nach oben abnehmender Heizflächenbelastung zwei Rohren gleiche Wärmemengen zugeführt, so wird bei gleichem v_1 auch v_2 und w_2 für beide Fälle gleich. Dasselbe gilt für $\mathfrak{h}_{Be}$, $\mathfrak{h}_{ste}$, $\mathfrak{h}_R$, $\mathfrak{h}_{sta}$, h_{Be}, h_{ste} und h_{Bea}. Dagegen ändern sich der Reibungsverlust im Steigrohr h_R und die statische Druckhöhe h_{Dr}; h_R nimmt zu, h_{Dr} ab. In der Praxis genügt es aber für mittlere Verhältnisse wegen der sonstigen Unsicherheit des Rechnungsverfahrens, wenn man auch bei ungleichmäßiger Rohrbeheizung mit gleichmäßiger Heizflächenbelastung rechnet, derart daß in beiden Fällen die gesamte Wärmeaufnahme eines Rohres gleichbleibt. Dagegen kann stärkere Beheizung der dem Wasserrücklauf dienenden Siederohre die Werte v_1 und w_2 ungünstig beeinflussen, weil sie die Widerstände in den Fall- und in den Steigrohren unter Umständen merklich erhöht und die statische Druckhöhe in den Fallrohren $\mathfrak{h}_{Dr}$ herabsetzt. Dazu kommt noch, daß die Austrittsverluste der Fallrohre und die Eintrittsverluste der Steigrohre durch dampfhaltiges Wasser zweifellos vermehrt werden. **Lassen sich daher besondere, ausreichende, kalt liegende Fallrohre nicht anordnen, so sollten die dem Wasserrücklauf dienenden Rohre recht reichlich bemessen und auch sonst die Widerstände des Dampfblasen führenden Umlaufwassers auf ein Mindestmaß herabgesetzt werden.** Geeignete Mittel sind u. a. richtig angeordnete und bemessene Verbindungen zwischen den Kesseltrommeln, zweckmäßige Wasserführung in den Kesseltrommeln und einige andere Maßnahmen, die noch näher besprochen werden.

Neigung und scharfe Krümmung der Siederohre vermindern infolge der größeren Rohrlänge und der zusätzlichen Widerstände der Krümmungen v_1 und w_2. Nachteiliger als dieser rechnerisch erfaßbare Einfluß sind aber voraussichtlich die gestörten Strömverhältnisse, da die Dampfblasen voraussichtlich das Bestreben haben, an der oberen Rohrwand entlang zu ziehen. Hierdurch dürfte der Unterschied zwischen den Geschwindigkeiten der Dampfblasen und des Wassers steigen und die den Steigrohren zufließende Wassermenge sowie der Wassergehalt des Gemisches abnehmen. Immerhin spielten diese Einflüsse bisher bei richtig entworfenen Kesseln und den üblichen Neigungen und Krümmungen keine störende Rolle.

Schon mehrfach wurde darauf hingewiesen, daß die Vorgänge beim Ausströmen des Gemisches aus den Steigrohren verwickelter sind, als oben vorausgesetzt wurde, weil zahlreiche Einzelströme mit stark verschiedenen, zum Teil hohen Geschwindigkeiten auf eine lebhaft wallende Emulsion von ganz anderem spezifischen Inhalt treffen, und weil die Stetigkeit des Umlaufes auch dadurch gestört wird, daß sich in der Obertrommel ein Teil des kreisenden Gemisches, der Dampf, abscheidet. Man kann daher schwer sagen, wieviel von der Geschwindigkeitshöhe des aus den Steigrohren austretenden Gemisches tatsächlich wieder in Druck umgesetzt wird. Nun wird aber, wie Abb. 71 bis 78 zeigen, bei hoher Heizflächenbelastung, insbesondere bei engen Rohren, ein erheblicher Teil der statischen Druckhöhe $\mathfrak{h}_{Dr}$ durch die Beschleunigungsverluste im Steigrohr $h_{Bea} + h_{Be}$ aufgebraucht. Man sollte daher danach streben, wenigstens den Austritt aus den höchstbelasteten Steigrohren möglichst stoßfrei zu machen; dadurch kann man verhältnismäßig einfach die Anstrengung der Wandungen der höchstbelasteten Rohre durch erhöhte Wasserzufuhr vermindern. Einschnürungen und scharfe Krümmungen der Rohre (wenigstens an ihrem oberen Ende), ungeschickt angeordnete Führungswände u. a. m. können besonders den in der größten Hitze liegenden Siederrohren leicht verhängnisvoll werden.

Häufig ist es vorteilhaft, die Wasserrohre nicht unmittelbar in den Wasserinhalt der Obertrommeln ausgießen zu lassen, sondern ähnlich wie oberhalb der vorderen Kammer von Zweikammerwasserrohrkesseln besondere Führungswände anzuordnen.

Die hauptsächlichsten Ergebnisse vorstehender Berechnungen können kurz folgendermaßen zusammengefaßt werden:

1. Die Eintrittsgeschwindigkeit des umlaufenden Wassers in die Siederohre (Steigrohre) v_1 steigt mit der Heizflächenbelastung schnell zu einem Höchstwerte und nimmt dann wieder ab.

2. Der Höchstwert der Eintrittsgeschwindigkeit v_1 liegt bei den heute üblichen Rohrabmessungen, Heizflächenleistungen und bei Drücken bis 20 at zwischen 1,4 und 2,2 msk^{-1}, die Austrittsgeschwindigkeit des Dampfwassergemisches aus den Wasserrohren zwischen 4 und 16 msk^{-1}.

3. Der Einfluß des Dampfdruckes auf die Geschwindigkeit des umlaufenden Wassers v_1 ist gering.

4. Der Wassergehalt des austretenden Dampfwassergemisches w_2 in Raumteilen liegt unter denselben Verhältnissen zwischen 10 und 40 v. H.

5. Der Wassergehalt w_2 ist bei 20 at um rd. 100 v. H. höher als bei 10 at.

6. Der Wassergehalt w_2 fällt mit steigender Länge und abnehmendem Durchmesser der Wasserrohre.

Es soll nun kurz darauf zurückgekommen werden, weshalb die Wasserrohre bei Hochleistungskesseln im allgemeinen schneller schadhaft werden als bei normalen Kesseln, nachdem in Abschnitt II, b (S. 20) gezeigt worden ist, daß bei gleicher Belastung der Kesselheizfläche, aber auch bei gleicher Rostbelastung die spezifische Höchstbeanspruchung von normalen Kesseln höher ist. Die Ursache ist hauptsächlich darin zu suchen, daß bei normalen Kesseln (besonders bei Zweikammerkesseln) nur ein Teil der höchstbelasteten Rohre unmittelbar über dem Feuer liegt (Abb. 5) bei Hochleistungskesseln meist das ganze Rohr (Abb. 6, 7, 24, 27). Dadurch ist die gesamte Wärmeaufnahme der ersten Rohre bei Hochleistungskesseln höher. Von ihr hängt aber der Wassergehalt des austretenden Dampfwassergemisches ab, der mit zunehmender mittlerer Heizflächenbelastung stark abnimmt, Abb. 68 u. 69. Obgleich also, wie an Hand von Abb. 16 gezeigt wurde, die spezifische Höchstbelastung bei Hochleistungskesseln im allgemeinen tiefer liegt als bei normalen Kesseln, können ihre Rohre infolge des kleinen Wassergehaltes des durchströmenden Gemisches doch schneller schadhaft werden, denn nicht von der spezifischen Höchstbelastung $\dfrac{W_S}{F_S}\,\mathrm{WEm}^{-2}\mathrm{st}^{-1}$ allein, sondern von der gesamten Wärmeaufnahme eines Rohres, d. h. dem Produkt aus spezifischer mittlerer Belastung mal der entsprechenden Rohrlänge $= L \cdot \dfrac{W_S}{F_S}\,\mathrm{WEm}^{-2}\mathrm{st}^{-1}$ hängt bei gleichem Rohrdurchmesser und unter sonst gleichen Verhältnissen die Lebensdauer eines Wasserrohres ab. In diesem Umstand findet der auf S. 20 erwähnte, scheinbare Widerspruch seine Erklärung.

Ein Kessel kann somit als Hochleistungskessel bezeichnet werden, wenn er einen im Verhältnis zur Heizfläche großen Rost, einen hohen Feuerraum, eine große, den vom Rost ausgesandten Wärmestrahlen ausgesetzte Heizfläche und einen guten Wasserumlauf hat. Rost, Feuerraum und bestrahlte Heizfläche müssen ferner so angeordnet sein, daß auch bei starker Heizflächenbelastung, hochwertiger Steinkohle und niederem Luftüberschuß Feuerraumtemperaturen von 1500—1550° nicht überschritten werden. Endlich müssen Länge und Anordnung der höchstbelasteten Wasserrohre so gewählt sein, daß der Wasserumlauf zu einer kräftigen Kühlung der Rohre ausreicht.

b) Tatsächliches Verhalten des Wasserumlaufes.

Die Berechnungen über den Wasserumlauf beruhten u. a. auf der Annahme eines völlig gleichmäßigen Dampfwassergemisches und gleicher Geschwindigkeit des Wassers und der Dampfblasen in den Siederohren. Versuche an Druckluftwasserhebern[1]), deren Arbeitsweise mit den Vorgängen in den Steigrohren von Dampfkesseln manche Ähnlichkeit hat, zeigen aber, daß sich die Luftblasen schneller als das gehobene Wasser bewegen, daß unterhalb einer bestimmten Luftzufuhr überhaupt kein Wasser gefördert wird und daß es eine günstigste Betriebsweise gibt, bei der 1 kg Luft die größte Wassermenge fördert. Das rührt davon her, daß bei der betreffenden Luftmenge das Verhältnis der mittleren Wassergeschwindigkeit zur mittleren Luftgeschwindigkeit seinen Höchstwert erreicht. Obgleich bei Druckluftwasserhebern die gesamte Luftmenge in einer Zone zugeführt wird, dürften sich Wasser und Dampf in den Steigrohren von Dampfkesseln doch ähnlich verhalten. Die Luftgeschwindigkeit war in dem untersuchten Bereich um 0,1 bis 1,8 m größer als die Wassergeschwindigkeit, der Unterschied nahm mit zunehmender Pumpenleistung (Luftzufuhr) zu.[1]) Ferner zeigte es sich, daß günstiges Arbeiten der Pumpe sehr von der zweckmäßigen Luftzuführung abhängt. Je gleichmäßiger die Luft dem Wasser beigemischt wird, um so höher ist der Wirkungsgrad. In dieser Hinsicht dürften die Steigrohre von Dampfkesseln überlegen sein, weil sich die Dampfblasen an außerordentlich zahlreichen Stellen, d. h. sehr gleichmäßig verteilt, dem Wasser beimischen. Immerhin wird die Wassergeschwindigkeit auch in Siederohren unter- und oberhalb einer bestimmten Heizflächenbelastung wahrscheinlich besonders stark hinter der auf Grund obiger Voraussetzungen ermittelten zurückbleiben.

Grundsätzliche Unterschiede zwischen Kesselsiederohr und Druckluftpumpenrohr bestehen noch insofern, als sich der spezifische Inhalt des Fördermittels bei der Druckluftpumpe sehr stark ändert, während er in den Siederrohren nahezu unveränderlich ist.

Es ist nun festzustellen, welchen Einfluß ein Unterschied der Geschwindigkeiten beider Medien auf die Rechnungsergebnisse hätte, welche praktische Folgerungen gegebenenfalls aus ihm gezogen werden müßten und inwiefern die Feststellungen an Druckluftwasserhebern durch Versuche an Siederohren oder an einem, einem Kessel nachgebildeten Modellapparat gestützt werden.

Vor etwa 20 Jahren untersuchte Bellens den Wasserumlauf, indem er statt Dampfblasen kleine Schwimmer von bekanntem Auftrieb in das Steigrohr eines U-förmig gebogenen Glasrohres einführte und ihre Geschwindigkeit, sowie die geförderte Wassermenge bestimmte[2]). Durch

---

[1]) Mitt. über Forschungsarbeiten, Heft 138.　　[2]) Z. d. V. 1899, S. 1637.

Ändern von Zahl und Größe der Schwimmer suchte er den Verhältnissen in Siederohren möglichst nahe zu kommen. Die Versuche ergaben:

1. Bei gleicher Größe (Auftrieb) steigt eine Blase um so schneller, je größer der Durchmesser des Steigrohres ist. Gleichzeitig geht die geförderte (umlaufende) Wassermenge zurück,

2. je kleiner eine Blase (Auftrieb) ist, um so schneller steigt sie und um so kleiner wird die geförderte Wassermenge,

3. je größer die Anzahl der gleichzeitig steigenden Blasen ist, um so größer wird ihre Geschwindigkeit und die geförderte Wassermenge.

Dieses Verhalten rührt davon her, daß Blase und Wasser stets verschieden schnell steigen. Bei einer bestimmten Blasenzahl und Größe wird der Geschwindigkeitsunterschied am kleinsten, ein bestimmtes Blasenvolumen fördert dann einen Höchstwert von Wasser. Der „Wirkungsgrad" des

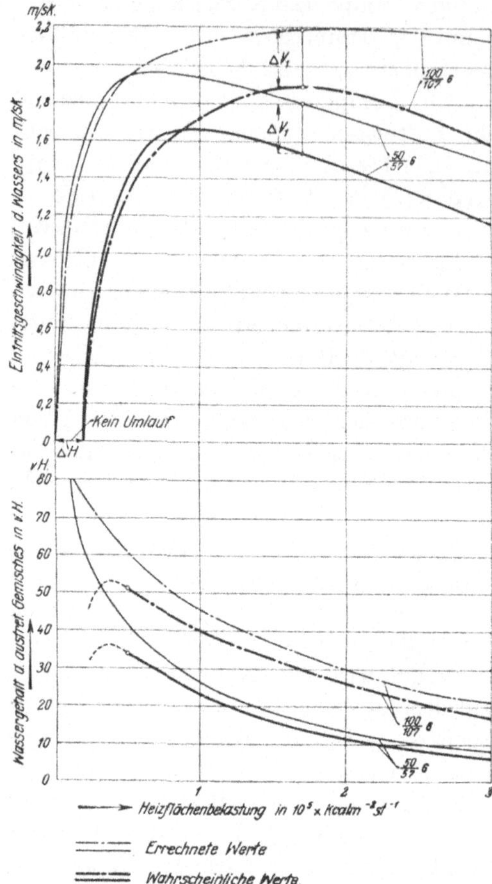

Abb. 80. Theoretisch ermittelte und wahrscheinliche Abhängigkeit von v_1 und w_2 von der Heizflächenbelastung bei Steilrohrkesseln für 10 at abs. Druck mit Rohren von 6 m Länge und Durchmessern von 50/57 mm und 100/107 mm.

Beachte: Unterschied Δv_1 zwischen theoretisch ermittelter und wahrscheinlicher Eintrittsgeschwindigkeit v_1 infolge des Schlupfes der Dampfblasen im Wasser.

Wasserumlaufes wird aber am größten, je inniger Blasen und Wasser gemischt sind. Vereinzelte, sehr große Blasen schlüpfen ganz ähnlich durch das Wasser hindurch wie wenige kleine, ohne es wesentlich zu fördern. Während ihres Durchganges setzt der Wasserumlauf mehr oder weniger aus.

In Abb. 80 stellen die dünn gezeichneten Kurven die aus Abb. 68 entnommenen, theoretisch ermittelten Werte für die Eintrittsgeschwindigkeit v_1 des umlaufenden Wassers in die Steigrohre und den Wassergehalt w_2 (in Raumteilen) des aus den Steigrohren austretenden Dampfwassergemisches dar.

Nach den Versuchen an Druckluftwasserhebern und von Bellens stellt sich regelmäßiger Umlauf aber erst von einer bestimmten Blasenzahl an ein. Bis zur entsprechenden Heizflächenbelastung ΔH erfolgt daher überhaupt kein Wasserumlauf, sondern der spärlich entwickelte Dampf zwängt sich in Gestalt vereinzelter Blasen ungeregelt und unregelmäßig durch den im wesentlichen ruhenden Inhalt der Wasserrohre hindurch. Der Unterschied zwischen theoretischer und tatsächlicher Umlaufgeschwindigkeit nimmt mit steigender Belastung voraussichtlich immer mehr ab und steigt von einem Mindestwert an wahrscheinlich wieder. (Dicke Kurven in Abb. 80.) Da die im allgemeinen einseitige Beheizung und die von der Senkrechten abweichende Neigung der Wasserrohre von Dampfkesseln eine gleichmäßige Durchmischung des Wasser-

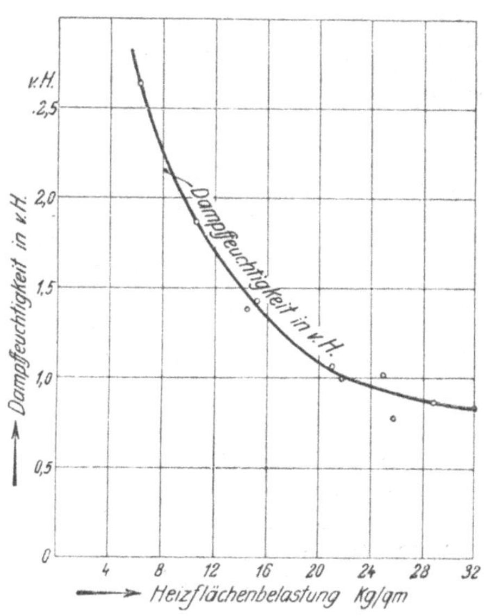

Abb. 81. Wassergehalt des einem Zweikammerwasserrohrkessel entnommenen Sattdampfes bei verschiedener Heizflächenbelastung

Dampfgemisches beeinträchtigen, bilden sich zuweilen größere Dampfpfropfen in den Rohren. Man wird sich daher den Wasserumlauf nicht als stetige, sondern mehr als stoßweise Strömung einer Mischung vorstellen müssen, deren Wassergehalt dauernd und mehr oder weniger schnell wechselt und die mit zunehmender Heizflächenbelastung bis zu einem Höchstwert immer regelmäßiger und ruhiger wird. Diese Auffassung erklärt auch den mit zunehmender Dampferzeugung abnehmenden Wassergehalt des Sattdampfes, wie er an einem Zweikammerwasserrohrkessel entgegen den landläufigen Anschauungen durch sehr sorgfältige Versuche des bayerischen Revisions-Vereines festgestellt worden ist, Abb. 81[1]).

---

[1]) Zeitschr. d. bayerischen Rev. Ver. 1913, Nr. 14 ff.

c) Zweikammer- und Sektionalkessel.

Darüber, ob Zweikammer- oder Sektionalkessel im praktischen Betriebe überlegen sind, gehen auch heute noch die Meinungen auseinander. Es soll daher die Eigenart jeder dieser beiden Bauarten näher untersucht werden.

Die Rechnungen über den Wasserumlauf wurden für die in Abb. 82 und 83 dargestellten Kessel mit 4500 mm langen Rohren für 10 und 20 at abs. Kesseldruck unter ähnlichen Voraussetzungen wie bei Steilrohrkesseln durchgeführt, nur die Widerstandszahlen wurden sinngemäß abgeändert. Die Verhältnisse bei Kammerkesseln liegen hauptsächlich aus folgenden Gründen verwickelter als bei Steilrohrkesseln:

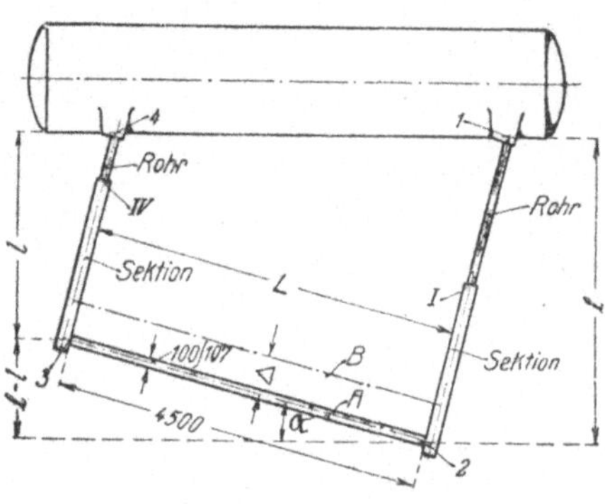

M. $\sim$ 1 : 130.

Abb. 82. Schema eines Kessels mit Teilwasserkammern (Sektionalkessel).

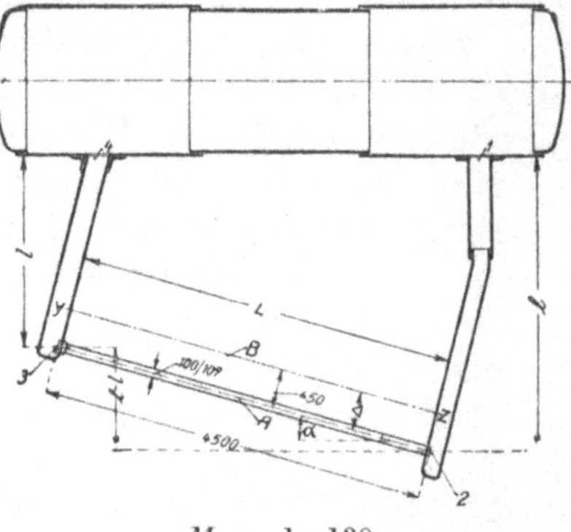

M. $\sim$ 1 : 130.

Abb. 83. Schema eines Kessels mit durchgehenden Wasserkammern.

1. Das kreisende Wasser bezw. Dampfwassergemisch besteht nicht aus einzelnen in sich geschlossenen Strömen von gleichbleibendem Querschnitt, sondern in beiden Wasserkammern aus einer Vereinigung zahlreicher Einzelströme von verschiedener Geschwindigkeit und von verschiedenem spezifischem Gewicht. Die Einschätzung der hiermit zusammenhängenden Verluste ist unsicher;

2. die einzelnen Siederohrreihen beeinflussen einander stärker als bei Steilrohrkesseln und die rechnerische Untersuchung wird bei mehreren übereinander liegenden Rohrreihen sehr umständlich;

3. da die Neigung der Siederohre (15 bis 22°) selbst bei neuzeitlichen hochbelasteten Kammerkesseln von der Senkrechten weit entfernt ist, weichen die tatsächlichen Strömverhältnisse in den Siederohren von den theoretisch berechneten voraussichtlich stärker als bei Steilrohrkesseln ab. In gleichem Sinne wirkt vor allem der weite Querschnitt durchgehender Wasserkammern, der ein Vielfaches von dem eines einzelnen Siederohres beträgt. Diese und einige andere in der Natur der Wasserkammern liegende Ursachen stören die gleichmäßige Durchmischung von Wasser

und Dampfblasen. Die wirkliche Umlaufgeschwindigkeit des Wassers bleibt daher bei den üblichen Kammerkesseln wahrscheinlich stärker als bei Steilrohrkesseln hinter der berechneten zurück.

Unter der vereinfachenden Annahme, daß die Kessel nur eine (die unterste) Siederohrreihe haben, wurde wieder untersucht der Einfluß

1. des Rohrdurchmessers (50/57 mm und 100/107 mm),

2. des Dampfdruckes (10 at abs. und 20 at abs.) und

3. der Bauart der Wasserkammern.

Kammerkessel werden bekanntlich nach der Bauart der Wasserkammern in Kessel mit engräumigen Teilkammern, auch Sektionalkessel genannt, und in Kessel mit durchgehenden, durch Pressen, Nieten oder Schweißen hergestellten, weiträumigen Kammern (Abb. 82 u. 83) eingeteilt. Im Vergleich zu Steilrohrkesseln mit gleichlangen Rohren von 100/107 mm Durchmesser liegt, wie Abb. 84 zeigt, v_1 oberhalb $H = 100\,000$ WEm^{-2}st^{-1} um rd. 30 v. H. höher, bei Sektionalkesseln um rd. 20 v. H. tiefer. Das Dampfwassergemisch hat daher rechnungsgemäß bei den üblichen Kammerkesseln am Austritt aus den Siederohren einen größeren, bei Teilkammerkesseln einen kleineren Wassergehalt als bei entsprechenden Steilrohrkesseln.

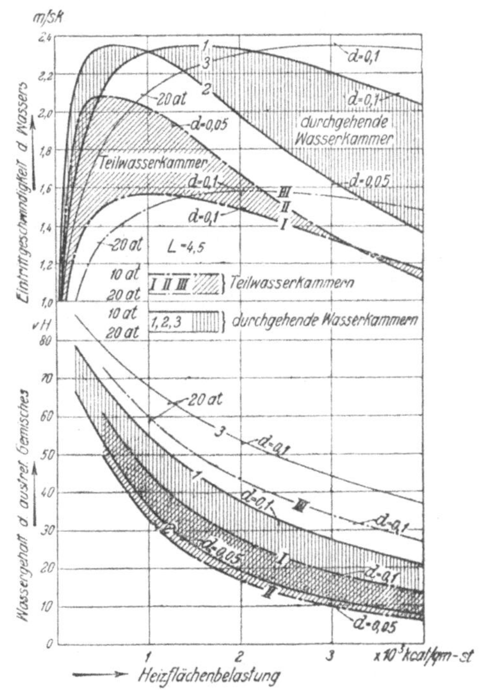

Abb. 84. Verhalten des Wasserumlaufes (v_1 und w_2) bei Kesseln mit Sektionen (Abb. 82) und bei Kesseln mit durchgehenden Wasserkammern (Abb. 83) für Drücke von 10 at abs. und 20 at abs., Rohrlängen von 4,5 m und Rohrdurchmessern von 50/57 mm und 100/107 mm.

Rüstet man die Wasserkammern oder Sektionen mit doppelt soviel Rohren von halber Weite aus, wobei natürlich sämtliche Abmessungen so gewählt sein müssen, daß die Kessel technisch ausführbar und betriebsfähig bleiben, so ändern sich die Verhältnisse in verschiedener Richtung. Bei hoher Heizflächenbelastung sinkt bei weiträumigen Kammern v_1 unter die früheren Werte, bei Sektionen wird es beträchtlich größer. Infolgedessen geht der Wassergehalt des Dampfwassergemisches bei Sektionalkesseln der üblichen Abmessungen mit engen Rohren lange nicht so stark wie bei Steilrohrkesseln zurück. Den Grund für das eigentümliche Verhalten von v_1 zeigen Abb. 85 und 86, worin die Anteile der statischen und dynamischen Widerstände der einzelnen Abschnitte des Umlaufweges an der statischen Druckhöhe am Eintritt in die Siederohre $\mathfrak{h}_{Dr}$ eingezeichnet sind. Der Anteil der Widerstandshöhe der Siederohre ist bei durchgehenden Wasserkammern verhältnismäßig weit größer als bei Teilkammern. Werden nun statt n-Rohren von 100/107 mm Durchmesser $2 \cdot n$-Rohre von 50/57 mm Durchmesser eingebaut, so wird das Verhältnis Querschnitt der Kammer: Gesamtquerschnitt der Rohre doppelt so groß und $\dfrac{v^2}{2\,g}$ viermal kleiner ($v =$ Geschwindigkeit des Gemisches in der Kammer).

Bei Teilkammern fällt dann ihr dynamischer Widerstand stärker, als der der Siederohre zunimmt, bei großräumigen Kammern ist es umgekehrt. Bemerkenswert ist der Widerstand der Verbindungsstutzen zwischen den vorderen (dampfführenden) Sektionen und dem Oberkessel, eine Tatsache, auf die noch zurückgekommen wird.

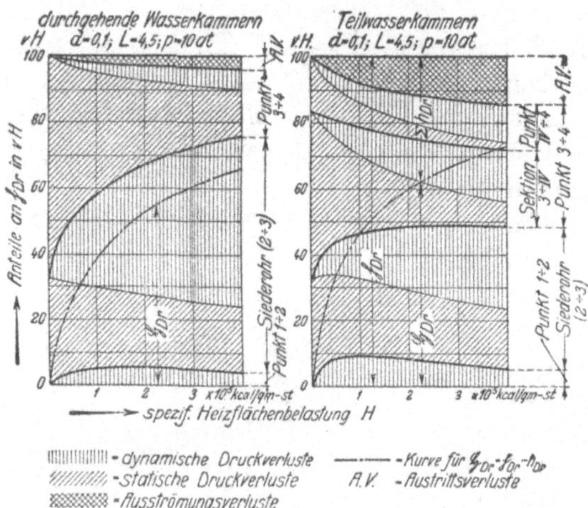

Abb. 85 u. 86. Abhängigkeit der Widerstandshöhen von der Heizflächenbelastung bei Kesseln mit durchgehenden Wasserkammern und bei Sektionalkesseln für 10 at abs. Druck, 4,5 m Rohrlänge und 100/107 mm Rohrdurchmesser.

Die Schaulinien des Wasserumlaufes zeigen für Steilrohr- und Kammerwasserrohrkessel gemeinsam, daß der Wassergehalt des Gemisches bei den heute üblichen Heizflächenbelastungen hochbelasteter Kessel schon recht niedrig ist, und daß bei weiterer Steigerung der Feuerraumtemperaturen an die Rohre außerordentliche Anforderungen gestellt werden. In diesem Zusammenhange werde auf nicht immer zutreffende Ansichten über die Ursachen von Rohrausbeulungen hingewiesen. Die Ausbeulungen werden nämlich mit Unrecht meist nur auf mangelhaften Wasserumlauf zurückgeführt. Hier sei über diese Frage nur so viel bemerkt, daß Rohre trotz gutem Wasserumlauf durchbrennen können, und daß vor allem Rohrausbeulungen, die überraschend schnell entstehen und zuweilen sehr verhängnisvoll werden, meist nicht von schlechtem Wasserumlauf herrühren. Um Fehlschlüssen oder zu weitgehenden Folgerungen vorzubeugen, sei ferner nochmals darauf hingewiesen, daß die Berechnungen über den Wasserumlauf in Zweikammerkesseln zunächst nur für bestimmte Kesselabmessungen und unter ganz bestimmten Voraussetzungen gelten.

Man könnte geneigt sein, auf Grund von Abb. 84 bis 86 anzunehmen, daß der Wasserumlauf bei Sektionalkesseln nicht so gut wie bei weiträumigen Kammerkesseln sei. Dem widerspricht aber, daß sich Sektionalkessel unter den schwierigsten Betriebsverhältnissen hervorragend bewährt haben. Die berechnete Überlegenheit durchgehender Kammern wird eben hauptsächlich durch die bessere Führung und Durchmischung des Dampfwassergemisches und die größere Wirbelfreiheit bei Sektionen wieder ausgeglichen.

Bei Sektionalkesseln ist nämlich das umlaufende Gemisch auch in den Sektionen verhältnismäßig gut in engen Querschnitten geführt, in den breiten Kammern großer Schrägrohrkessel ist dies nicht im selben Maße der Fall. In durchgehenden Kammern ist daher auch weniger Gewähr für gleichmäßige Durchmischung von Wasser und Dampf gegeben als in Sektionen, so daß angenommen werden kann, daß in Kammern die tatsächliche hinter der theoretisch ermittelten Umlaufgeschwindigkeit stärker zurückbleibt als in Sektionen. Auf jeden Fall ist der, eine Zeitlang auch von der Gesetzgebung beschrittene Weg, bei Kammern eine derartige Mindesttiefe vorzuschreiben, daß ihr Querschnitt gleich dem aller Wasserrohre ist, nicht ohne weiteres richtig. Es wird sich vielmehr darum handeln, einen möglichst vorteilhaften Ausgleich zu finden zwischen mäßigen Geschwindigkeiten (mit Rücksicht auf kleine Widerstände) und guter Durchmischung zwischen Wasser und Dampfblasen (mit Rücksicht auf kleinen Schlupf der Blasen im Wasser). Diesen Zusammenhang haben einige Kesselfabriken frühzeitig erkannt und den durchgehenden Kammern eine verhältnismäßig kleine Tiefe gegeben (200 bis 250 mm).

Die Kurven der Einzelwiderstände in Abb. 85 u. 86 zeigen, daß der Widerstand der vorderen Sektion und der Verbindungsrohre zum Oberkessel (Punkt 3 bis IV und IV bis 4) sowie der Ausströmverlust (AV) in die Obertrommel erheblich größer sind als bei durchgehenden Wasserkammern. Diese auf theoretischem Wege ermittelte Überlegenheit durchgehender Kammern wird aber durch die bereits erwähnte schlechtere Führung und Durchmischung des Dampfwassergemisches wieder mehr oder weniger aufgehoben.

Abb. 85 zeigt weiter, daß der Anteil des Widerstandes der hinteren Kammer am Gesamtwiderstand nur klein ist. Besondere Fallrohre verbessern daher den Wasserumlauf offensichtlich nur sehr wenig, Abb. 87 bis 89. Scheidewände in der hinteren Wasserkammer, die das Wasser zwingen sollen, tunlichst den untersten Rohrreihen zu-

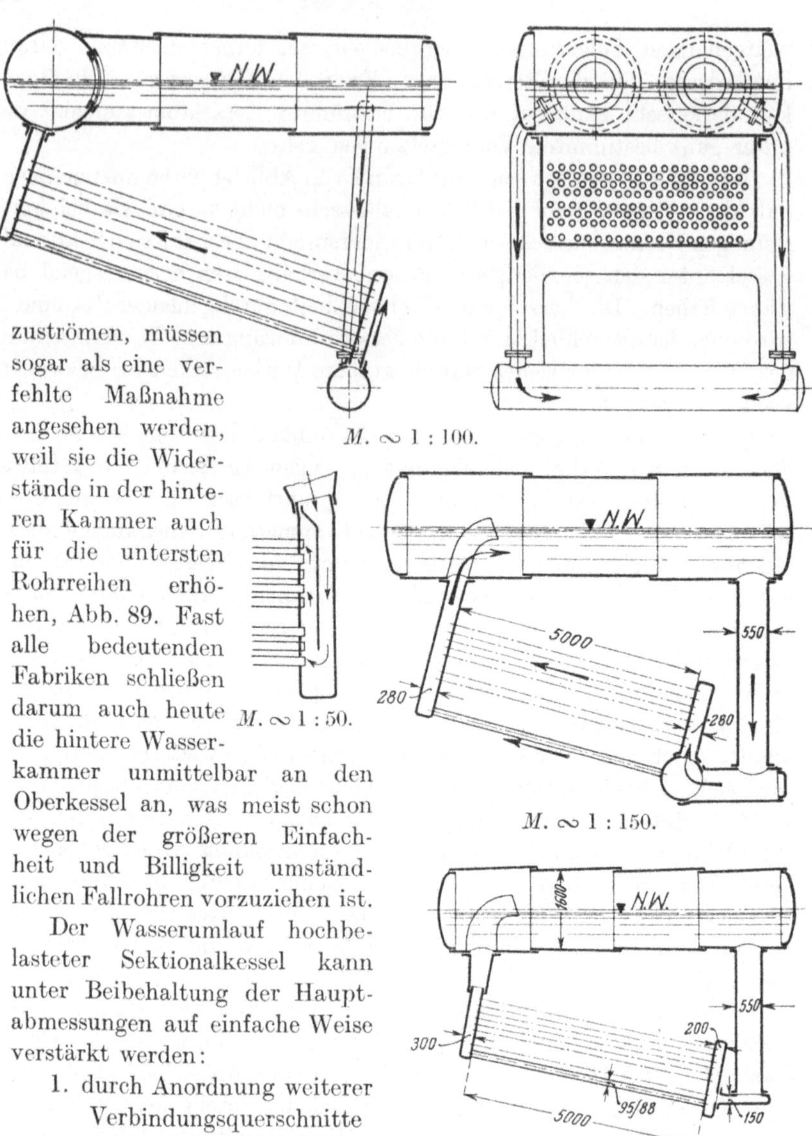

Abb. 87 bis 91. Verschiedene Vorrichtungen, die die Wasserzufuhr zu den höchstbelasteten Wasserrohren verstärken sollen.

zuströmen, müssen sogar als eine verfehlte Maßnahme angesehen werden, weil sie die Widerstände in der hinteren Kammer auch für die untersten Rohrreihen erhöhen, Abb. 89. Fast alle bedeutenden Fabriken schließen darum auch heute die hintere Wasserkammer unmittelbar an den Oberkessel an, was meist schon wegen der größeren Einfachheit und Billigkeit umständlichen Fallrohren vorzuziehen ist.

Der Wasserumlauf hochbelasteter Sektionalkessel kann unter Beibehaltung der Hauptabmessungen auf einfache Weise verstärkt werden:

1. durch Anordnung weiterer Verbindungsquerschnitte zwischen dampfführenden Sektionen und Oberkessel,
2. durch sanften, allmählichen Übergang der Köpfe dieser Sektionen in die Verbindungsrohre zum Oberkessel.

Von einer Vergrößerung der Verbindungsquerschnitte zwischen den hinteren Sektionen und dem Oberkessel ist dagegen nach Abb. 86 keine nennenswerte Verbesserung des Wasserumlaufes zu erwarten.

Bei engen Verbindungsquerschnitten zwischen vorderer Kammer (Sektion) und Oberkessel strömt von einer bestimmten Belastung an ein Teil des hochsteigenden Dampfwassergemisches nicht in den Oberkessel ab, sondern fließt durch die oberen Rohrreihen entgegengesetzt zur Richtung des Haupt-Wasserumlaufes unmittelbar zu den hinteren Sektionen zurück, Abb. 92. Auch bei durchgehenden Wasserkammern kann diese Erscheinung auftreten und einzelne Rohre fast ganz strömungsfrei machen. Sie wird besonders bei Kesseln mit zahlreichen, übereinanderliegenden Rohrreihen beobachtet, führt zuweilen zu Schlammablagerungen und erzeugt wohl auch gelegentlich Spannungen und Undichtheiten im Rohrbündel.

Dampfführende Sektionen und Oberkessel werden daher mit Recht bei Sektionalkesseln für höhere Belastung meist durch je 2 Rohre verbunden, Abb. 27, 93, 94,

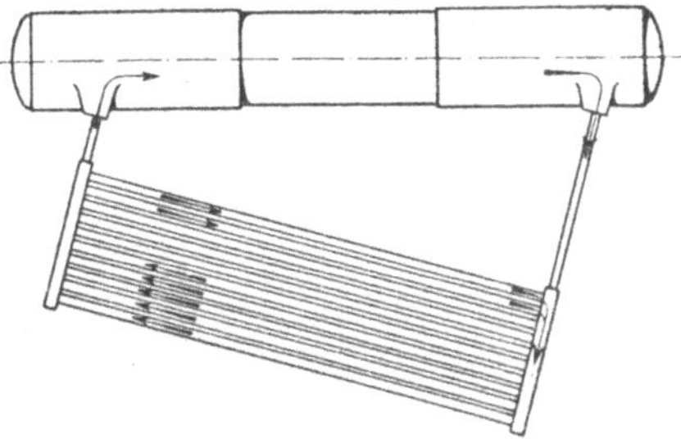

M. ∾ 1:130.

Abb. 92. Rücklauf des Wassers in den oberen Rohren von Schrägrohrkesseln.

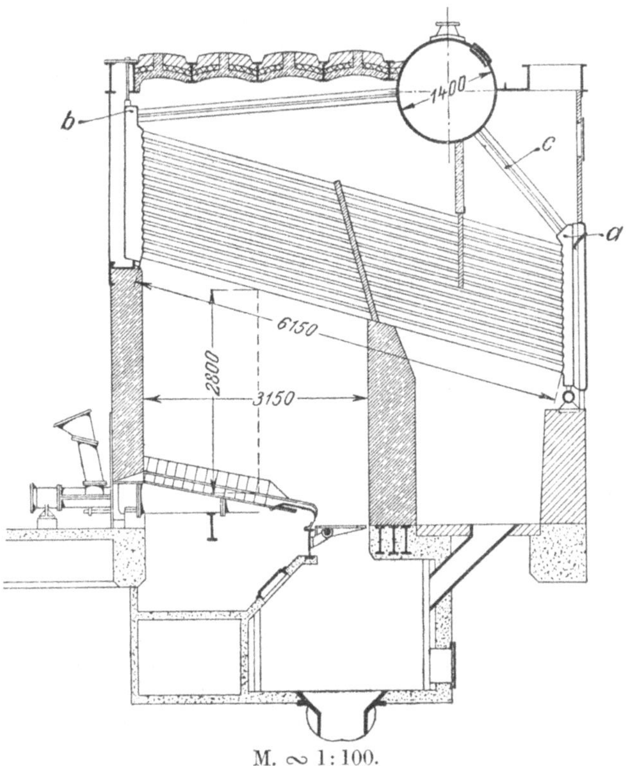

M. ∾ 1:100.

Abb. 93. Sektionalkessel der Springfield Boiler Co., Springfield, U. S. A., mit Jones-Unterschubrosten.
Beachte: Besonderer, großer Bunker für Schlacke und für Flugasche aus zweitem und drittem Zug. Je 2 Verbindungsrohre zwischen Sektionen und Oberkessel. Oberkessel liegt quer zu den Wasserrohren.

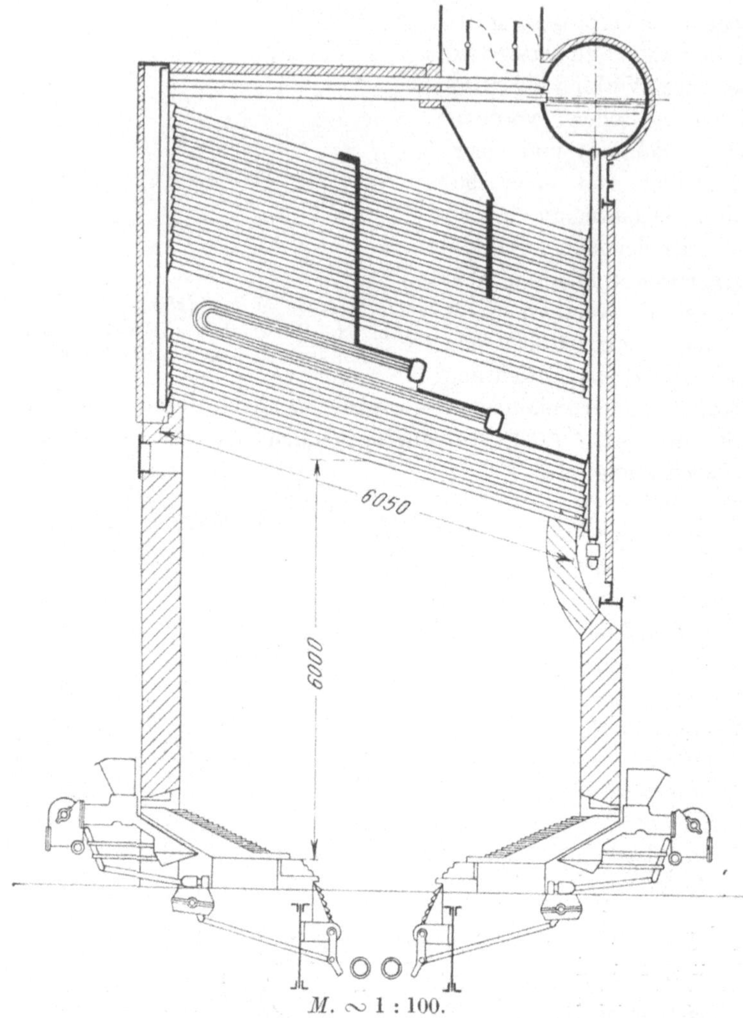

Abb. 94. 2140 m²-Sektionalkessel der Babcock u. Wilcox Co., New York, U. S. A., mit 20 Rohrreihen und Taylor-Unterschubrosten.
Beachte: Einbau des Überhitzers zwischen den Wasserrohren. Oberkessel liegt quer zu den Wasserrohren. Im Gegensatz zu deutschen Konstruktionen stehen Sektionen senkrecht (siehe Abb. 27, 92 u. 93). Allmählicher Übergang vom vollen Feuerraumquerschnitt zum Querschnitt des ersten Zuges. Sehr hoher Feuerraum. Ganze Rohrlänge dem Feuer ausgesetzt, siehe S. 136. Selbsttätige Schlackenabfuhr. Doppelenderfeuerungen.

Verdoppelung der Fallrohre ist weniger wichtig, Abb. 93. Es läßt sich natürlich nicht genau sagen, wie weit man in der Beschränkung ähnlicher Verbindungen gehen kann. Die Amerikaner haben seinerzeit bei Herstellung der Einheitskessel auch hierüber Versuche angestellt, was sich mit Rücksicht auf den Massenbau dieser Kessel gelohnt haben dürfte. Im allgemeinen ist aber etwas übertriebene Vorsicht eher am Platze als das Gegenteil. Zeigt sich durch vorzeitig schadhaft werdende Rohre, daß der Wasserumlauf zu wünschen übrigläßt, so ist zu prüfen, welche Abänderungen den größten Nutzen versprechen. Beim Kessel in Abb. 93 würde z. B. eine etwas andere Ausbildung des Kopfes b der dampfführenden Sektionen im Bedarfsfalle wohl mehr nützen als Verdoppelung der Fallrohre c, da die beinahe 180° betragende Umlenkung des Dampfwassergemisches und der schroffe Übergang von der Sektion in die Steigrohre bei b wahrscheinlich einen beträchtlichen Widerstand verursachen. Im Streben nach billiger Herstellung sind die Amerikaner im Gegensatz zur deutschen Praxis über 11, 16 und 18 Reihen in neuester Zeit zu 20 Rohren auf eine Sektion gekommen[1]). Abb. 94 zeigt einen amerikanischen Babcock- und Wilcox-Kessel mit 20 Reihen, dessen horizontale Zugscheidewand über der sechsten Rohrreihe liegt, um mäßige Feuerraumtemperatur und einen allmählichen Übergang der Rauchgase vom Feuerraum in den erstenZug zu bekommen. Das Auseinanderrücken der beiden Rohrbündel begünstigt übrigens die Wasserzufuhr zu den untersten Rohren. Der für Werke mit großer Grundbelastung bestimmte Kessel hat folgende Hauptwerte:

Zahlentafel 9.

Röhre auf eine Sektion	20
Zahl der Sektionen	51
Lichte Feuerraumbreite	8300 mm
Kesselheizfläche	2140 m²
Rostfläche beim Einbau von Wanderrosten . .	42,5 m²
Ungefähre mittlere Heizflächenbelastung des	
Kessels	20 kgm^{-2}st^{-1}

Auf die Wirtschaftlichkeit (d. h. Betriebskosten u. Kapitalkosten) derartiger vielreihiger Kessel, von denen sich die Amerikaner offenbar viel versprechen, wird noch zurückgekommen. Es ist aber zweifelhaft, ob bei hochwertiger Kohle und niederem Luftüberschuß die 6000 mm langen, vollkommen dem Feuer ausgesetzten Wasserrohre lange halten werden, wobei allerdings zu berücksichtigen ist, daß die Rostfläche in Abb 94 im Vergleich zur Heizfläche verhältnismäßig klein ist und ein wesentlicher Teil der Grundfläche zwischen den Rosten nur wenig Wärme entbindet.

In Amerika scheint eine Neigung für sehr große Kessel zu bestehen, Abb. 26 u. 94, in Deutschland ist man aus guten Gründen von sehr großen Einheiten wieder abgekommen. Je größer ein Kessel ist, um so betriebssicherer sollte er gebaut werden, da sonst selbst bei geringfügigen Schäden eine erhebliche Dampfmenge ausfällt und nennenswerte Brennstoffverluste entstehen.

---

[1]) Power 1920, 7. September.

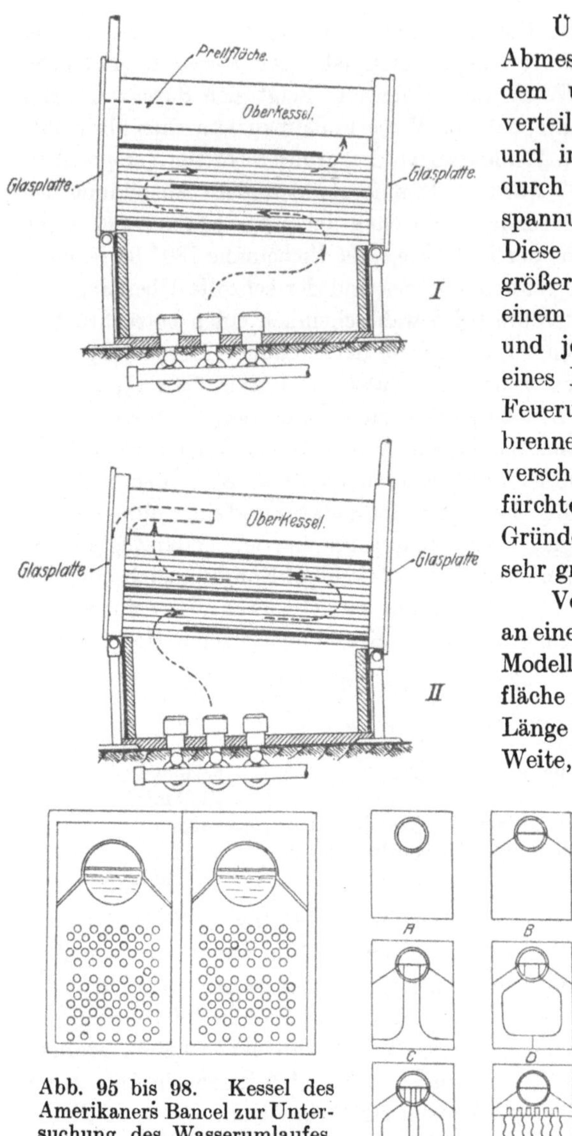

Abb. 95 bis 98. Kessel des Amerikaners Bancel zur Untersuchung des Wasserumlaufes.
Beachte: Verschiedene Rauchgasführung bei Abb. I u. II.
Abb. 98 A bis F zeigen schematisch die verschiedenen untersuchten Arten der Wasserführung in der vorderen Wasserkammer.

Überschreiten gewisser Abmessungen begünstigt zudem ungleiche Temperaturverteilung auf den Rosten und in den Zügen und dadurch verursachte Wärmespannungen im Kesselkörper. Diese Gefahr wird umso größer, je mehr Roste unter einem Kessel eingebaut sind und je mehr der Charakter eines Brennstoffes oder einer Feuerung ungleiches Abbrennen der Feuer auf den verschiedenen Rosten befürchten läßt. Auch diese Gründe sprechen gegen Kessel sehr großer Heizfläche.

Versuche von Bancel[1]) an einem gasbeheizten kleinen Modellkessel von 1,7 m² Heizfläche mit Röhren von 600 mm Länge und 10,5 mm lichter Weite, dessen Wasserkammern Deckplatten aus Glas hatten, geben einen recht guten Einblick in den Wasserumlauf von Zweikammerkesseln. Bancel untersuchte insbesondere den Einfluß von Einbauten in der vorderen Wasserkammer, die das dampfreichste Gemisch aus den beiden untersten Rohrreihen, ohne es mit dem Auswurf der höheren Reihen zu mischen, auf verschiedene Weise unmittelbar zum Oberkessel führen, Abb. 98 C bis E.

---

[1]) The Journal of the American Society of Mechanical Engineers, Januar 1916.

In Abb. 98 entspricht B etwa deutschen Wasserkammern, bei C wird der Ausguß der untersten Reihen mit demjenigen einiger höherliegender Rohre vermischt, während er bei D vollkommen unvermischt und bei E nahezu unvermischt abfließt. F entspricht Sektionen. Um den Einfluß verschiedener Anordnungen möglichst einwandfrei feststellen zu können, wurden stets zwei gleiche Kessel mit verschiedenen Kammern unter denselben Bedingungen nebeneinander betrieben.

Abb. 99. Strömung des Dampf-Wassergemisches in der vorderen Wasserkammer bei mittlerer Heizflächenbelastung ($\sim 37\ \mathrm{Kg\,m^{-2}\,st^{-1}}$) und einer Ausführung der Wasserkammer nach Abb. 98 C (links) und 98 A (rechts).

Die linke Seite der photographischen Aufnahmen der vorderen Wasserkammer in Abb. 99 u. 100 entspricht der Anordnung nach C, die rechte nach A (sämtliche Bilder wurden mit $^1/_{100}$ sk Belichtungszeit aufgenommen).

Abb. 99 links zeigt deutlich, daß das Dampfwassergemisch aus den unteren Rohrreihen infolge der Führungswände innig durchmischt in geordnetem, gleichmäßigem Strom zur Trommel abfließt. Das mit der Wirkung eines Druckluftwasserhebers übereinstimmende Verhalten des Gemisches in der Führung, das das Gemisch wesentlich höher fördert als den Ausguß der übrigen Rohre, kommt gleichfalls klar zum Ausdruck. In den beiden Abteilen für die übrigen Rohre strömen die Dampfblasen durch das Wasser hindurch und haben nur wenig fördernde Wirkung. Bei der Kammer ohne Einbauten (rechte Seite von Abb. 99) wird die aufsteigende Strömung durch Querströmungen gestört. Im linken Teil dieser Kammer steigt das Wasser, im rechten fällt es. Der Übertritt in die Obertrommel verläuft sehr stürmisch.

Abb. 100 ist mit denselben Kammern bei 66-kgm^{-2}st^{-1}-Belastung aufgenommen. Auch hier ist die Strömung bei der Kammer mit Einbauten weit ruhiger und geordneter.

Bei Sektionen (Abb. 98F) treten keine Wirbel oder Querströme auf, dagegen Drosselungen an den Verbindungsstutzen zum Oberkessel.

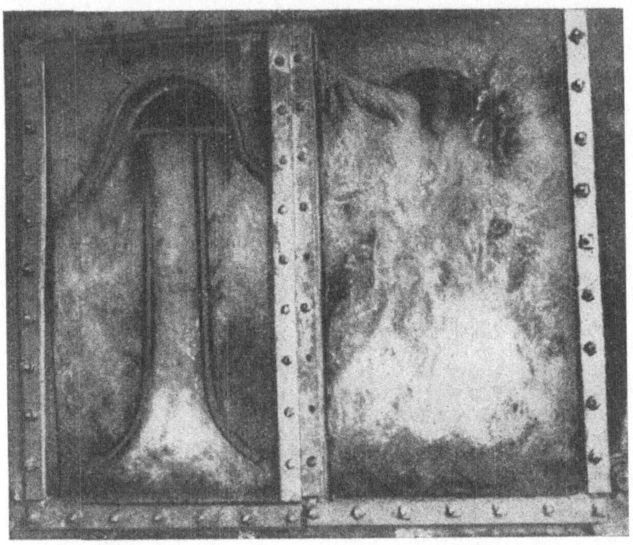

Abb. 100. Strömung des Dampf-Wassergemisches in der vorderen Wasserkammer bei sehr hoher Heizflächenbelastung (∞ 66 kgm $^{-2}$st $^{-1}$) und einer Ausführung der Wasserkammer nach Abb. 98 C (links) und 98 A (rechts).

Bei sehr schwacher Belastung strömen die Dampfblasen auch bei Sektionen durch das Wasser hindurch, ohne es zu fördern.

Bei sämtlichen Anordnungen wechselt die Strömrichtung einzelner Rohre in den verschiedensten Reihen plötzlich und unregelmäßig. Bei Sektionen findet fast bei allen Belastungen ein Rücklauf durch die obersten Reihen statt. Die Umkehr der Strömrichtung hängt außer anderen Ursachen mit davon ab, ob vorzugsweise das obere oder das untere Ende der Wasserrohre beheizt wird.

Endlich stellte Bancel in Übereinstimmung mit den auf theoretischem Wege gefundenen Abb. 68 u. 69 fest, daß die umlaufende Wassermenge mit der Heizflächenbelastung bis zu einem Höchstwert zunimmt und dann wieder fällt. Seine Schlußfolgerung, die höchste Belastung eines Wasserrohres sollte mit der größten Umlaufgeschwindigkeit zusammenfallen, ist dagegen nicht stichhaltig, denn schon bei den heutigen Heizflächenbeanspruchungen dürfte der Höchstwert der Umlaufgeschwindigkeit erheblich überschritten sein.

Abb. 101 zeigt die untere, linke Ecke der Wasserkammer ohne Einbauten bei $37\,\mathrm{kgm}^{-2}\mathrm{st}^{-1}$ Belastung. Man sieht, daß auch die am stärksten beheizten Wasserrohre gelegentlich strömungsfrei werden.

Zusammenfassend läßt sich etwa folgendes sagen:

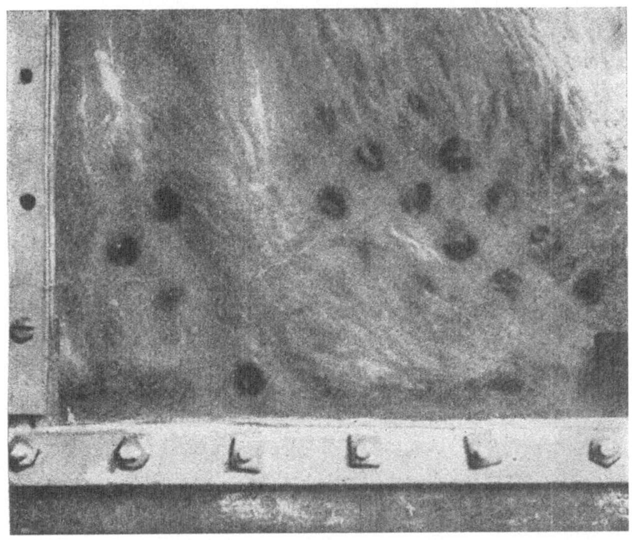

Abb. 101. Untere linke Ecke der Wasserkammer ohne Einbauten (gemäß Abb. 98 A) von Abb. 99 in größerem Maßstabe.

1. Sektionen geben dem Dampfwassergemisch eine bessere Führung als durchgehende Kammern, diese Überlegenheit wird aber durch den Widerstand der Verbindungsrohre zwischen Sektion und Oberkessel beeinträchtigt,

2. der Wasserumlauf in den höchstbelasteten Rohrreihen von Kammerkesseln wird wesentlich verstärkt, wenn der Ausguß dieser Reihen ohne Vermischung mit demjenigen der höheren Reihen unmittelbar in den Oberkessel geführt wird,

3. bei sehr schwacher Belastung hört der Wasserumlauf auf. Die spärlich entwickelten Dampfblasen schlüpfen durch das Wasser hindurch, ohne es mitzureißen,

4. eine Steigerung der Tiefe durchgehender Wasserkammern über einen verhältnismäßig kleinen Betrag (250 bis 300 mm) hinaus beeinträchtigt den Wasserumlauf,

5. die Erfahrung hat gezeigt, daß bei den heute üblichen Kesselbelastungen die Lebensdauer und daher auch der Wasserumlauf guter Sektional- und guter Kammerkessel etwa gleich sind, weil die verschiedenen Einflüsse sich offenbar großenteils ausgleichen.

Abb. 102. Gepreßte Wasserkammer ohne Deckplatte und ohne Halsblech der Büttner-Werke, Ürdingen/Rhein.

Geschweißten, durchgehenden Wasserkammern wurde nicht mit Unrecht Explosionsgefahr zum Vorwurf gemacht. Bei Kammern, die aus einem umgebogenen Blech mit aufgenieteter Deckplatte unter Vermeidung feuergeschweißter Umlaufbleche oder auf ähnliche Weise hergestellt sind, sind aber Explosionen kaum mehr zu befürchten, Abb. 102 u. 103.

Es war eine Zeitlang üblich, Wasserkammern bis zu den größten Breiten aus einem Stück zu machen und zuweilen mit einem stark zusammengezogenen Hals an die Obertrommel anzunieten, Abb. 104. Der

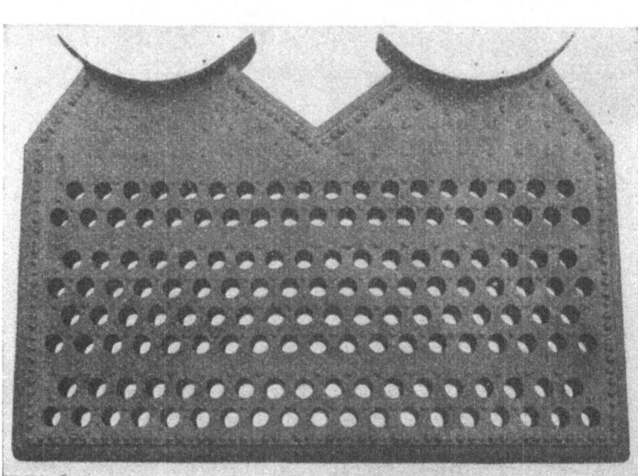

Abb. 103. Gepreßte Wasserkammer mit aufgenieteter Deckplatte und Doppelhals der Büttner-Werke, Ürdingen/Rhein.

artige Kammern sind weniger empfehlenswert, wenngleich sie der Geschicklichkeit der Kesselfabrik ein schönes Zeugnis ausstellen. Abgesehen davon, daß das starke Zusammenziehen der oberen Schmalseiten dem Wasserumlauf nicht zuträglich ist, geben diese Kammern ein sehr starres, unelastisches Rohrbündel. Es ist daher von einer gewissen Heizfläche ab aus mehreren Gründen besser, zwei Kammern

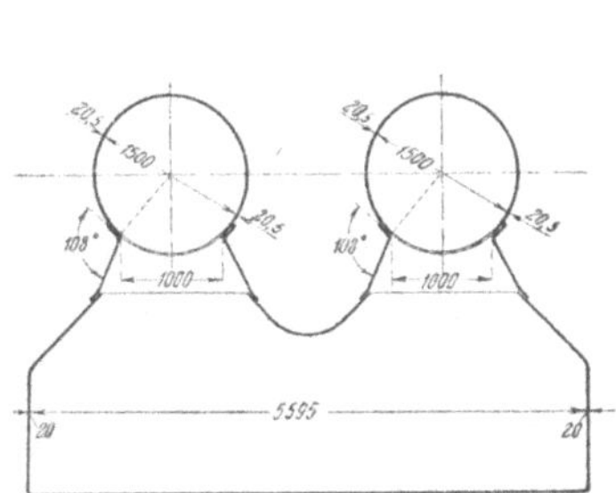

M. ∾ 1:130.

Abb. 104. Breite Wasserkammer mit Doppelhals.

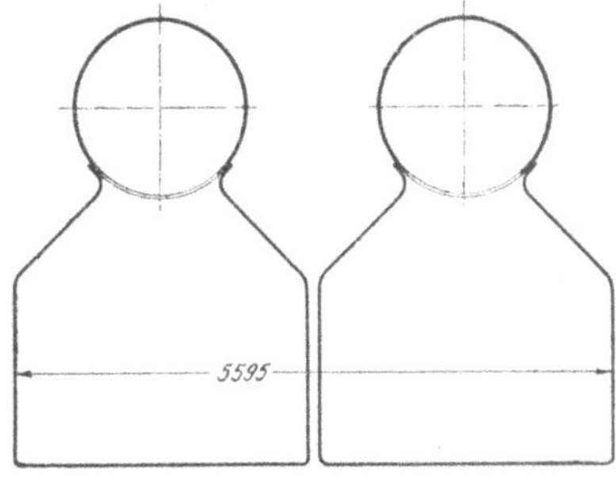

Abb. 105. Wasserkammer mit Doppelhals in Abb. 104 in zwei Einzelkammern unterteilt.

von halber Breite zu nehmen, und jede Kammer an einen besonderen Oberkessel anzunieten, Abb. 105. Man wird diese Unterteilung um so mehr bevorzugen, als an den Kammerhälsen hochbelasteter breiter Kessel manchmal recht lästige Risse auftreten. Eine amerikanische Firma ordnet daher zwischen Oberkessel und hinterer Wasserkammer eine elastische Linse an, die die Starrheit des Rohrbündels verkleinern soll, Abb. 106.

Die Einführung des Speiserohres in die Obertrommeln, der Anschluß der Wasserkammern und das Leitblech oberhalb der Einmündung der vorderen Wasser-

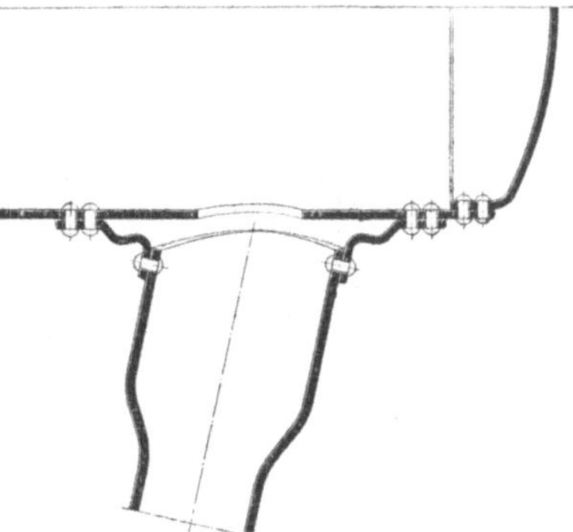

Abb. 106. Ausdehnungslinse zwischen Oberkessel und hinterer Wasserkammer (Amerikanische Bauart).

kammer sollten stets so angeordnet werden, daß schon während des Anheizens weitgehender Temperaturausgleich stattfindet.

d) Obertrommeln, Dampfsammler und Umlaufquerschnitte.

Außer der Erzeugung eines geregelten Wasserumlaufes in den wärmeaufnehmenden Wasserrohren kommt viel darauf an, daß der einmal eingeleitete Umlauf nicht durch falsche konstruktive Maßnahmen gestört wird. Solche Störungen treten z. B. bei zu engen Anschlußquerschnitten der Wasserkammern an die Oberkessel auf. Auch bei

Steilrohrkesseln findet man vielfach ähnliche Mängel, die u. U. starkes Spucken und andere Unzuträglichkeiten verursachen. Vor allem werden häufig die Dampf- und Wasserverbindungen der Unter- und Obertrommeln unter sich viel zu eng bemessen. Das Verhalten des umlaufenden Wassers in einem Mehrtrommelsteilrohrkessel werde an Hand des in Abb. 107 schematisch dargestellten Garbe-Doppelkessels auseinandergesetzt, der aus dem vorderen, schrägen, über der Feuerung gelegenen Rohrbündel, dem Überhitzer und dem hinteren Bündel besteht. Die eingeschriebenen Zahlen geben die ungefähre Temperatur der Rauchgase an verschiedenen Stellen der Heizfläche, der gestrichelte Pfeil den Weg der Rauchgase an. Die größte Wärmeaufnahme findet im vorderen Rohrbündel und hier wieder in den unmittelbar vom Feuer bespülten Rohrreihen statt; im hinteren, senkrechten Rohrbündel ist die Wärmeaufnahme weit geringer. Striche von verschiedener Länge sollen in Abb. 107 andeuten, wie groß ungefähr das spezifische Volumen des Inhaltes der verschiedenen Rohrreihen ist. Das spezifisch leichtere Dampfwassergemisch des vorderen Rohrbündels wird von der schweren Wassersäule des hinteren Bündels nach oben gerückt. Auf diese Weise kommt der Wasserumlauf zustande. Das im Vorderbündel hochsteigende Dampfwassergemisch scheidet in der vorderen Obertrommel I den Dampf größtenteils aus und strömt durch Verbindungsstutzen nach Trommel II, durch das hintere Bündel und über die unteren Trommeln 2 und 1 zurück zum Vorderbündel.

Der Unterschied der spezifischen Gewichte in den verschiedenen Reihen desselben Rohrbündels kann bewirken, daß neben der Haupt-

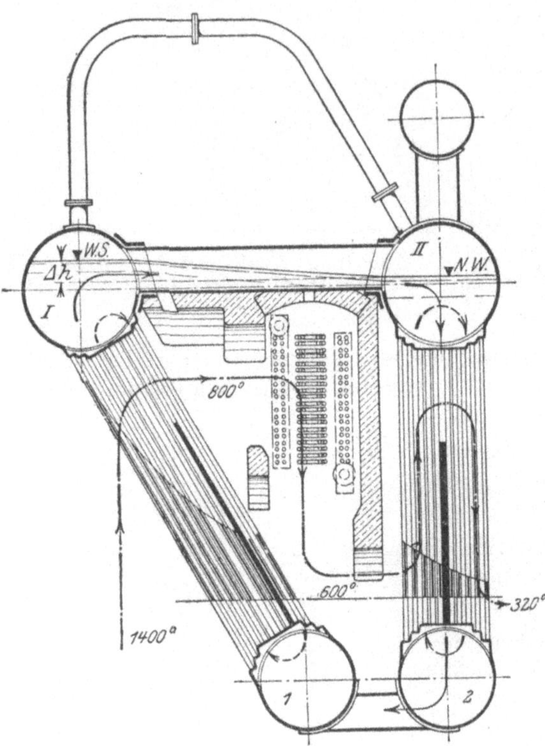

M. $\sim$ 1:120.

Abb. 107. Wasserumlauf in einem Garbe-Doppelkessel.

umlaufrichtung — vorderes Bündel, Trommel I, Trommel II, hinteres Bündel, Trommel 2, Trommel 1, vorderes Bündel — sekundäre Strömungen innerhalb eines Bündels selbst auftreten, wie in Abb. 107 durch gestrichelte Pfeile angedeutet ist. Während die Richtung der Hauptströmung von der Kesselbelastung nahezu unabhängig ist, können Stärke und Richtung der Sekundärströmungen sehr verschieden sein. Sekundärströmungen schaden nicht, falls sie die Hauptströmung nicht stören; sie können sogar erwünscht sein, um die Verbindungsstutzen zwischen den Kesseltrommeln zu entlasten. Die Zugscheidewand im vorderen Bündel in Abb. 107 verkleinert z. B. Δh dadurch, daß ein Teil des hochsteigenden Wassers durch die beiden hinteren Reihen von Trommel I nach 1 zurückfließt und nicht durch die horizontalen Stutzen über Trommel II und 2 zu strömen braucht. Das von Trommel I nach Trommel II abströmende Wasser erfährt in den Verbindungsstutzen einen um so größeren Widerstand, je höher die Kesselbelastung und je kleiner der Querschnitt der Stutzen ist. Der Wasserspiegel steht daher in der vorderen Trommel höher als in der hinteren; der Höhenunterschied Δh erzeugt die erforderliche Wassergeschwindigkeit in den Verbindungsstutzen und wächst mit steigender Heizflächenbeanspruchung. Es ist erwünscht, daß die Wasserspiegel in beiden Trommeln bei allen Belastungen möglichst auf derselben und unter sich gleichen Höhe einspielen. Andernfalls könnte bei höherer Kesselbeanspruchung der lebhaft aufwallende Wasserspiegel der Vordertrommel den für den abströmenden Dampf bestimmten Querschnitt der Stutzen zeitweise verengen, Abb. 108; die Wellenberge werden dann von dem

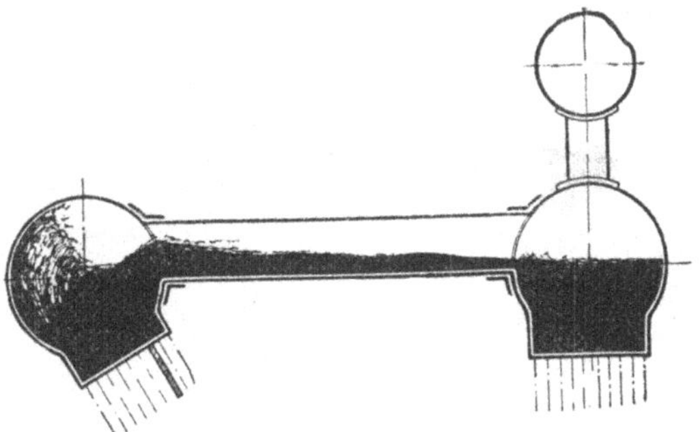

Abb. 108. Wasserspiegelbewegungen in den Obertrommeln eines Garbe-Doppelkessels.

darüber hinstreichenden Dampf mitgerissen und bringen den Kessel zum Spucken. Dieser Fall tritt besonders bei überspeisten Kesseln ein.

Ein weiterer Übelstand ungleicher Wasserstände in den Obertrommeln von Kesseln mit selbsttätigen Speisewasserreglern ist der, daß bei Belastungsänderungen eine Verschiebung oder ein Ausgleich zwischen den zuvor auf verschiedenen Höhen einspielenden Wasserständen erfolgt. Je nachdem, ob die Betätigungsvorrichtung (Schwimmer) des selbsttätigen Reglers im Vorderkessel oder im Hinterkessel eingebaut ist, setzt die Speisung bei abnehmender oder bei zunehmender Belastung längere Zeit aus. Dies kann bei Rauchgasvorwärmern infolge von

Dampfbildung oder infolge von heftigen Temperaturwechseln der Rohrwandungen unangenehm werden.

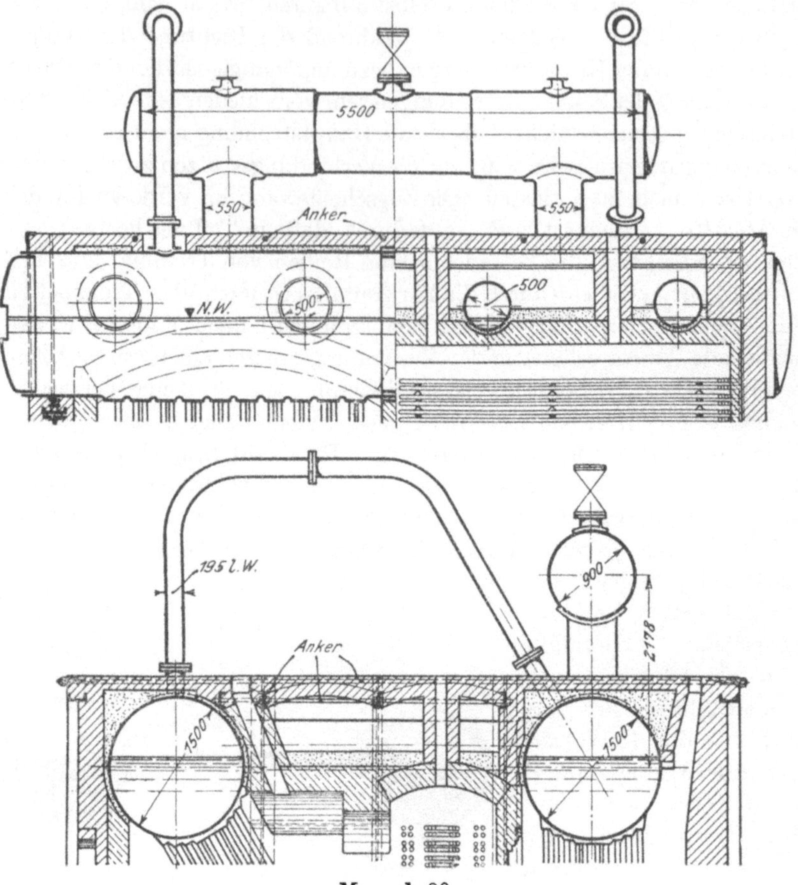

M. ∾ 1:80.

Abb. 109 und 110. Obertrommeln und Kesseldecke eines 500m²-Steil-rohrkessels der Düsseldorf-Ratinger Röhrenkesselfabrik.

Beachte: Begehbare Kesseldecke ruht nicht auf Abdeckung der Feuerzüge. Reichlich bemessene Stutzen zwischen beiden Oberkesseln, außerdem besondere Dampfverbindungsrohre von 195 l. W.

Es ist daher mit Rücksicht auf guten Wasserumlauf ratsam, möglichst große, von scharfen Krümmungen und von Verengungen freie Verbindungsquerschnitte zwischen den Kesseltrommeln anzuordnen. Abb. 109 und 110 zeigen die reichliche Bemessung der Verbindungsstutzen eines 500-m²-Garbe-Kessels für eine stündliche Dampfleistung von 12 000 bis 15 000 kg.

Zur Vermeidung ungleicher Wasserstände in den Obertrommeln sind beim Kessel nach Abb. 111 u. 112 die Obertrommeln senkrecht zu den

Untertrommeln angeordnet. Dadurch steht ihr voller, vom Wasser
ausgefüllter Querschnitt dem umlaufenden Wasser zur Verfügung.

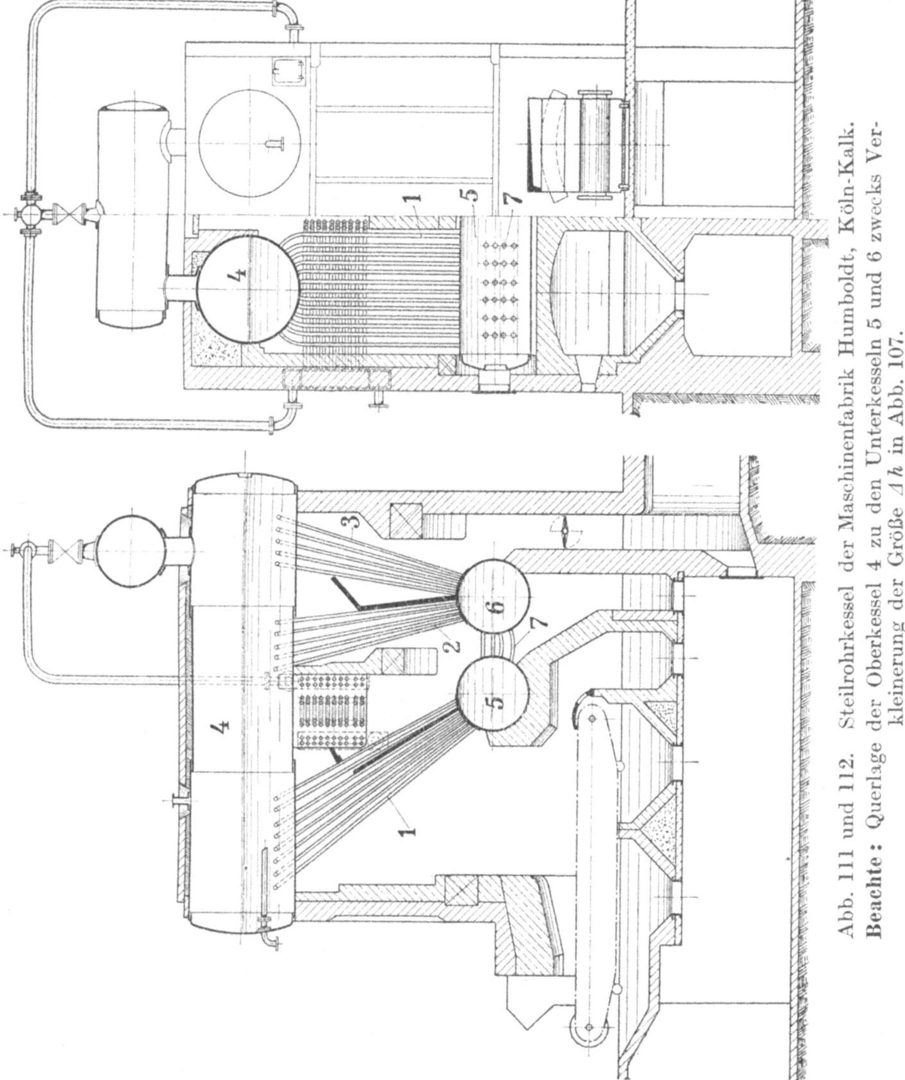

Abb. 111 und 112. Steilrohrkessel der Maschinenfabrik Humboldt, Köln-Kalk.
Beachte: Querlage der Oberkessel 4 zu den Unterkesseln 5 und 6 zwecks Verkleinerung der Größe $\varDelta h$ in Abb. 107.

Um die Übelstände, die durch das vom Dampf in gemeinsam durch-
strömten Stutzen mitgerissene Wasser entstehen können, zu vermeiden,
erscheint eine Anordnung nach Abb. 113 vorteilhaft, wo Wasser und Dampf
durch getrennte Verbindungen fließen; es muß hier allerdings eine

Beeinträchtigung der Zugänglichkeit und Übersichtlichkeit der Kesseldecke in Kauf genommen werden.

Statt weniger weiter Stutzen werden auch zahlreiche enge Rohre verwendet, Abb. 46, 47, 157. Auch hier kann infolge der lebhaften Wasserbewegung in der Vordertrommel, besonders bei sodahaltigem Wasser, leicht Wasser vom Dampf mitgerissen werden, wenn die Einwalzstellen der Dampfverbindungsrohre zu dicht über dem Wasserspiegel sitzen. Dies wird besonders dann der Fall sein, wenn gleichzeitig infolge zu enger Wasserverbindungen zwischen den Obertrommeln der Wasserspiegel in der vorderen Trommel wesentlich höher steht als in der hinteren. Die Dampfverbindungsrohre sollten daher nur im obersten Teil der Trommeln und vom Wasserspiegel recht weit entfernt eingewalzt und in hohem Bogen nach der hinteren Trommel geführt werden, Abb. 157.

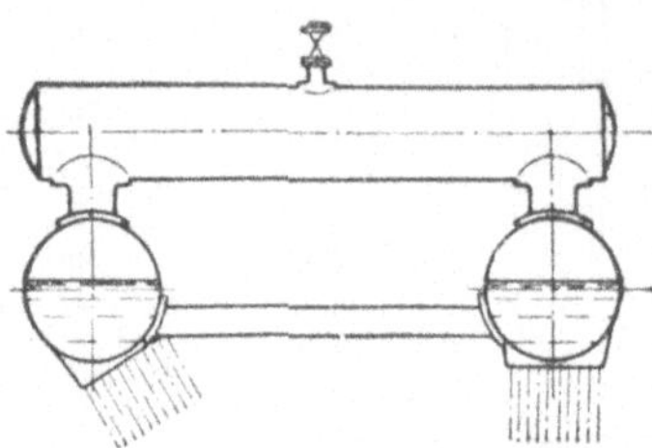

Abb. 113. Obertrommeln eines Steilrohrkessels mit einem als Verbindung der Dampfräume angeordneten Dampfsammler.

Werden außerdem noch in den Scheiteln der Trommeln besondere Dampfrohre von 150 bis 200 mm l. W. angebracht, Abb. 46, 47 u. 109, 110, so spuckt ein Steilrohrkessel auch bei sehr hoher Belastung nicht, wenn er nicht andere schwere Mängel hat. Verfasser hat mit solchen Rohren bei Konstruktionen nach Abb. 46, 47 und nach Abb. 109, 110 die besten Erfolge erzielt. Wenige, weite Stutzen oder viele, enge Rohre haben ihre Vor- und Nachteile, zwischen denen der Konstrukteur einen möglichst brauchbaren Ausgleich zu schaffen hat. In Abb. 114 und 115 sind die Schwankungen des Wasserstandes eines mit schwacher Zugstärke arbeitenden Steilrohrkessels in der Obertrommel, in der der selbsttätige Speiseregler eingebaut ist, aufgezeichnet. Sie rühren zum Teil von dem dem Kessel eigentümlichen Wasserumlauf, zum Teil von der engen Wasserverbindung zwischen den Obertrommeln her und zeigen den Einfluß rückströmender oder hin und her pendelnder Wassermassen bei schwankender Dampfentnahme und bei einsetzender Speisung. Günstigere Verhältnisse zeigen Abb. 116 u. 117, deren Werte bei zwei verschiedenen Belastungen an einem andern Steilrohrkessel gewonnen wurden. Während des Anheizens und bis zur Abgabe von Dampf läuft in vielen Kesseln fast kein Wasser um, da nur der — meist geringfügige — Unterschied des spezifischen Gewichtes des Wasserinhaltes der einzelnen Rohre wirksam ist und die spärlich entwickelten Dampfblasen durch das Wasser hindurchschlüpfen, ohne es merklich zu fördern. Es können daher bis zur Dampfentnahme große Temperaturunterschiede zwischen den einzelnen Kesselteilen auftreten und u. U. nachteilige Spannungen verursachen. Bei

Kesseln, die öfter außer Betrieb gestellt werden, empfiehlt sich deshalb
der Einbau von Dampfstrahlanwärmern in die Untertrommeln, die durch
Zuleiten von Dampf aus der Hauptdampfleitung den Kesselinhalt
beim Anheizen gleichmäßig durchwärmen.

In Abb. 118 bis 128 ist der Wasserumlauf verschiedener Kesselsysteme schematisch dargestellt. Die vollgezeichneten Pfeile geben die Strömrichtung des Wassers, die gestrichelten die des Dampfes an. Soweit der Wasserumlauf von dem des Garbe-Doppelkessels grundsätzlich verschieden ist, möge er kurz besprochen werden.

Der Walther-Kessel hat außer dem Kreislauf, der die vier Kesseltrommeln nacheinander durchströmt, für jedes Bündel einen zweiten durch besondere Rücklaufrohre, die an den freien Enden der Trommeln eingewalzt und durch Mauerwerk der Einwirkung der Rauchgase entzogen sind. Um einen gesicherten Betrieb zu erhalten, sollten die seitlichen Fallrohre derart angeordnet werden, daß man sie bequem auswechseln und ihre Einwalzstellen jederzeit leicht nachsehen kann.

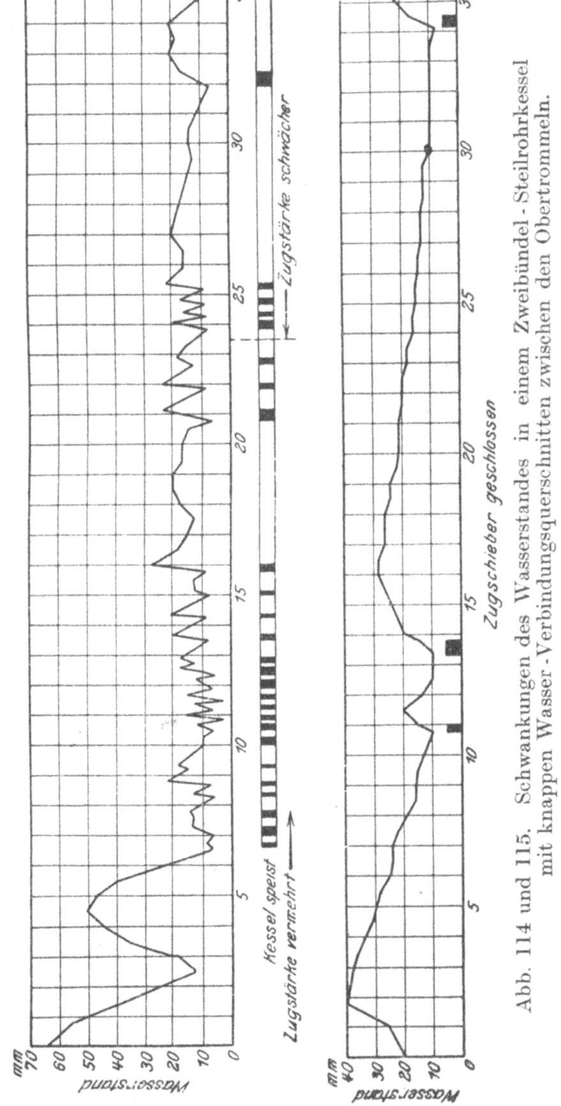

Abb. 114 und 115. Schwankungen des Wasserstandes in einem Zweibündel-Steilrohrkessel mit knappen Wasser-Verbindungsquerschnitten zwischen den Obertrommeln.

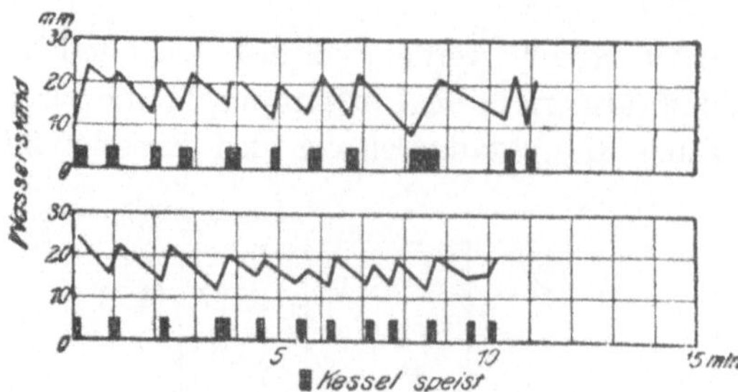

Abb. 116 und 117. Schwankungen des Wasserstandes in einem Zweibündel-Steilrohrkessel mit weiten Wasser-Verbindungsquerschnitten.

Die Wasserverbindungsquerschnitte zwischen den Obertrommeln können bei solchen Kesseln knapper bemessen werden als bei Kesseln ohne Nebenkreislauf.

Der Steinmüller-Kessel, Abb. 119, hat ebenfalls seitliche Rück-

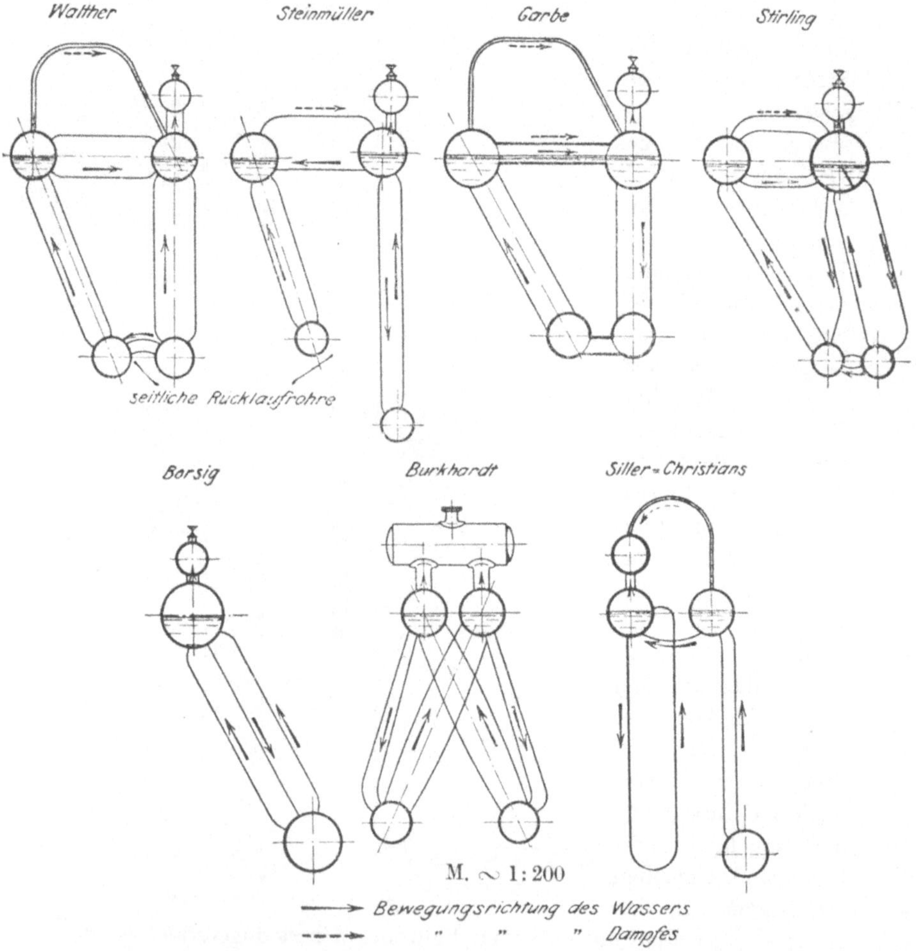

Abb. 118 bis 124. Wasserumlauf einiger deutscher Steilrohrkessel[1].

[1] Stirling-Kessel bauen Hanomag u. Deutsche Babcockwerke nach durchaus selbständigen Konstruktionen.

laufrohre und in beiden Bündeln getrennte, voneinander unabhängige Kreisläufe; das Verbindungsrohr zwischen dem Wasserinhalt der beiden Obertrommeln dient hier im wesentlichen nur zum Ersetzen des im vorderen Bündel verdampften Wassers.

Der Wasserumlauf eines Kessels mit teilweiser Vorwärmerwirkung ist in Abb. 121 dargestellt. Die Strömrichtung ist im vorderen Bündel bei allen Belastungen dieselbe, wechselt aber in einem Teil der übrigen Rohre. Der Siller-Christians-Kessel, Abb. 124, besteht aus einem „Ausgleicher“, der bald als Kessel, bald als Vorwärmer wirkt, und einem „Verdampfer“, der in einzelne „Elemente“ aufgelöst ist. Abb. 129 zeigt

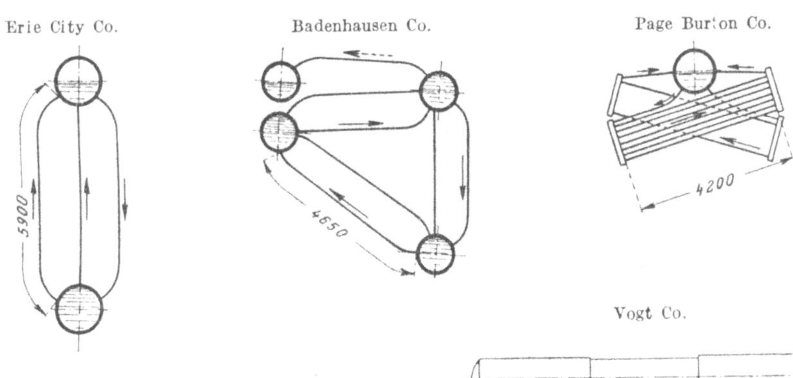

ein aus einem Rohre gebogenes „Element“, dessen einer Schenkel der Flamme und den Rauchgasen ausgesetzt ist. Die oberen, freien Enden der Elemente sind in einen Sammler eingewalzt und durch aufgesetzte Formstücke, in denen sich der Dampf vom kreisenden Wasser scheidet, miteinander verbunden; das verdampfte Wasser strömt den Elementen durch besondere Öffnungen zu.

M. $\sim$ 1 : 200.

Abb. 125 bis 128.　Wasserumlauf einiger amerikanischer Kessel.

Richtige Anordnung und Bemessung der Dampfverbindungen zwischen den Oberkesseln sind von gleicher Bedeutung wie die der Wasserverbindungen. Die Dampfgeschwindigkeit darf bei getrennten Dampf- und Wasserverbindungen größer sein als bei gemeinsamen. Allgemein gültige Zahlenwerte lassen sich nicht geben. Um wenigstens einen ungefähren Anhalt zu haben, kann man unter der Annahme, daß die gesamte Dampfmenge im vorderen Bündel erzeugt und aus der hinteren Trommel entnommen wird, für Kessel mit getrennten Wasser- und Dampfverbindungen eine Dampfgeschwindigkeit von etwa 2,5 bis 8 msk^{-1}, für Kessel mit gemeinsamen Verbindungen eine solche von 0,8 bis 2,5 msk^{-1} annehmen. Diese Werte sind aber, worauf ausdrücklich hingewiesen wird, lediglich ungefähre Zahlen und können je nach den besondern Verhältnissen wesentlich über- oder unterschritten werden. Für die Wahl kleiner Dampfgeschwindigkeiten sprechen verschiedene Umstände. Das Wasser-Dampf-Gemisch tritt bei Steilrohrkesseln mit einer beträchtlichen Geschwindigkeit in die Obertrommel ein und wühlt ihren Wasserinhalt stärker auf als bei Zweikammerkesseln; bei höherer Belastung ist daher der Dampfraum der Vordertrommel mit sehr feuchtem Dampf angefüllt. Zur Ausscheidung des Wassers ist u. a. ein Auflösen des nach der Hintertrommel strömenden Dampfes in zahlreiche Fäden von kleiner Geschwindigkeit ein brauchbares Mittel.

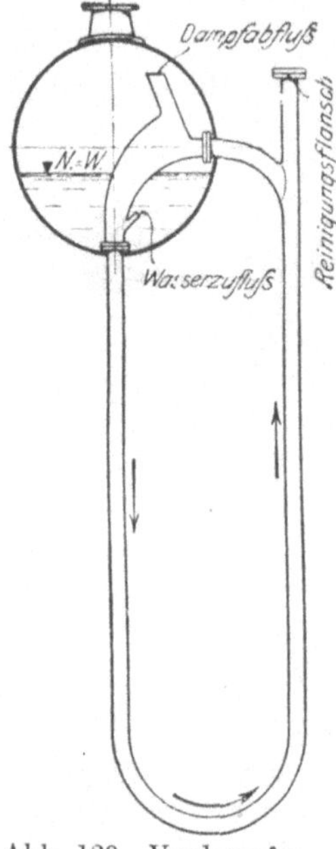

Abb. 129. Verdampferelement eines Siller-Christians-Kessels.

Niedrige Dampfgeschwindigkeit in den Verbindungsquerschnitten zwischen den Obertrommeln ist ferner deshalb vorteilhaft, weil sonst fühlbare Druckunterschiede zwischen den einzelnen Obertrommeln auftreten können, die den Höhenunterschied ihrer Wasserspiegel beeinflussen ($^1/_{100}$ at rd. 100 mm W.-S.). Merkbarer Druckunterschied zwischen den verschiedenen Dampfräumen hat endlich noch den Nachteil, daß bei plötzlicher starker Belastungsänderung der Druckausgleich zwischen den verschiedenen Oberkesseln zum Teil durch die Wasserrohre hindurch erfolgt, wodurch der gleichmäßige Wasserumlauf gestört und das Mitreißen von Wasser im Dampf gefördert werden kann. Das Unterbringen ausreichender Dampfquerschnitte bereitet im Gegensatz zu den Querschnitten für Wasser meist keine Schwierigkeit.

Sowohl bei Anordnung nach Abb. 46 und 47 als auch nach Abb. 109 und 110 empfiehlt es sich auch deshalb sehr, den höchsten Punkt der Obertrommeln durch besondere Dampfrohre von 150 bis 200 mm l. W. miteinander zu verbinden, weil sie die dem Dampf zur Verfügung stehenden Querschnitte in erwünschter Weise vergrößern und bei gelegentlichem Überspeisen der Kessel noch einen verhältnismäßig ungehinderten Abfluß des Dampfes ermöglichen. Andernfalls kann es vorkommen, daß der im vorderen Bündel entwickelte Dampf große Wassermengen nach der hinteren Obertrommel und in die Dampfleitung wirft, wenn die Öffnungen der tieferliegenden Dampfverbindungsrohre zwischen den

Dampfräumen infolge von Überspeisen vorübergehend ganz oder teilweise abgeschlossen werden.

Auf welch verständnislose Weise zuweilen versucht wird, bei zu engen Verbindungen Abhilfe zu schaffen, zeigt Abb. 130. Die Obertrommeln eines großen Steilrohrkessels waren lediglich durch zwei Stutzen von rd. 350 mm l. W. miteinander verbunden, die sich als zu knapp erwiesen und Wasserschläge verursachten. Um den Übelstand zu beseitigen, wurden in die ohnehin zu engen Stutzen „Dampfüberströmrohre" eingebaut, wodurch der Wasserumlauf verschlechtert wurde, ohne daß der Dampf merkbar besser abströmen konnte. Der richtige Weg wäre gewesen, die Dampfräume durch einige weite Rohre

miteinander zu verbinden, Abb. 46 und 47, 109 und 110, und den Wasserstand in den Obertrommeln etwas höher einzustellen.

Es wurde schon darauf hingewiesen, daß das Wasser in der vorderen

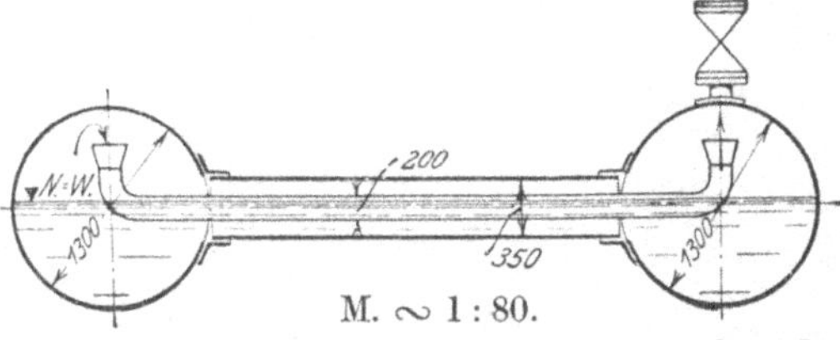

Abb. 130.   Fehlerhafte Verbindung zwischen den Obertrommeln eines Zweibündel-Steilrohrkessels.

Obertrommel von Steilrohrkesseln durch den aus den Wasserrohren strömenden Dampf stärker aufgewirbelt wird als in der Obertrommel von Zweikammerwasserrohrkesseln. Die Bildung trocknen Dampfes wird — wenigstens bei Einbündelsteilrohrkesseln — weiter dadurch erschwert, daß im Gegensatz zu Zweikammerkesseln im wesentlichen nicht die Länge, sondern nur der Durchmesser der Trommel zum Abscheiden des Wassers herangezogen werden kann. Es muß daher auf anderm Wege eine wasserabscheidende Wirkung erreicht werden.

Ein geeignetes Mittel bietet die zweite (oder weitere) Obertrommel, indem das Wasser durch wiederholten Richtungs- und Geschwindigkeitswechsel aus dem Dampf entfernt wird, Abb. 46 und 47 sowie 109 und 110. Auch durch Einbau geeigneter Prellbleche und Führungswände läßt sich der nasse Dampf trocknen. **Unter allen Umständen sollten aber, selbst bei reichlich bemessenen Oberkesseln, besondere Dampfsammler von verhältnismäßig großem Inhalt angebracht werden.** Unmittelbare Dampfentnahme aus den Oberkesseln ist immer bedenklich.

Man muß hier, wie auch bei andern Fragen des Dampfkesselbaues, berücksichtigen, daß der Kesselbetrieb häufig sehr roh ist, und daß die Bedienungsmannschaften oft die erforderliche Sachkenntnis und Aufmerksamkeit vermissen lassen. Knapp bemessene Kessel, die bei sorgsamer Wartung befriedigen, geben in Werken, wo eine solche fehlt, nicht selten zu Störungen Anlaß. Es liegt in der Natur der Sache, daß das Abeiten einer Dampfkesselanlage in weit höherem Maße als das der meisten andern Maschinen mit den Eigentümlichkeiten der Bedienungsmannschaften und des ganzen Betriebes zu rechnen hat, und es ist eines der Hauptmerkmale eines guten Kessels, wenn er hiergegen möglichst unempfindlich ist und auch bei gelegentlichen Bedienungsfehlern störungsfrei weiter arbeitet. Verwickelter Aufbau oder die Notwendigkeit der Beachtung zahlreicher Betriebsvorschriften sprechen nicht für die Brauchbarkeit eines Kessels.

Um die entwässernde Wirkung des Dampfsammlers zu erhöhen, soll die Dampfgeschwindigkeit in den Verbindungsrohren zwischen ihm und den Obertrommeln klein sein, da sonst das ausgeschiedene Wasser nicht ungehindert in die Oberkessel zurückfließen kann. Tote Ecken im Dampfsammler sind zu vermeiden, weil der betreffende Sammler-inhalt mehr oder weniger nutzlos ist. Durch geeignete Anordnung der Verbindungen zwischen Oberkesseln und Dampfsammler, durch Einbauten und ähnliche Mittel wird die Wirkung des Dampfsammlers erhöht.

Nicht selten werden Kessel von nahezu gleicher Heizfläche, lediglich mit andern Rostflächen versehen, für die verschiedensten Dampf-leistungen angeboten. Sofern nicht Fabrikationsrücksichten mit-sprechen, ist dieses Verfahren falsch. Je höher die Heizflächen-belastung eines Kessels ist, um so größer müssen Oberkessel Dampfsammler und Wasser- und Dampfverbindungen inner-halb des Kessels sein. Dagegen hängt die Bemessung dieser Teile nicht ohne weiteres nur von der Größe der Heizfläche ab.

Die Wahl zweckmäßiger Abmessungen und ihre richtige konstruktive Gestaltung verlangen viel technisches Verständnis und große Erfahrung; sind diese vorhanden, so können Steilrohrkessel mit Sicherheit so durch-gebildet werden, daß sie selbst bei sehr starken und plötzlichen Be-lastungsschwankungen ebenso trocknen Dampf geben wie Zweikammer-kessel.

Für den praktischen Betrieb ist es von untergeordneter Bedeutung, ob die Wasserrohre von Steilrohrkesseln gerade oder gebogen sind. Es fällt nämlich auch bei geraden Rohren schwer, sich ein zuverlässiges Bild von der Stärke des Kesselsteinansatzes zu machen, dagegen ist der Ersatz gerader Rohre zweifellos einfacher. Damit ist aber die Frage nicht erschöpft, ob gerade oder gebogene Rohre vorzuziehen sind. Der wesentlichste Vorteil gebogener Rohre liegt außer in ihrer größeren Elastizität hauptsächlich in der erheblich größeren Freiheit, die sie dem Konstrukteur bieten. Insbesondere in der Anordnung des Feuerraumes hat man bei Verwendung gebogener Rohre im allgemeinen freiere Hand; die ganze Entwicklung im Bau von Steilrohrkesseln läuft denn auch auf die Bevorzugung gebogener Rohre hinaus. Bei Verwendung gerader Rohre sind zylinderische Formplatten Konstruktionen nach Abb. 131, die recht vielgliedrige Kessel geben,

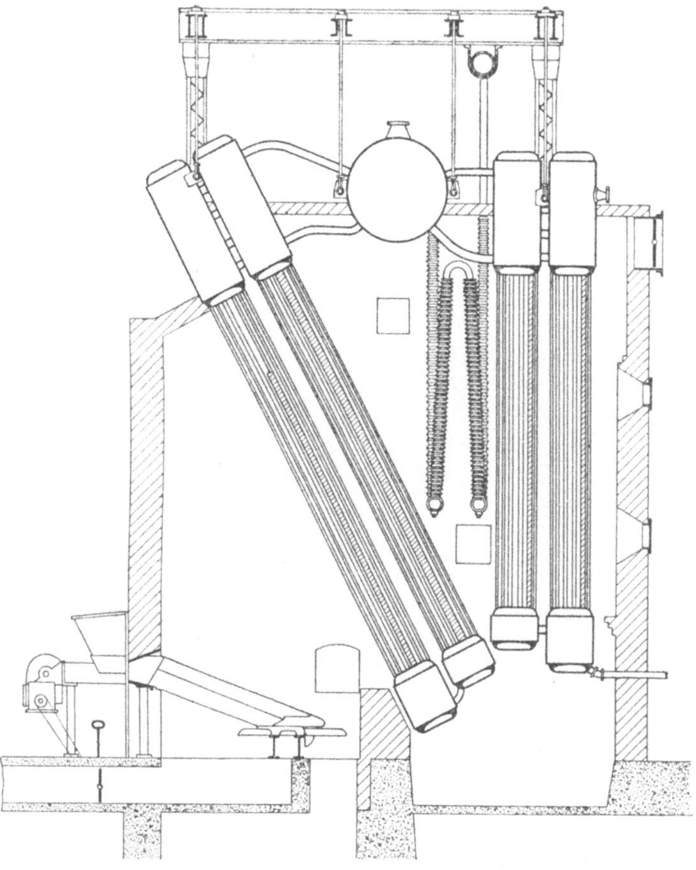

M. ∞ 1 : 100.

Abb. 131. Steilrohrkessel der Bigelow Co., New Haven, U. S. A., mit Riley-Unterschubrost und White Forster-Überhitzer.

Beachte: Aufhängung sämtlicher Oberkessel an langen Pendeln und Unterteilung des Kessels in mehrere Elemente. Dadurch gute Anpassungsfähigkeit an Wärmedehnungen, aber große Vielgliederigkeit.

überlegen. Kessel nach Abb. 131 haben daher wenigstens in Europa keine größere Verbreitung gefunden; es ist aber nicht ausgeschlossen, daß sich ihnen bei sehr hohen Drücken günstigere Aussichten eröffnen, weil die Abmessungen des einzelnen Kesselkörpers und damit die Gefahren von Spannungen kleiner sind. Freilich wird man bei Drücken von 40 bis 50 at an auf Nietungen wohl verzichten müssen.

Der Wasserumlauf des Badenhausen-Kessels, Abb. 132 und 133, ähnelt demjenigen von Zweikammerkesseln mehr als von Steilrohrkesseln, da in Trommel 2 der Ausguß der Wasserrohre des ersten Bündels

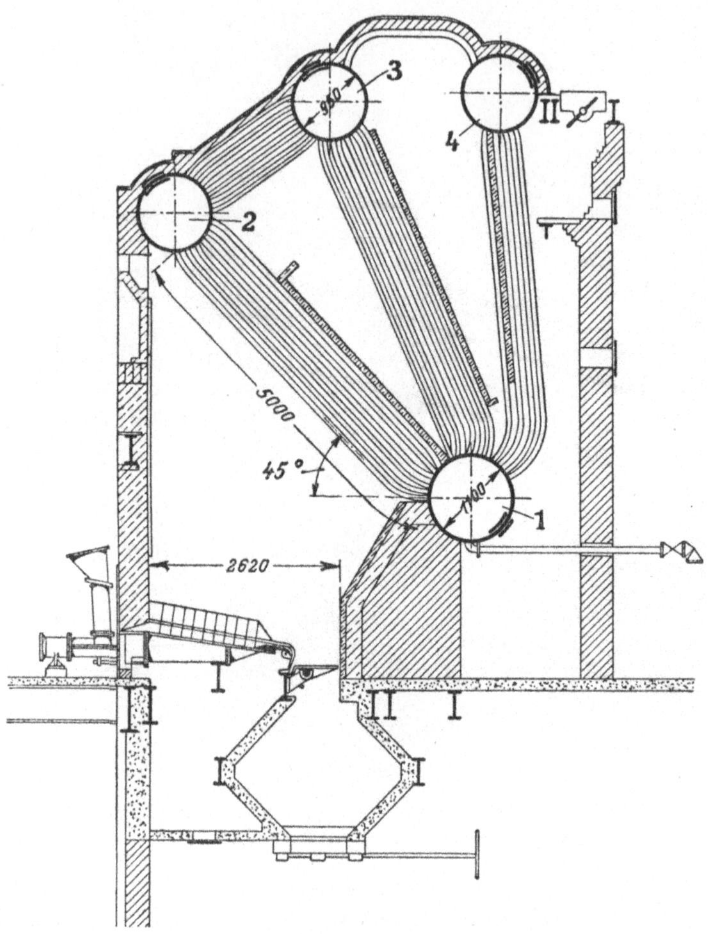

M. $\sim$ 1 : 100.

Abb. 132.   Steilrohrkessel der Badenhausen Co., Philadelphia, U. S. A., mit Jones-Unterschubrosten.

Beachte: Große Freiheit in der Neigung des ersten Rohrbündels (siehe auch Abb. 133); Bunker zum Auskühlen der Schlacke. Vorwärmerwirkung im letzten Bündel zwischen den Trommeln 1 und 4.

durchmischt wird. Deshalb und infolge des Strömwiderstandes in Trommel 2 sind unter sonst gleichen Verhältnissen Umlaufgeschwindigkeit und Wassergehalt in der ersten Rohrreihe nicht ganz so hoch wie bei den üblichen Steilrohrkesseln. Die Zwischenschaltung von Trommel 2 ermöglicht aber eine Veränderung der Neigung und

Länge des ersten Rohrbündels in weiten Grenzen und gute Anpassung des Kessels an örtliche Verhältnisse oder an eine bestimmte Feuerung, Abb. 132 und 133.

In diesem Zusammenhang werde auf einen Punkt hingewiesen, dessen grundsätzliche] Bedeutung sich nicht nur die Kesselkonstrukteure zu wenig klar machen.

Die Festlegung auf bestimmte Konstruktionselemente, wie z. B. grade Wasserrohre, Formplatten, eine ein für allemal festgelegte Zahl von Kesseltrommeln usw. bedeutet, so groß die sonstigen Vorteile dieser Konstruktionselemente zweifellos häufig sind, den Verzicht auf eine Reihe von Kombinationsmöglichkeiten. Bei sehr vielen Maschinen mag dieser Umstand keine Rolle spielen, bei Dampfkesseln kann er folgenschwer werden, weil, worauf noch zurückgekommen wird, der Bau einer vollkommenen Kesselanlage nicht nur vom Kessel, sondern sehr von seiner geschickten, zweck-

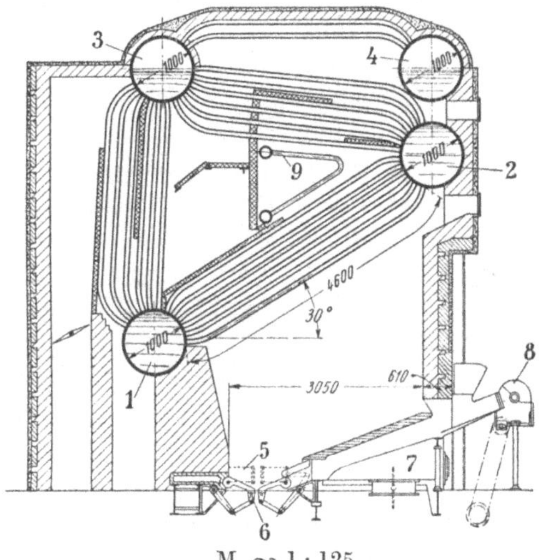

M. ∾ 1 : 125.

Abb. 133. Steilrohrkessel der Badenhausen Co., Philadelphia, U. S. A., mit Westinghouse Unterschubrosten.

1, 2, 3, 4 = Kesseltrommeln; 5 = Antrieb des Schlackenquetschers 6; 7 = Unterwindkammer; 8 = Rostantrieb; 9 = Überhitzer.

Beachte: Kleine Neigung des ersten Rohrbündels (siehe Seite 27 u. Fußnote Abb. 132). Selbsttätiger Schlackenquetscher.

entsprechenden Einfügung in das ganze Kraftwerk und seiner Anpassung an den Charakter eines Brennstoffes oder einer Feuerung abhängt.

Können z. B. die Abgase einen bestimmten Kessel nur unten oder nur oben verlassen, so scheidet er für manche Fälle aus, wo auf guten, organischen Zusammenbau mit Ekonomiser und Saugzuganlage, auf Übersichtlichkeit, geringe Anlagekosten usw. Wert gelegt werden muß. Wird er trotzdem gewählt, so entsteht eines jener Kesselhäuser, die den geschulten Ingenieur nicht befriedigen und bei denen das Erreichte den aufgewendeten Mitteln nicht entspricht.

e) Die Ursachen von Rohrdurchbrennern.

Rohrausbeulungen und Rohrdurchbrenner sind bei neuzeitlichen, hochbelasteten Kesseln ein recht bekannter, aber keineswegs unvermeidlicher Übelstand. Sie sind, wenn man von mangelhafter Speisewasser- und Kesselreinigung absieht, die in neuzeitlichen Kesselanlagen ausgeschlossen sein sollten, im wesentlichen auf eine der nachfolgend beschriebenen Ursachen zurückzuführen:

1. **Durchbrenner beim Anheizen oder bei Schwachlast** treten besonders an Schrägrohrkesseln auf. Beim Anheizen oder bei Schwachlast findet, wie wir gesehen haben, kein regelmäßiger Wasserumlauf statt. Infolge der fehlenden Wasserströmung und der Reibung bleiben die spärlich entwickelten Dampfbläschen an ihrem Entstehungsort haften, bis sie sich zu einer so großen Blase gesammelt haben, daß ihr Auftrieb genügt, um sie durch das Rohr hindurch zu treiben. Da bei Schrägrohrkesseln mit senkrechter Zugführung die Flamme bei kleiner Rostbelastung oft die Neigung hat, in schmaler Bahn an die Rohre zu züngeln, wird die spärliche Dampferzeugung auf ein kurzes Rohrstück zusammengedrängt. Der Dampfbelag verhindert eine wirksame Kühlung der betreffenden Stelle und das Rohr brennt allmählich durch. **Geringfügige Änderungen der Zugführung und gelegentliches Durchrühren des Feuers auf dem Rost beseitigen solche Durchbrenner fast restlos.**

2. **Durchbrenner in der obersten Rohrreihe.** Im Bericht des Moskauer Kongresses des Internationelen Verbandes der Dampfkessel-Überwachungsvereine im Jahre 1913 wird über eine eigenartige Beulenbildung in der obersten Rohrreihe eines Schrägrohrkessels berichtet. Sie rührte offenbar davon her, daß aus bereits besprochenen Ursachen (s. Seite 89) diese Reihe annähernd strömungsfrei war und daß infolge von Nachverbrennungen, von starken Flugaschenversetzungen im Rohrbündel oder aus anderen Gründen ziemlich hohe Gastemperaturen bis an diese Stelle kamen und das Mauerwerk (bzw. Zugscheidewände) zum Erglühen brachten. Es herrschen dann in der obersten Rohrreihe ganz ähnliche Verhältnisse wie in dem zuvor beschriebenen Fall.

3. **Durchbrenner infolge zu niederen Feuerraumes** sind auf eine unmittelbar vor den Rohren stattfindende heftige Nachverbrennung zurückzuführen. Da die Verbrennungsluft hier sehr stark vorgewärmt ist, entstehen ungewöhnlich hohe Temperaturen, und zwar meist nur an wenigen, kleinen Stellen. Dadurch treten ähnliche Verhältnisse wie unter 1 auf. **Erhöhung des Feuerraumes oder Änderung der Zugführung bringt Abhilfe.** Dieser Fall hat sehr zahlreiche Varianten, auf die nicht weiter eingegangen zu werden braucht.

4. **Bei zu langen Feuergewölben von Wanderrosten oder** bei sehr gashaltiger Kohle werden unter den Zündgewölben manchmal so viel brennbare Gase ausgetrieben, daß sie nicht genügend Verbrennungsluft vorfinden. Die Gase strömen dann in schmaler Bahn zusammengedrängt an die Rohre und verbrennen erst unmittelbar davor

unter ähnlichen Erscheinungen wie bei Fall 3. Verkürzung der Feuergewölbe, Wahl eines anderen Brennstoffes oder Änderung der Zugführung beseitigen den Übelstand.

5. Übergang zu einer anderen Betriebsweise. Der in Abb. 134 dargestellte Kessel hatte anfänglich einen mit Abstreifern ausgerüsteten Wanderrost. Nach Ersatz der Abstreifer durch Feuerbrücken brannten die untersten Rohre an-
dauernd an der mit 1 bezeichneten Stelle durch. Der Heizer führte nämlich das Feuer in so hoher Schicht bis an die Feuer-brücke heran, daß sich vor ihr große Haufen halb-verbrannter Kohle auf-türmten. Dadurch wurden auf dem hintersten Rost-teil sehr viele unver-brannte Gase unter Luft-mangel und Stich-flammenbildung ausge-trieben. Abdeckung

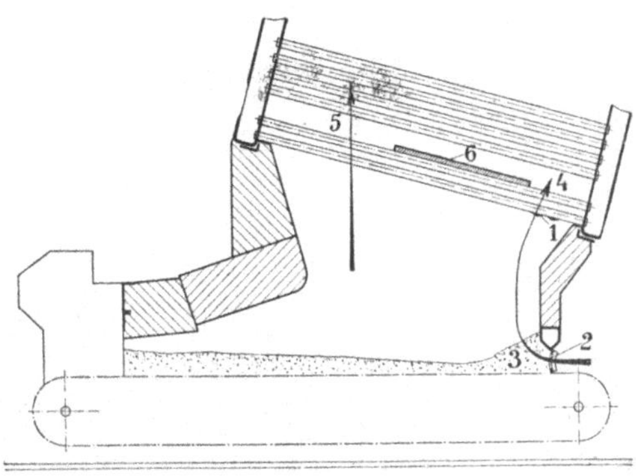

M. $\sim$ 1 : 100.

Abb. 134. Rohrdurchbrenner infolge unsachge-mäß angeordneter Zugscheidewand und falscher Feuerführung.

des Schlitzes 4 zwischen Zugscheidewand und hinterer Wasserkammer und Aufhören der falschen Feuerführung beseitigten die Rohrdurchbrenner vollkommen.

6. Sonstige Ursachen. Außer den beschriebenen Fällen gibt es noch viele andere, die fast alle auf eine der Ursachen unter Punkt 1 bis 5 zurückgeführt werden können und für die ähnliche Abhilfemaß-nahmen in Betracht kommen.

V. Ausnutzung der Abgase von Kesseln.

a) Rauchgasvorwärmer für das Speisewasser.

Dampfkessel in neuzeitlichen deutschen Kraftanlagen erhalten fast stets Speisewasser-Rauchgasvorwärmer (Ekonomiser). Als Baustoff wird in Deutschland hauptsächlich Gußeisen verwendet, nachdem die in den Jahren 1910 bis 1916 in größerem Maßstabe versuchte Wieder-einführung von Schmiedeisen sich nur teilweise bewährt hat. Es haben zwar einige schmiedeiserne Vorwärmer den gehegten Erwartungen durchaus entsprochen, andere unter anscheinend genau denselben Bedingungen arbeitende versagten aber infolge starker innerer Korrosionen, Abb. 135 u. 136. Eine Abhängigkeit der Korrosionen vom Kesseldruck hat sich nicht feststellen lassen. Über die Ursachen, die meist im Gehalt des Wassers an Luftsauerstoff und Kohlensäure erblickt werden, wurde viel geschrieben. Die zum Teil mit großer Bestimmtheit verfaßten Arbeiten haben bisher eine wirklich befriedigende Lösung nicht gebracht. Bei der Vielheit der möglichen Einwirkungen war etwas anderes auch nicht gut zu erwarten.

Luft und Kohlensäure spielen zweifellos eine große Rolle, daneben scheinen aber andere Einflüsse mitzuwirken. Auch die Zusammensetzung des Eisens scheint wichtig zu sein. Einige namhafte Chemiker neigen übrigens der Ansicht zu, daß die Korrosionen vorwiegend auf Elektrolyse beruhen, deren schädliche Wirkung zwar durch Luft und Kohlensäure erheblich verstärkt werde, aber auch bei gasfreiem, destilliertem Wasser auftrete.

Es wurde auf mannigfache Weise versucht, den Luftsauerstoff aus dem Speisewasser zu entfernen und Korrosionen zu verhindern.

M. $\sim$ 1 : 2.

Abb. 135 und 136. Gipsabdrücke aus den schmiedeisernen Sammelkästen eines schmiedeisernen Ekonomisers. Größte Tiefe der Korrosions-Narben 5 bis 8 mm.

Man kann hierbei 2 grundsätzlich verschiedene Verfahren unterscheiden:

1. das Auskochen der Gase und die Aufbewahrung des entgasten Wassers unter Luftabschluß,

2. die chemische Absorption des Luftsauerstoffes vor Eintritt des Speisewassers in die Rauchgasvorwärmer.

Das erste Verfahren verlangt eine verhältnismäßig umfangreiche und teuere Apparatur, das zweite ist einfacher. Es verwendet sogenannte Eisenspanfilter, d. h. mit Eisenspänen gefüllte, druckfeste Behälter, durch die das Wasser vor Eintritt in den Vorwärmer strömt, Abb. 137 u. 138. Die oxydierten Späne werden alle 24 bis 48 Stunden durch Umschalten der Filter mit Wasser und Dampf ausgespült. Nach einer gewissen Betriebszeit müssen die Eisenspäne gegen neue ausgetauscht

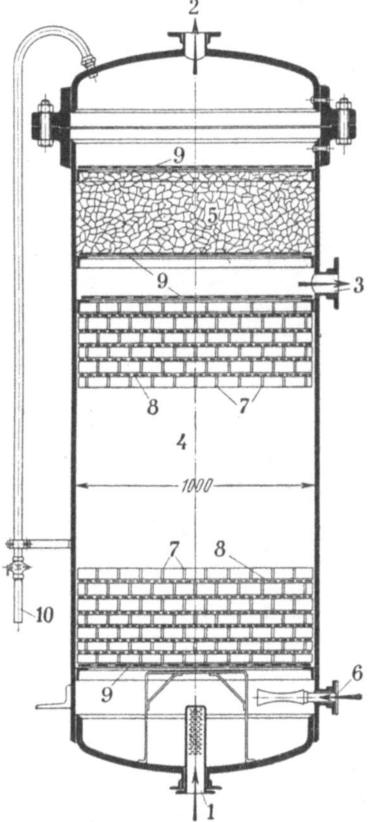

M. $\sim$ 1 : 30.

Abb. 137 und 138. Eisenspanfilter von L. u. C. Steinmüller, Gummersbach, Rhld., zum Entfernen des Luftsauerstoffes aus dem Speisewasser.

1 = Rohwassereintritt; 2 = Reinwasseraustritt; 3 = Spülwasseraustritt; 4 = Raum für Filtermaterial; 5 = Koksfüllung; 6 = Dampfanschluß zum Ausspülen des Filters; 7 = Eisenspanpakete; 8 = Zwischenlagen aus Bronzegaze; 9 = gelochte Siebbleche; 10 = Probehahn zum Untersuchen des Reinwassers.

werden. Die ersten derartigen Apparate befriedigten uns nicht, weil die Späne schnell zusammenbackten und unwirksam wurden. Unterteilen der Späne in zahlreiche kleine, durch Holzzwischenlagen voneinander getrennte Pakete, regelmäßiges Rückspülen der Filter und Auflockern ihres Inhaltes mittels Dampf verbesserte aber ihre Wirksamkeit sehr.

In einem von der A.E.G. gebauten Kraftwerk sind mehrere Filter im Betrieb, die jeden zweiten Tag gespült werden. Die Korrosionen der schmiedeisernen Ekonomiser haben zwar nicht ganz aufgehört, sind aber stark verzögert worden. Während der ersten 6 Monate nach frischer Füllung wurde der Gehalt an freiem Sauerstoff praktisch vollkommen beseitigt, nach etwa 12 Monaten war er auf rd. $0{,}66\ \mathrm{cm^3 l^{-1}}$ gestiegen. Zur Kontrolle wurde vor und hinter Filter je ein blankes Eisenplättchen eingehängt. Bei einem mittleren Sauerstoffgehalt von $2{,}42\ \mathrm{cm^3 l^{-1}}$ vor Filter hatte das eine Plättchen nach $5^1/_2$ Monaten Betriebszeit 7,5 v. H. Gewichtsverlust, das Plättchen hinter Filter war bei $0{,}31\ \mathrm{cm^3 l^{-1}}$ Sauerstoffgehalt um nur 1,4 v. H. leichter geworden. Die Reinigungskosten von $1\ \mathrm{m^3}$ Wasser für Auswechseln und Ersatz der Späne, Reparaturen, Löhne, Spülwasser und Kontrolle betrugen etwa 35 Pfg. (Januar bis Oktober 1921) Abb. 139 zeigt ein Spänepaket nach zwölfmonatlichem Betriebe.

Abb. 139. Spänepaket eines Eisenspanfilters nach zwölfmonatlichem Betriebe.

Würde es gelingen, die korrodierenden Eigenschaften des Speisewassers einfach und zuverlässig zu beseitigen, so würde Schmiedeisen zweifellos eine hervorragende Rolle als Baustoff für Ekonomiser spielen. Frühere Enttäuschungen und der Umstand, daß sich vollkommener Schutz vor Anfressungen nicht sicher vorhersagen läßt, verursachen aber z. Zt. in Deutschland große Zurückhaltung gegen schmiedeiserne Rauchgasvorwärmer. In Amerika hat die Entwicklung einen etwas anderen Verlauf genommen.

Beim Streben nach höheren Dampfdrücken bestand nun bisher der Übelstand, daß gußeiserne Ekonomiser nur für Betriebsdrücke bis etwa 20 at gebaut wurden. Die Amerikaner suchen sich schon bei Dampfdrücken von 18 at durch Teilung der Ekonomiser in zwei Druckstufen zu helfen, indem sie das Speisewasser zuerst durch einen gußeisernen Teil auf niederen Druck und dann mit einer besonderen Pumpe durch einen schmiedeisernen Teil vollends in den Kessel speisen[1]). Aber selbst bei einem Zwischendruck von nur 1 at/abs sind doppelte Pumpensätze nötig, was die Anlage sehr verwickelt. Ferner ist es kaum mehr möglich, mehrere Kessel durch eine gemeinsame Pumpe zu speisen, wenigstens dann nicht, wenn der Druck am Ende des gußeisernen Ekonomisers höher als der Luftdruck ist. Die mannigfachen Nachteile dieser Betriebs- weise liegen auf der Hand. Abb. 140 zeigt das Kesselhaus des im Jahre 1917 errichteten Nordost-Kraftwerkes in Kansas City, U.S.A.[1]), mit zwei- stufigen Ekonomisern. Es beträgt:

$$\begin{array}{ll}
\text{Heizfläche der Kessel} \dots \dots \dots \dots & 1255 \text{ m}^2 \\
\text{Heizfläche der Gußeisen-Ekonomiser} \dots & 450 \text{ m}^2 \\
\text{Heizfläche der Schmiedeisen-Ekonomiser} \dots & 390 \text{ m}^2 \\
\text{Rostfläche} \dots \dots \dots \dots \dots & 32{,}5 \text{ m}^2 \\
\text{Belastung der Kessel} \dots \dots \dots & 40 \text{ kgm}^{-2}\text{st}^{-1} \\
\text{Kesseldruck} \dots \dots \dots \dots \dots & 21{,}1 \text{ at} \\
\text{Dampftemperatur} \dots \dots \dots \dots & 355° \text{ C}
\end{array}$$

Vom Gußeisen-Ekonomiser, der das Wasser auf rd. 85° C erwärmen soll, gelangt es in einen hochliegenden Wasserbehälter und wird dann durch eine Sekundärpumpe in den Kessel gedrückt. Die große Zahl der erforderlichen Pumpen geht daraus hervor, daß für 8 Kessel 6 Sekundärpumpen vorgesehen sind. Es ist kaum anzunehmen, daß diese Anordnung in größerem Maße Anwendung finden wird. Auch in Deutschland wurden vor einigen Jahren ähnliche Wege beschritten, indem der kältere Teil des Ekonomisers aus Gußeisen, der wärmere aus Schmiedeisen angefertigt wurde. Man ging hierbei von der An- nahme aus, daß bei höheren Temperaturen das mechanisch wider- standsfähigere Schmiedeisen überlegen und Anrostungen weniger aus- gesetzt sei. Einen Nutzen hat diese Konstruktion nicht gehabt, weil der schmiedeiserne Teil nach wie vor von innen heraus verrostete. Auf die Zweiteilung der Speisepumpen wird man sich, wie gesagt, nur höchst ungern einlassen und lieber entweder auf Drücke über 20 at verzichten oder nach einem brauchbaren Neutralisierungsver- fahren für das Speisewasser oder nach Spezial-Schmiedeisensorten oder geeigneten Schutzüberzügen der schmiedeisernen Ekonomiser- rohre suchen.

Man könnte auch daran denken, einen Teil des Kessels so zu bauen, daß er als Verdampfer oder als Vorwärmer arbeiten kann. Gelegent- liche Dampfentwicklung hätte dann keine Nachteile. Vorwärmer- wirkung innerhalb eines Kessels wird, wie bereits auf S. 105 erwähnt wurde, durch Abtrennen der betreffenden Kesselheizfläche vom Wasser- umlauf auf einfache Weise erreicht. Es hat sich aber mehrfach ge- zeigt, daß im abgetrennten Kesselteil Korrosionen entstehen, die

[1]) Power 1921. S. 154.

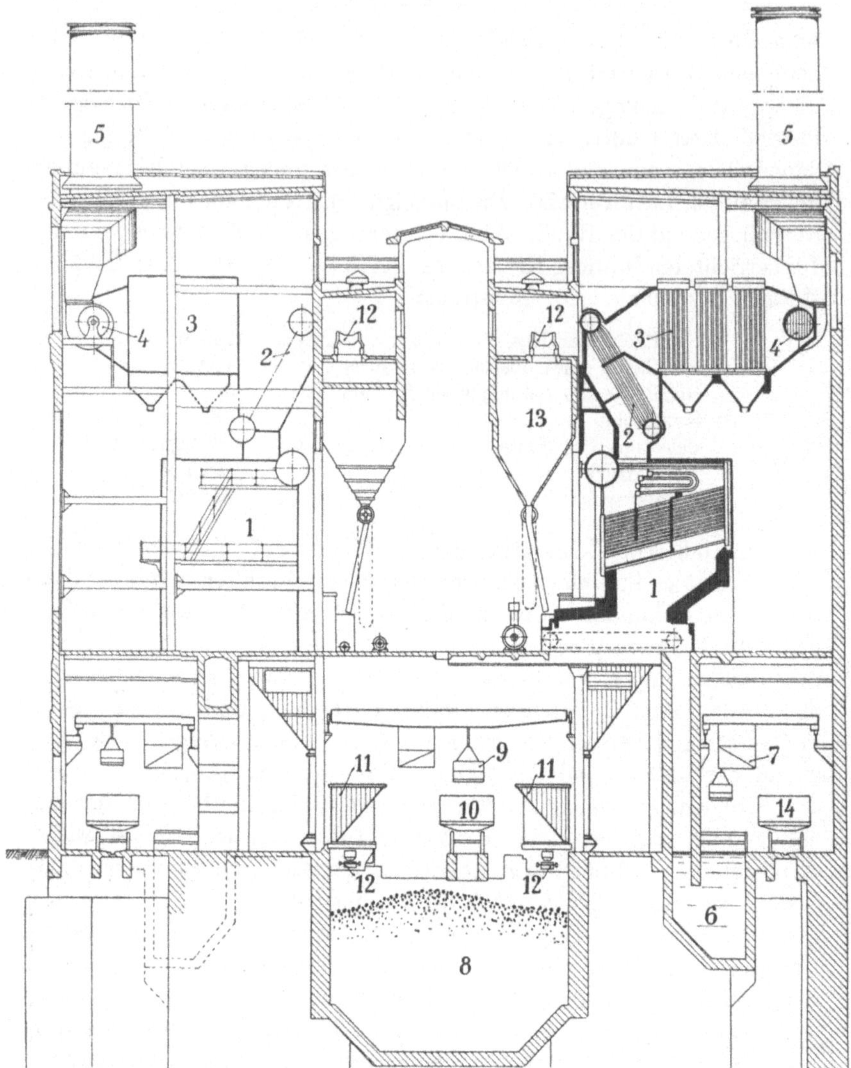

Abb. 140. Kesselhaus des Nordost-Kraftwerkes in Kansas City, U. S. A., mit zweistufigen Ekonomisern und Sektionalkesseln von 1255 m² Heizfläche.

1 = Sektionalkessel; 2 = schmiedeiserner (Hochdruck-)Ekonomiser; 3 = gußeiserner (Niederdruck-)Ekonomiser; 4 = Saugzugventilator; 5 = Blechschornstein; 6 = Wassersumpf für die Schlacke; 7 = Kran zum Herausholen der Schlacke aus dem Sumpf; 8 = tiefliegender Kohlenbunker; 9 = Kran zum Entladen der Kohle aus den Eisenbahnwagen 10; 11 = Fülltrichter; 12 = Becherwerk für Kohle; 13 = Bunker vor den Kesseln; 14 = Eisenbahnwagen für Schlacke.

Beachte: Unterteilung des Ekonomisers in Hochdruck- und Niederdruckstufe. Luftdichter Abschluß des Schlackenfalles durch Wassersumpf. Verlegen des Hauptkohlenbunkers in das mit Rücksicht auf sehr schlechten Baugrund tief in das Erdreich niedergeführte Fundament. Sehr hoher Aschenkeller. Unmittelbare Einfahrt der Eisenbahnwagen in den Aschenkeller zur Anfuhr der Kohle und Abfuhr der Schlacke. Sehr hohes Kesselhaus. Teuere Unterstützungskonstruktionen für die hochliegenden Ekonomiser.

erst nach seiner nachträglichen Einschaltung in den Wasserumlauf aufhörten.

Nach neueren Veröffentlichungen[1]) scheint man in Amerika auf Grund der seinerzeit auch bei uns angestellten Erwägungen von Kesseln mit teilweiser Ekonomiserwirkung viel zu erwarten, und es ist von hohem Interesse, zu sehen, wie auf diesem Gebiete Amerika jetzt eine Reihe von Konstruktionen versucht, die in Deutschland bereits in den Jahren 1913 bis 1917 erprobt wurden, sich aber wenig bewährt haben. Wahrscheinlich werden auch die Amerikaner von derartigen Bauarten wieder abkommen. Verfasser legte schon seit mehreren Jahren einigen Ekonomiserfirmen den Bau stärkerer gußeiserner Ekonomiser nahe, da die Einführung höherer Dampfspannungen in erster Linie an den gußeisernen Ekonomisern scheiterte. Nunmehr scheint ein wesentlicher Fortschritt durch eine vom Eisenwerk Düsseldorf-Heerdt stammende Konstruktion erzielt worden zu sein, die durch besondere Verankerungsrohre das Abpressen der unteren und oberen Querrohre von den Ekonomiserrohren, das besonders bei schnellem Nachspeisen kalten Wassers nach vorausgegangener Dampfbildung im Ekonomiser eintreten kann, verhindert. Zur Verankerung dienen nur Gußeisenrohre. Bei der Kaltwasserdruckprobe hielt die neue Ekonomiserbauart einen Druck von 80 at aus. Es kann daher damit gerechnet werden, daß die neuartigen Gußeisen-Rauchgasvorwärmer für Kesseldrucke von 20 bis 30 at sicher ausreichen.

Aber auch bei Verwendung der neuen Bauart sollten durch geeignete Maßnahmen zusätzliche Beanspruchungen, insbesondere alle Wasserstöße, tunlichst ferngehalten werden, und zwar abgesehen von unliebsamen Betriebsstörungen beim Schadhaftwerden eines Ekonomiserrohres deshalb, weil neuzeitliche Ekonomiser für große Dampfkessel eine so erhebliche Menge hocherhitzten Wassers enthalten, daß das gleichzeitige Platzen mehrerer Rohre oder Sammelkästen verhängnisvoll werden könnte. Druckstöße können entstehen:

1. durch Dampfbildung im Ekonomiser,
2. durch stark lufthaltiges Wasser,
3. durch ungeschickt angeordnete Speiseleitungen,
4. durch Vorgänge in den Speisepumpen,
5. durch die dynamische Wirkung des Wassers in der Speiseleitung.

Luft und Dampf könnnen in Ekonomisern sehr erhebliche Stöße verursachen, weil bei oder nach ihrem Abfließen die mehr oder weniger schnell nachströmende unelastische Wassermasse entweder plötzlich ihre Richtung ändern muß oder gegen eine Stelle prallt und fast augen-

---

[1]) Power 1920, S. 450.

blicklich abgebremst wird, die den Gaspolstern nur wenig Strömwiderstand bot.

Dampfbildung läßt sich bei getrennt aufgestelltem Vorwärmer durch Umführkanäle vermeiden, durch die beim Anheizen oder in Belastungspausen ein Teil der Rauchgase unmittelbar zum Schornstein zieht. Es genügt gegebenenfalls, daß der Querschnitt dieser Kanäle nur ein Bruchteil von demjenigen ist, der für die bei voller Belastung entstehende Abgasmenge nötig wäre. Lassen sich solche Kanäle nicht unterbringen, so schafft zuweilen eine Umführungsleitung Abhilfe,

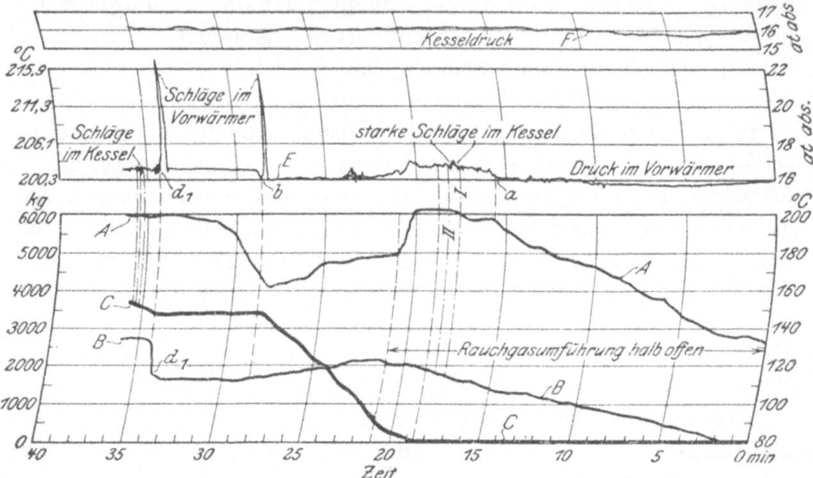

Abb. 141. Untersuchung der Vorgänge in einem im Vergleich zum Kessel großen Ekonomiser bei Dampfbildung.

durch die man durch den Vorwärmer hindurch in den Speisewasserbehälter zurückspeist, was besonders während des Anheizens von Nutzen sein kann.

„Schläge" infolge von Dampfbildung sind für den Vorwärmer u. a. deshalb so bedenklich, weil die üblichen Sicherheitsventile zu spät ansprechen und den erforderlichen Ausgleichsquerschnitt viel zu langsam freigeben (siehe Seite 129).

Der Umstand, daß die durch Dampfbildung im Vorwärmer verursachten Schläge bald im Vorwärmer, bald in der Speiseleitung, bald im Kessel auftreten, führt zu manchen unklaren und irrigen Auffassungen über ihre Ursache und demzufolge zu konstruktiven Maßnahmen, die die beabsichtigte Wirkung nicht haben können.

Abb. 141, die Versuche an einem im Vergleich zum Kessel sehr großen Ekonomiser wiedergibt, zeigt einen interessanten Fall von Druckstößen infolge Dampfbildung im Ekonomiser. Kurve B gibt die Speisewassertemperatur in der Mitte, Kurve A am Ende des Vorwärmers,

Kurve C die seit Versuchsbeginn gespeiste Wassermenge, Kurve F den Kesseldruck und Kurve E, die mit einem selbst aufzeichnenden, für Sonderzwecke gebauten Gerät aufgenommen wurde, den Druck am Ende des Rauchgasvorwärmers an. (Die Speisung wurde bei dem Versuche längere Zeit, als es sonst geschieht, abgestellt, um die Verhältnisse, unter denen „Schläge" auftreten, recht klar erkennen zu können. Grundsätzliche Änderungen gegenüber dem normalen Betriebe wurden indes hierdurch nicht herbeigeführt.)

Zwischen 0 und 21 Minuten strömte ein Teil der Rauchgase vom Kessel unmittelbar zum Schornstein, erst dann wurden sämtliche Rauchgase durch den Vorwärmer geleitet.

Bis 15 min 30 sk verlaufen Kesseldruck und Vorwärmerdruck parallel zueinander. Infolge der lang aussetzenden Speisung ist die Wassertemperatur am Ende des Vorwärmers allmählich auf 198° C gestiegen und hat sich der dem Druck von 16 at entsprechenden Sättigungstemperatur sehr genähert. Von Punkt a an steigt der Vorwärmerdruck bei gleichbleibendem Kesseldruck auf 17 at. Da von Hand gespeist wurde und der Vorwärmer von der Speiseleitung abgesperrt war (das Speiseventil saß vor dem Vorwärmer), kann diese Druckerhöhung nur davon herrühren, daß an einigen Stellen des Vorwärmers die Temperatur auf über 200° C gestiegen war und daß allmählich Dampfbildung eintrat.

Um 17 min 30 sk und 18 min 10 sk traten starke Schläge im Kessel auf, ohne daß das Instrument am Vorwärmerende eine Druckspitze aufzeichnete.

Diese Schläge wurden offenbar dadurch hervorgerufen, daß der Druck im Vorwärmer infolge Dampfbildung so groß geworden war, daß er das (etwas klemmende) Rückschlagventil des Kessels aufdrückte und überhitztes Wasser oder Dampfpfropfen in den Kessel preßte.

Nach einsetzender Speisung sank der Vorwärmerdruck wieder, bis unmittelbar nach ihrer erneuten Abstellung und etwa 6 Minuten später 2 starke Schläge im Vorwärmer unter heftiger Drucksteigerung auftraten, die darauf zurückzuführen sein dürften, daß sich an einigen strömungsfreien Stellen des Vorwärmers Wasser überhitzt hatte und plötzlich explosionsartig verdampfte. Es könnte auch sein, daß eine Zeitlang Dampf abströmte, der infolge seines kleinen Strömwiderstandes schnell abfließen konnte. Dadurch erhielt das nacheilende Wasser große Geschwindigkeit, die plötzlich abgebremst wurde und den Stoß verursachte, als das Wasser in das Absperrventil zwischen Kessel und Ekonomiser gelangte, das dem Wasser einen weit größeren Strömwiderstand als dem spezifisch viel leichtern Dampf bietet. Das augenblickliche Ansteigen der heftigen Druckspitzen im Verein mit ihrem allmählichen Fallen (Minute 28 und 33), das bis 30 Sekunden dauerte, dürfte gleichfalls davon herrühren, daß explosionsartig entstandener Dampf allmählich abströmte oder Wasser vor sich herdrückte. Auf Wasserverschiebungen läßt auch der schnelle Anstieg der Wassertemperatur in der Mitte des Vorwärmers kurz nach der um 33 min erfolgten Drucksteigerung schließen.

Zwischen 35 und 36 min traten dann wieder mehrere heftige Schläge im Kessel auf, die durch dieselben Ursachen wie die zuerst beschriebenen erzeugt wurden.

Schläge in der Speiseleitung zwischen Kessel und Vorwärmer werden hauptsächlich durch Dampfpolster hervorgerufen, die bei einsetzender Speisung in die Speiseleitung gelangen. Die heftigen Erschütterungen, von denen derartige Schläge zuweilen begleitet werden, können Vorwärmer und Kessel gefährden.

Die Heizfläche von Speisewasser-Rauchgasvorwärmern darf eine bestimmte Größe nicht überschreiten, weil sich sonst die Austrittstemperatur des Wassers zu sehr seiner Siedetemperatur nähert.

Bei ihrer Bemessung muß in gewissen Fällen auch der Charakter des Brennstoffes berücksichtigt werden, insbesondere bei minderwertigen Brennstoffen, wie z. B. bei mitteldeutscher Rohbraunkohle. Bei den in Abb. 142 dargestellten Versuchen wurde ein 500 m²-Steilrohrkessel

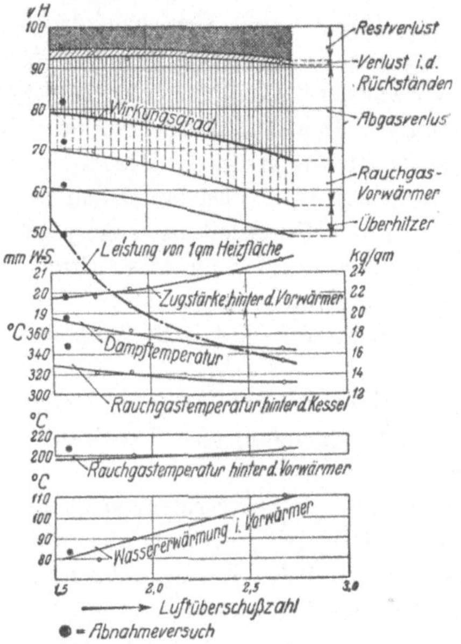

Abb. 142. Untersuchung des Einflusses der Feuerführung auf das Verhalten eines Steilrohrkessels mit Ekonomiser.

mit gußeisernem Ekonomiser von 320 m² mit verschiedenem Luftüberschuß betrieben. Zur Verwendung gelangte mitteldeutsche Rohbraunkohle von rd. 2200 WE kg $^{-1}$ Heizwert. Die Eintrittstemperatur des Speisewassers in den Ekonomiser betrug rd. 40°C, die Austrittstemperatur, die bei guter Feuerführung rd. 120°C war, stieg bei kleinem CO_2-Gehalt der Rauchgase bis auf 150°C unter gleichzeitigem starkem Rückgang der Dampferzeugung. Weitere Versuche wurden an einem andern Kessel desselben Werkes durchgeführt, dessen Verhältnis

$$\frac{\text{Kesselheizfläche}}{\text{Vorwärmerheizfläche}} = \frac{1}{0,843}$$

war. Die Rohbraunkohle war während der neuntägigen Versuchsdauer infolge starker Regenfalle manchmal ziemlich nab die Doppcl

kreise bezeichneten Werte und Kurven in Abb. 143 wurden in je dreistündigen Vorversuchen so gewonnen, daß der Kessel bei tadelloser Feuerführung mit verschiedener Zugstärke betrieben und Dampfleistung, Zugstärke, Rauchgastemperaturen und Wassertemperatur hinter dem Vorwärmer aufgeschrieben wurden. In Abb. 143 sind die im gewöhnlichen Betrieb ermittelten Zugstärken und mittleren Temperaturen am Wasseraustritt nach Tag- und Nachtschichten getrennt eingetragen. Infolge der durch mangelhafte Feuerführung verursachten großen Abgasmenge wird die Wassererwärmung zuweilen weit größer als bei gleicher Kesselbelastung und guter Feuerführung. Ihre Höhe gibt bei verhältnismäßig großen Rauchgasvorwärmern einen recht zuverlässigen Wertmaßstab für die Bedienung der Feuer. Die Temperaturen in Abb. 143 sind Mittelwerte aus zwölfstündigen Betriebsabschnitten. Sie liegen zum Teil wesentlich höher als die tadelloser Bedienung entsprechenden Kurvenwerte und erreichen und überschreiten öfters die dem Kesseldruck entsprechende Sättigungstemperatur Abb. 144, wodurch recht unangenehme Störungen auftreten können.

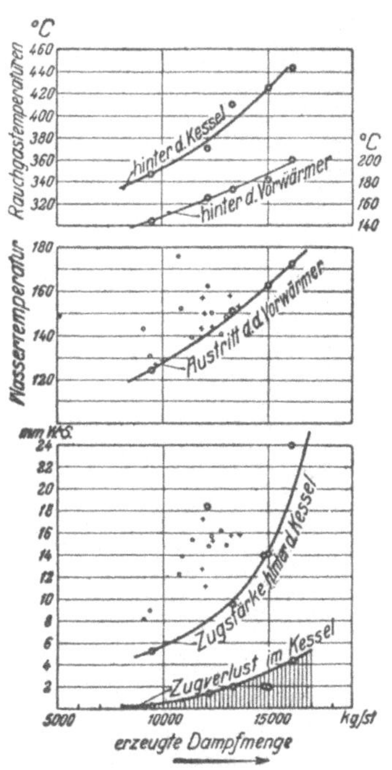

Abb. 143. Verhalten eines im Vergleich zum Kessel großen Ekonomisers im gewöhnlichen Betriebe.
⊙ Versuche mit tadelloser Feuerführung;
+ Versuche während der Nachtschicht;
○ Versuche während der Tagesschicht.

Man tut daher gut, die Heizfläche von Vorwärmern bei minderwertiger Braunkohle nicht zu groß zu bemessen. Je minder wertiger

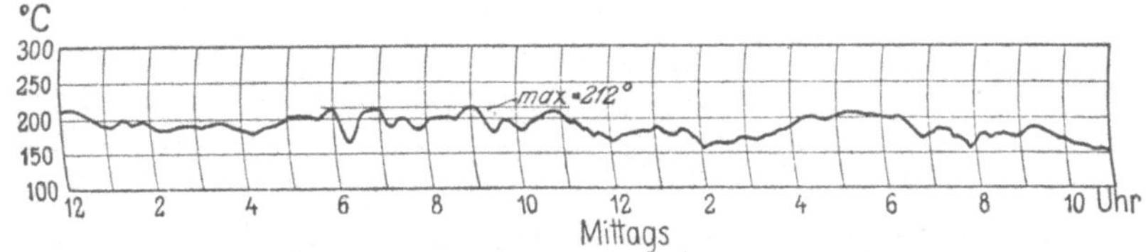

Abb. 144. Thermographen - Aufzeichnung der Austrittstemperatur des Speisewassers aus einem großen, in Verbindung mit einer mangelhaft bedienten Feuerung (Kessel) stehenden Ekonomiser.

ein Brennstoff, je höher die Zugstärke im Feuerraum und je größer die Rostfläche ist, um so mehr muß die

Vorwärmerheizfläche hinter derjenigen zurückbleiben, die unter Voraussetzung guter Feuerführung lediglich auf Grund wärmetechnischer Überlegungen am vorteilhaftesten wäre. Das wird beim Bemessen von Vorwärmern fast nie berücksichtigt.

In sehr vielen Fällen wird man bei normaler Kesselbelastung und einem Dampfdruck von 20 at nicht gern über 150° C gehen, damit bei schwacher Kesselbelastung oder bei schlechter Feuerführung sich kein Dampf im Vorwärmer bildet.

Auf alle Fälle sollte bei verhältnismäßig großen Ekonomisern die Speiseleitung zum Kessel kurz, weit und frei von scharfen Krümmungen sein und möglichst keine längeren fallenden Stränge haben.

b) Anordnung der Speiseventile selbsttätiger Speisewasserregler.

Größere Dampfkessel erhalten in Deutschland selbsttätige Speisewasserregler, deren Absperrventile meist zwischen Vorwärmer und Kessel eingebaut werden. Dies ist nicht zweckmäßig, weil der Rauchgasvorwärmer dann sämtlichen in der Speiseleitung auftretenden Stößen ausgesetzt ist, die besonders gußeisernen Vorwärmern schaden können. Die Ursachen solcher Stöße sind verschiedener Art. Schwingungen der Wassermassen in ausgedehnten Rohrleitungen, Mitreißen von „Luftsäcken" und zu schnelles Abschließen der Regler sind die hauptsächlichsten Gründe.

Für den Einbau der Regler vor dem Vorwärmer spricht auch folgende Überlegung:

Die Geschwindigkeit des Wassers in der Speiseleitung hängt unter sonst gleichen Verhältnissen vom Unterschied zwischen Kesseldruck und dem Druck ab, auf den die Pumpe eingestellt ist, und kann bei Pumpen großer Leistung erhebliche Beträge erreichen, wann zufällig nur das Ventil des Kessels öffnet, dessen Dampfspannung aus irgendwelchen Ursachen merkbar unter die der andern Kessel gefallen ist und der Regler den vollen Ventilquerschnitt plötzlich freigibt. Schließt dann der Regler am Ende der Speiseperiode schnell ab, so bewirkt die Geschwindigkeit der vor ihm in Bewegung befindlichen und plötzlich abgebremsten Wassermenge eine um so stärkere Drucksteigerung, als die Wassergeschwindigkeit bei zeitweiliger Speisung unter Umständen mehrmals so groß als bei ununterbrochener Speisung ist.

Hinter dem Regler tritt beim Öffnen des Ventiles zunächst ein Ausgleich zwischen Kesseldruck und Pumpendruck ein, während nach seinem Abschluß die von der Pumpe abgesperrte Wassermenge sich infolge ihrer Trägheit unter Druckabfall weiterbewegt, Abb. 145.

Rascher Ventilschluß macht sich also vor dem Regler durch Drucksteigerung, hinter dem Regler durch Drucksenkung geltend. Erstere ist weit gefährlicher.

Ein anderer Vorteil des Reglereinbaues vor dem Vorwärmer besteht, wie schon erwähnt wurde, darin, daß durch benachbarte Regler hervorgerufene oder anderweitig verursachte Stöße in der Speiseleitung vom Vorwärmer ferngehalten werden, solange das Ventil abgeschlossen ist, und nur

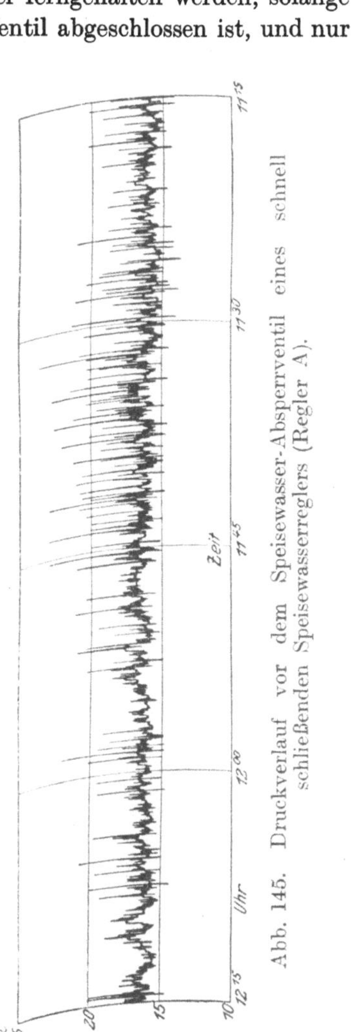

Abb. 145. Druckverlauf vor dem Speisewasser-Absperrventil eines schnell schließenden Speisewasserreglers (Regler A).

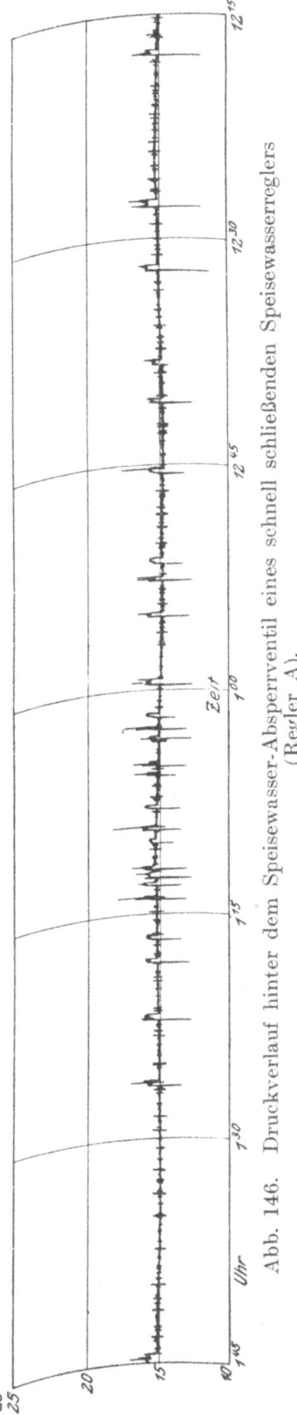

Abb. 146. Druckverlauf hinter dem Speisewasser-Absperrventil eines schnell schließenden Speisewasserreglers (Regler A).

abgeschwächt im Vorwärmer zur Geltung gelangen, so lange es offen steht. Der Einbau der Regler v o r dem Vorwärmer ist daher um so mehr vorzuziehen, als er die Zuverlässigkeit und das genaue Einsetzen der Speisung nicht beeinträchtigt.

Die Richtigkeit obiger Überlegungen beweisen die Schaubilder in Abb. 145 bis 151, die 1 m vor und

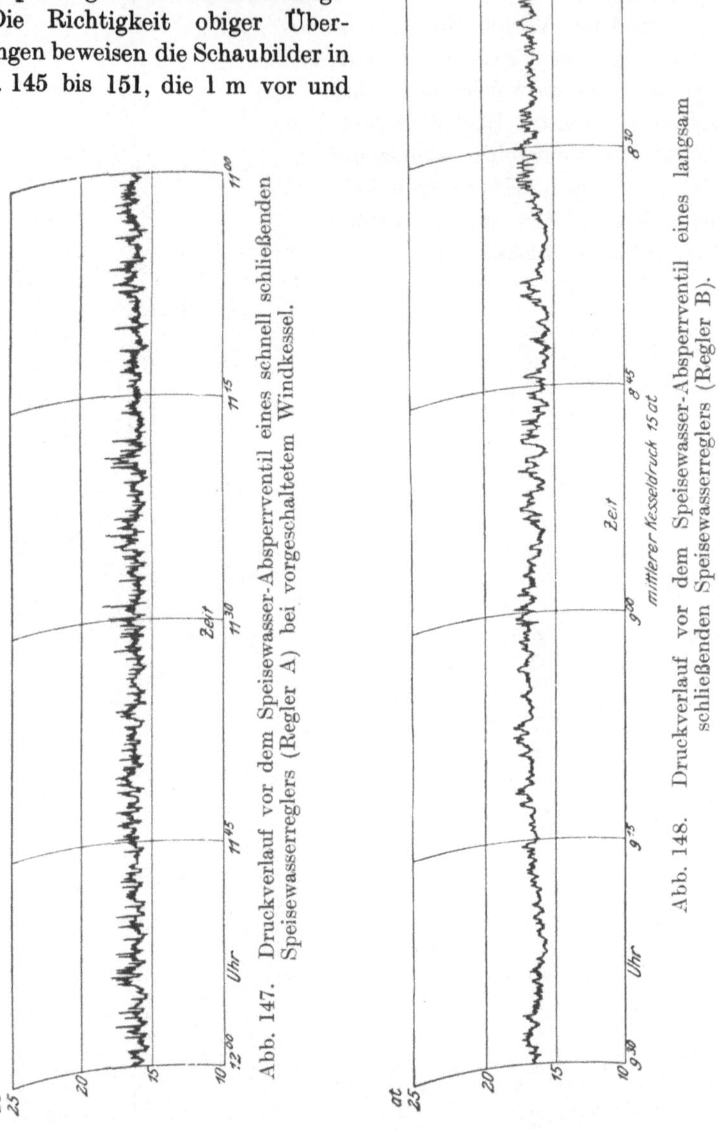

Abb. 147. Druckverlauf vor dem Speisewasser-Absperrventil eines schnell schließenden Speisewasserreglers (Regler A) bei vorgeschaltetem Windkessel.

Abb. 148. Druckverlauf vor dem Speisewasser-Absperrventil eines langsam schließenden Speisewasserreglers (Regler B).

hinter dem Reglerventil aufgenommen wurden, und zwar Abb. 145 bis 147 in einer Anlage mit schnell schließenden, Abb. 148 und 149 in einem Werke mit langsam schließenden Reglern. In beiden Fällen waren 9 Kessel und eine Pumpe im Betrieb.

Ab. 145 zeigt die heftigen Drucksteigerungen vor schnell schließenden Reglern. Die kleineren Spitzen rühren von benachbarten Reglern her, die mittleren vom untersuchten, die großen traten auf, wenn der untersuchte Regler gleichzeitig mit mehreren andern abschloß. Die Drucklinie hinter dem Regler ist erheblich gleichmäßiger und hat keine so großen Spitzen, Abb. 146; auch die oben besprochenen Drucksenkungen hinter dem Reglerventil sind in dieser Abbildung deutlich zu erkennen.

Vor dem Regler eingebaute Windkessel mildern, wie Abb. 147 zeigt, die am selben Regler und unter denselben Betriebsverhältnissen wie Abb. 145 aufgenommen wurde, die Druckschwankungen; sie haben jedoch mancherlei Nachteile und sind um so entbehrlicher, als langsam schließende Regler auch ohne sie günstig arbeiten, Abb. 148, und hinter dem Ventil eine praktisch stoßfreie Drucklinie haben, Abb. 149.

Soweit daher allmählicher Abschluß nicht durch die Bauart des Reglers gewährleistet wird, sollte er durch Luftpuffer oder ähnliche Mittel herbeigeführt werden; auch durch zweckmäßige Formgebung des Ventiltellers kommt man dem angestrebten Ziele näher.

Bei kleinen Anlagen spielen diese Fragen keine so wichtige Rolle. Welch heftige Stöße aber zuweilen in größeren Werken vorkommen, zeigt die vor einem schnell schließenden Regler aufgenommene Abb. 150. Der betreffende Kessel wurde durch eine etwa 100 m lange Leitung von einer besonderen Pumpe gespeist, deren verhältnismäßig große Förderleistung dem Wasserverbrauch des Kessels dadurch angepaßt worden war, daß man eine konstante Wassermenge von der Druckseite der Pumpe in den Saugbehälter zurückströmen ließ.

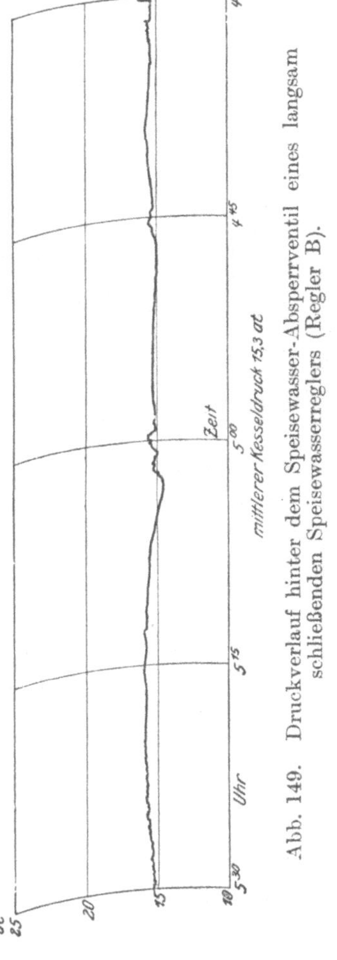

Abb. 149. Druckverlauf hinter dem Speisewasser-Absperrventil eines langsam schließenden Speisewasserreglers (Regler B).

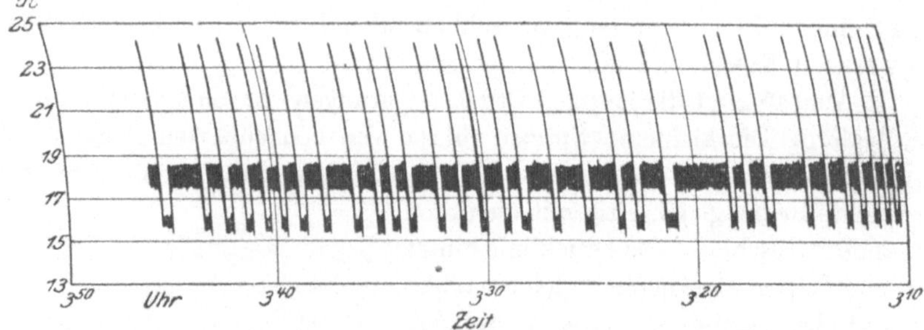

Abb. 150. Druckverlauf vor dem Speisewasser-Absperrventil eines schnell schließenden Speisewasserreglers (Regler A) bei langer, nicht verzweigter Speiseleitung.

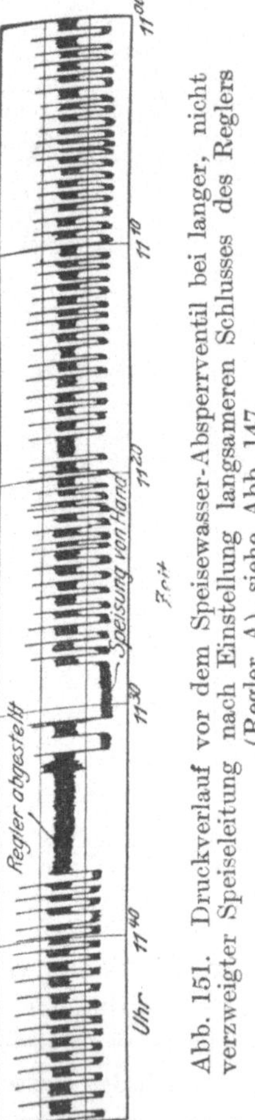

Abb. 151. Druckverlauf vor dem Speisewasser-Absperrventil bei langer, nicht verzweigter Speiseleitung nach Einstellung langsameren Schlusses des Reglers (Regler A), siehe Abb. 147.

Nachdem man die Abschlußbewegung des Reglers durch geeignete Maßnahmen verlangsamt hatte, blieben die heftigen Spitzen weg, Abb. 151.

Der große Druckunterschied in der Speiseleitung bei geschlossenem und bei geöffnetem Ventil in Abb. 150 und 151 rührt vom Reibungsverlust in der langen Leitung und davon her, daß die Wassergeschwindigkeit bei zeitweiliger Speisung höher als bei ununterbrochener ist, ein Umstand, der bei der Bemessung ausgedehnter Rohrnetze öfters übersehen wird. Die größere Wassergeschwindigkeit bei zeitweiliger Speisung begünstigt auch Stöße bei schnell schließenden Reglern.

Endlich spricht noch der Umstand für den Einbau der Regler vor dem Rauchgasvorwärmer, daß bei Dampfentwicklung im Vorwärmer der Dampf leichter entweichen kann.

Zur weiteren Klärung der Vorgänge und der Wirkung gewichtsbelasteter und federbelasteter Sicherheitsventile beim schnellen Abschluß von Speisewasser-Absperrventilen wurden einige Versuche durchgeführt, bei denen eine hochtourige Zentrifugal-Kesselspeisepumpe auf eine längere Rohrleitung arbeitete. Die Druckleitung war in 2 Stränge gegabelt. Durch einen Strang floß eine konstante Wassermenge; der Durchfluß durch den anderen konnte plötzlich abgesperrt werden. An die Druckleitung war ein Sicherheitsventil normaler Bauart mit Gewichts- oder mit

Federbelastung angeschlossen, wie sie für Ekonomiser allgemeine Verwendung finden.   Die Sicherheitsventile waren auf einen Abblasedruck von 14 at eingestellt. Die Abschlußzeit betrug etwa 0,5 sk und 1,0 sk. Abb. 152 bis 155 zeigen, daß

1. Sicherheitsventile mit Gewichts- und mit Federbelastung bei sehr schnellem Schluß des Absperrventiles versagen und Drucksteigerungen bis zu 20 at nicht verhindern können;

2. bei Sicherheitsventilen mit Gewichts- und mit Federbelastung auf den ersten Druckstoß weitere Stöße folgen, die fast ebenso hoch sein können wie der erste. Die Dauer zwischen erstem und zweitem Stoß hängt von verschiedenen Einflüssen ab. Außer der Abschlußzeit des Absperrventils spielen die Anordnung der Speiseleitung, die Kennlinie der Speisepumpe, die abgebremste Wassermenge usw. eine Rolle.

Ventile von Speisewasserregler schließen zwar wesentlich langsamer als 0,5 bis 1 sk, trotzdem können durch willkürliche Eingriffe der Bedienungsmannschaften und durch Zufälligkeiten ähnliche Verhältnisse wie bei den Versuchen gelegentlich auftreten.

Drücke von 25 bis 35 at werden denn auch im Speisesystem großer Dampfkesselanlagen wiederholt beobachtet.   Abb. 152 bis 155 bestätigen auch die vom Verfasser seit langem vertretene Ansicht, daß Brüche gußeiserner Vorwärmer oft weniger auf den hohen, statischen

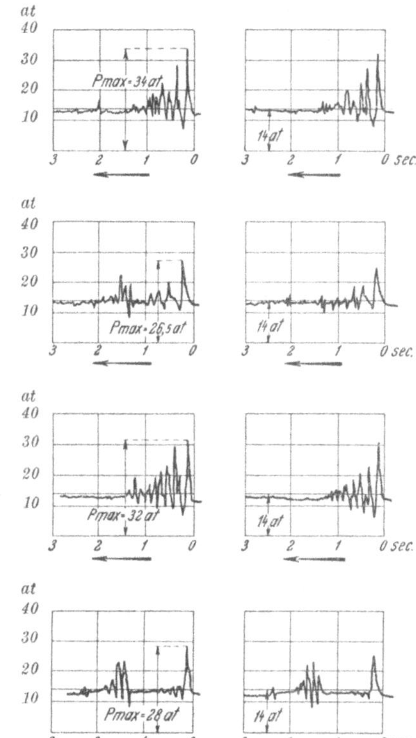

Abb. 152 bis 155.   Druckverlauf in dem durch Sicherheitsventile mit Gewichts- bezw. mit Federbelastung geschützten Speisesystem bei schnellem Abschluß des Speisewasser-Absperrventiles.

Abb. 152. Sicherheitsventil mit Gewichtsbelastung, Schlußzeit des Absperrventils ∾ 0,5 sk.
Abb. 153. Sicherheitsventil mit Gewichtsbelastung, Schlußzeit des Absperrventils ∾ 1,0 sk.
Abb. 154. Sicherheitsventil mit Federbelastung, Schlußzeit des Absperrventils ∾ 0,5 sk.
Abb. 155. Sicherheitsventil mit Federbelastung, Schlußzeit des Absperrventils ∾ 1,0 sk.

Kesseldruck als auf dynamische Druckerscheinungen zurückzuführen sind. (Selbstverständlich sind guter Guß, beste Montage und sorgfältiger Transport der gußeisernen „Sektionen" von größter Bedeutung.)

Auf Grund vorstehend beschriebener Messungen und Erfahrungen wurde ein sogenannter „Stoßdämpfer" entwickelt, von dem zu erwarten ist, daß er auch sehr schnelle und kurzzeitige Druckstöße stark mildert.

Man begegnet vielfach der Meinung, Speisung mit Zentrifugalpumpen schließe Druckstöße aus und sei Ekonomisern völlig ungefährlich. Richtig ist, daß auch bei Zentrifugalpumpen unter Umständen heftige Druckwellen entstehen. Es handelt sich hierbei um recht verwickelte, bisher nur wenig erforschte Vorgänge. Eine der Ursachen der Druckwellen, auf die hier nur ganz kurz eingegangen werden soll, liegt darin, daß infolge der behördlichen Vorschriften Kesselspeisepumpen meist mit einer weit kleineren als ihrer vollen Leistung belastet sind und daher auf dem Ast ihrer Kennlinie arbeiten, der mehr oder weniger labil ist, Abb. 156. Die Pumpenleistung pendelt dann zwischen einem positiven und einem negativen Betrage. Bei größeren Werken mit mehreren Kesselspeisepumpen kann es daher vorteilhaft sein, eine Zentrifugalpumpe voll und eine zweite halb belastet zu betreiben. Ferner können

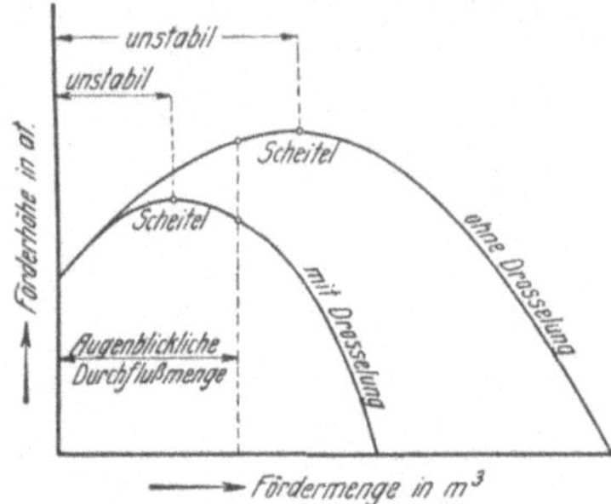

Abb. 156. Kennlinien einer Zentrifugal-Kesselspeisepumpe bei derselben Drehzahl mit und ohne Drosselung.

Beachte: Durch Drosselung im Druckbereich der Pumpe kann das Gebiet des unstabilen Arbeitens verkleinert werden.

Pendelungen durch elastische Räume im Druckleitungssystem, z. B. durch große Ekonomiser, ausgelöst werden und sich in die Zentrifugalpumpen fortpflanzen. Durch geeignete Bauart der Pumpen, durch zweckmäßig eingeschaltete Widerstände im Druckgebiet, Abb. 156, oder durch richtige Anordnung der Druckleitung können diese Wellen beseitigt oder doch weitgehend abgeschwächt werden.

Beim Übergang zu höheren Drücken müssen alle diese Verhältnisse sorgsam beachtet und gußeiserne Ekonomiser gegen ihre Folgen weitgehend geschützt werden, wozu normale Sicherheitsventile voraussichtlich nicht immer ausreichen.

c) Rauchgasvorwärmer für die Verbrennungsluft.

Die Rauchgase lassen sich unter Vermeidung zu hoher Wassererwärmung tief abkühlen, indem man sie zur Erhitzung der Verbrennungsluft in besonderen Vorwärmern verwendet, die leicht gebaut sein können, da kein innerer Überdruck besteht und da sie nicht vollkommen dicht zu sein brauchen. In Landanlagen liegen über den Nutzen vorgewärmter Luft fast keine Erfahrungen vor, dagegen hat sich Luftvorwärmung in Schiffskesseln, wo allerdings etwas andere Verhältnisse herrschen, gut bewährt. Man wird auch annehmen dürfen, daß sie bei feuchten und vielleicht auch bei gasarmen Brennstoffen die Verbrennung belebt und die spezifische Rostleistung erheblich erhöht. Der Einbau von Luftvorwärmern wird besonders dann wenig als Verwicklung empfunden werden, wenn Unterwind ohnehin erforderlich ist. Es ist dagegen auszuprobieren, ob es vorteilhafter ist, die gesamte Verbrennungsluft vorzuwärmen oder nur einen Teil, der vielleicht zweckmäßigerweise unter die Rostfläche unterhalb der Feuergewölbe eingeblasen wird. Den Zusammenbau eines Luftvorwärmers von R. O. Meyer, Hamburg, und eines gußeisernen Ekonomisers mit einem Hanomag-Steilrohrkessel zeigt Abb. 157 u. 158. Man sieht, daß gedrängter Zusammenbau unter Wahrung guter Zugänglichkeit und Reinigungsmöglichkeit wohl möglich ist, ohne daß die Verbindungskanäle zwischen Luftvorwärmer und Rost stören. Eine Vorwärmerhälfte (Teil 5 in Abb. 158) ist in Abb. 159 perspektivisch dargestellt.

In Abb. 160 und 161 wurde für eine Anlage untersucht (August 1921), welche Abmessungen des Luft- und Wasservorwärmers bei verschiedenen Kohlenpreisen (500 M/t und 750 M/t) und bei verschiedener Benutzungsdauer des Kessels (2500 und 5000 st/Jahr) bei 80° C Eintrittstemperatur des Speisewassers (die hohe Temperatur rührt von den besonderen Betriebsverhältnissen des Werkes her) vorteilhaft sind. Die stündliche Dampfleistung eines Kessels beträgt in beiden Fällen 15 000 kg. In Abb. 160 ist die Heizflächenbelastung zu 30 $\mathrm{kgm^{-2}st^{-1}}$, in Abb. 161 zu 35 $\mathrm{kgm^{-2}st^{-1}}$ angenommen worden, um gleichzeitig Aufschluß über die zweckmäßigste Kesselgröße zu bekommen. Es wurde ferner vorausgesetzt, daß bei vorgewärmter Luft der Wirkungsgrad der Anlage, abgesehen von der Wärme, die in der warmen Luft zurückgewonnen wird, noch um 1 v. H. infolge besserer Verbrennung erhöht wird. Für Abschreibung, Verzinsung und Reparaturen wurden beim Gußeisen-Ekonomiser 13 v. H., beim Luftvorwärmer 25 v. H. in Rechnung gesetzt. Der Stromverbrauch für Unterwind und Saugzug wurde mit 0,80 M/KWst angerechnet.

Abb. 160 und 161 zeigen:

1. Die Gesamtanlagekosten sind bei gleicher Abkühlung der Abgase nur wenig verschieden, gleichgültig ob ein Luftwärmer zusammen mit einem Ekonomiser oder ob ein entsprechend größerer Ekonomiser allein angebracht wird,

2. bei hohen Kohlenkosten und hoher Benutzungsdauer ist eine tiefere Abkühlung als die z. Zt. übliche von 210 bis 220° C wirtschaftlich (Abgastemperaturen von 200° C und weniger bei normal bemessenen, vollbelasteten Kesselanlagen, wie sie in der Literatur oft angegeben sind, beruhen fast stets auf Meßfehlern),

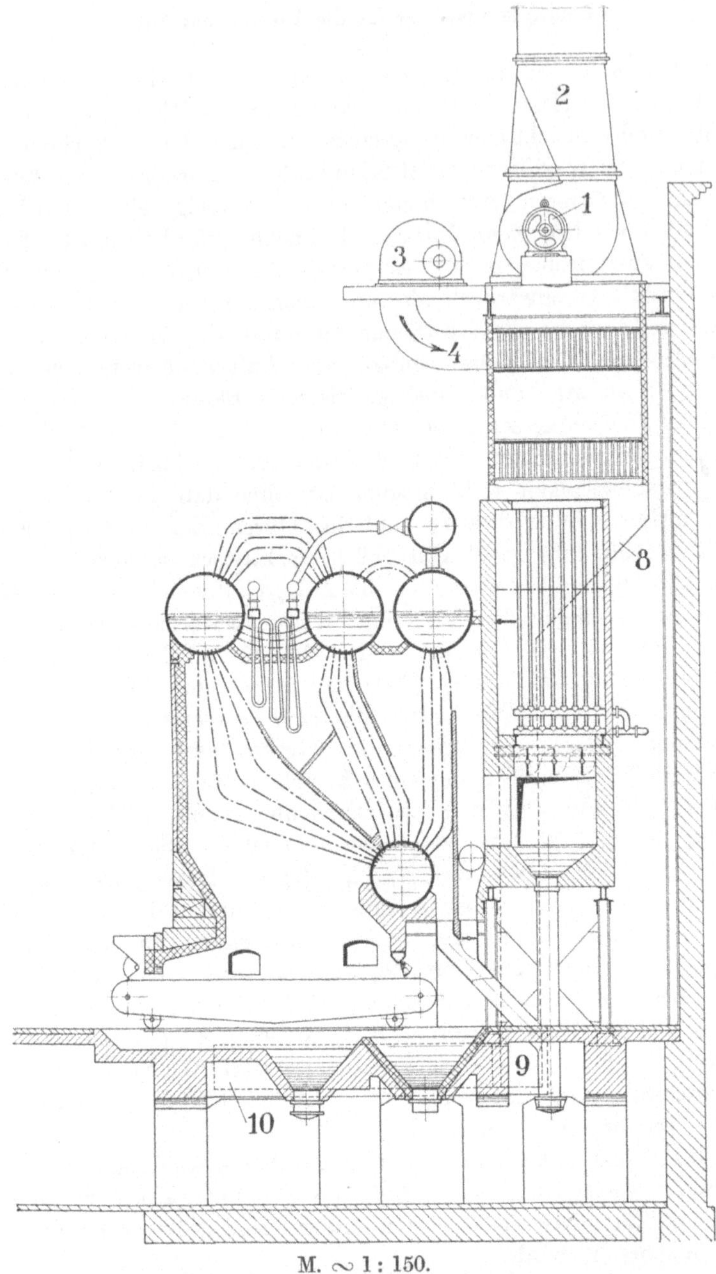

M. ∼ 1 : 150.

Abb. 157 und 158. Steilrohrkessel der Hannoverschen Maschinenbau - A.-G. mit gußeisernem Ekonomiser und Luftvorwärmer von R. O. Meyer, Hamburg.

1 = Motor für Saugzugventilator; 2 = Saugzuganlage; 3 = Unterwindventilator; 4 = Eintrittskanal für kalte Luft; 5 = Heizelemente des Luftvorwärmers; 6 = Austrittskanal für warme Luft; 7 = abnehmbare Reinigungstüren; 8 = Warmluftleitung; 9 = Warmluftsammelkanal; 10 = Warmluftverteilkanal zwischen den Aschentrichtern des Doppel-Wanderrostes.

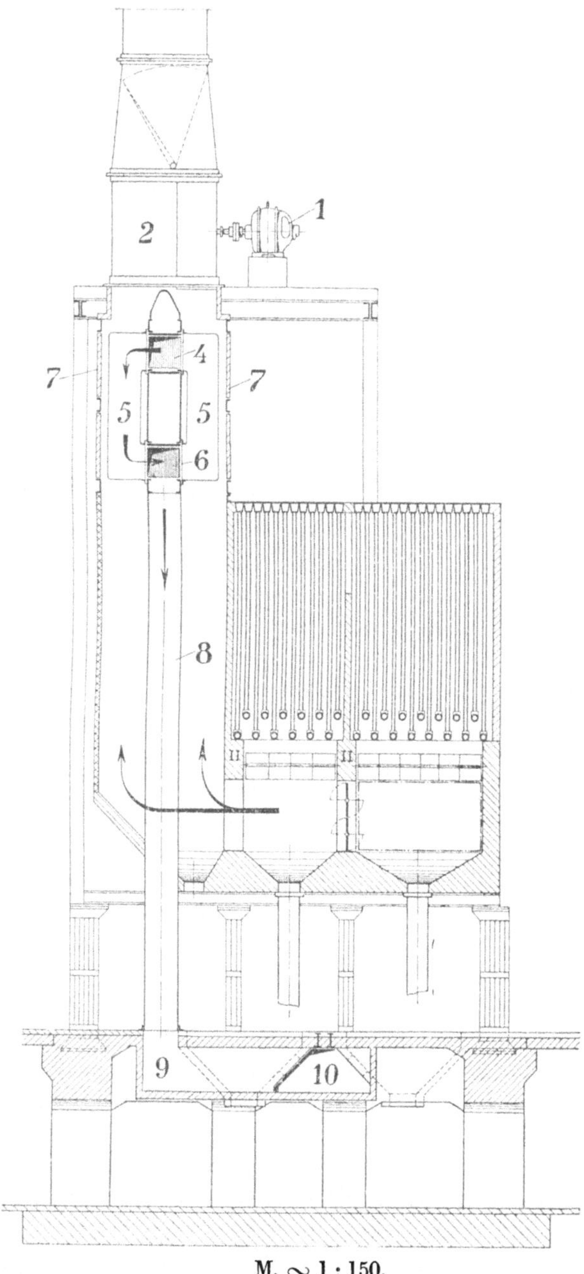

M. ∼ 1 : 150.

Beachte: Kleine Neigung der der Strahlungswärme des Rostes ausgesetzten Wasserrohre, dadurch günstige Strahlungsverhältnisse (siehe S. 27). Schutz des oberen Teiles dieser Rohre gegen Wärmeaufnahme (siehe Abb. 79, Fall IV). Hoher freier Feuerraum. Zugänglichkeit des hinteren Rostendes. Gasströmung parallel zu den Ekonomiserrohren. Gute Zugänglichkeit zum Luftvorwärmer. Gedrängter Zusammenbau. Kleine schädliche Wandungsflächen.

3. für die Gesamtwirtschaftlichkeit ist·es bei gleicher Rauchgasausnutzung ohne großen Einfluß, ob eine Kesselbelastung von 30 oder 35 kgm^{-2}st^{-1} gewählt wird,

4. unter sonst gleichen Verhältnissen tritt bei gleichzeitigem Einbau von Luft- und Wasservorwärmer Dampfbildung in letzterem weniger leicht ein, als wenn nur ein entsprechend größerer Wasservorwärmer vorhanden ist,

5. bei billigen Kohlen und kleiner Betriebszeit verlaufen die (für die Wirtschaftlichkeit maßgebenden) Kurven der gesamten jährlichen Betriebskosten in der Gegend ihres Mindestwertes sehr flach. Es ist daher in diesen Fällen ohne merklichen Einfluß auf die Wirtschaftlichkeit, ob die Abgase unter die bisher üblichen Werte von 220° bis 240° abgekühlt werden oder nicht.

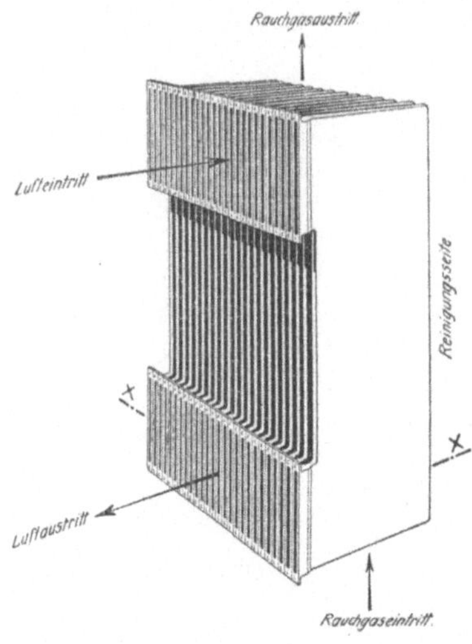

Abb. 159. Heizkörper für Luftvorwärmer von R. O. Meyer, Hamburg.
(Siehe Teil 5 in Abb. 158.)

Bei hohen Kohlenkosten und hoher Betriebszeit bringen nach Abb. 160 und 161 Luftvorwärmer zwar Ersparnisse, aber nicht sehr beträchtliche. **Wahrscheinlich liegen aber die Verhältnisse deshalb für Luftvorwärmer wesentlich günstiger, weil anzunehmen ist, daß mit vorgewärmter Luft auch billige Brennstoffe gut verfeuert werden können.** Man kommt daher der Wirklichkeit voraussichtlich näher, wenn man ohne Luftvorwärmer mit den Kurven für die höheren, mit Luftvorwärmer mit den Kurven für die niedrigeren Kohlenpreise rechnet. Auf alle Fälle verdient die Verwendung vorgewärmter Verbrennungsluft große Aufmerksamkeit und wird voraussichtlich mit billigeren Mitteln und sicherer und einfacher mehr erreichen, als z. B. die an einigen Stellen versuchte Vortrocknung feuchter Braunkohle durch die Rauchgase. Freilich darf zur Erreichung eines günstigen Kostenvergleiches nicht mit Luftvorwärmern gerechnet werden, die zwar wesentlich billiger als Ekonomiser sind, aber nicht einfach und wirkungsvoll gereinigt und überholt werden können und deren Wirkung infolgedessen schon nach kurzer Betriebszeit stark hinter die der Rechnung zugrunde gelegten Werte zurückgehen muß.

Auch diese Rechnungen zeigen, daß die Wirtschaftlichkeit und Zweckmäßigkeit weitgehender Ausnutzung der heißen Kesselabgase von zahlreichen Punkten abhängt und daß eine Kesselanlage ohne Ekonomiser nicht ohne weiteres verfehlt ist.

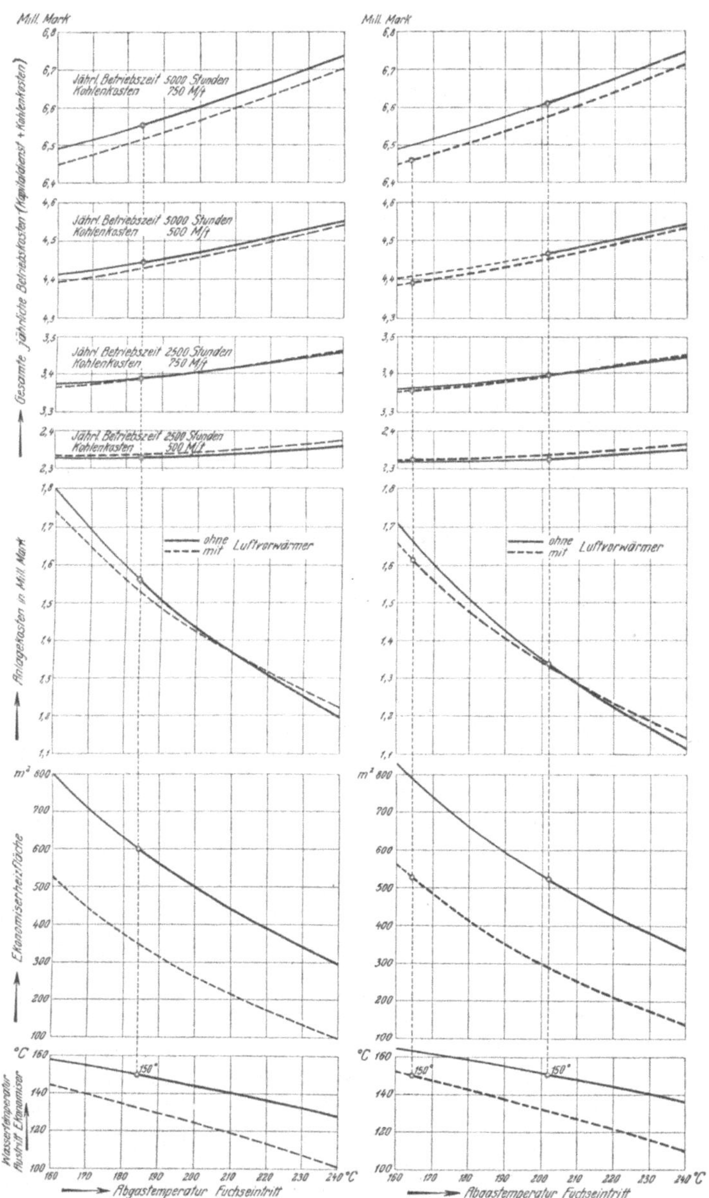

Abb. 160 und 161. Wirtschaftlichkeitsvergleich eines Kessels mit Ekonomiser allein und mit Ekonomiser und Luftvorwärmer.

Belastung von 1 m² Kesselheizfläche $\begin{cases} = 30 \text{ kgm}^{-2}\text{st}^{-1} \text{ in Abb. 160,} \\ = 35 \text{ kgm}^{-2}\text{st}^{-1} \text{ in Abb. 161.} \end{cases}$

Es gibt in Deutschland einige vorzüglich geleitete Werke mit Kesselanlagen ohne Ekonomiser, weil dort die Kohlenpreise so nieder sind (oder doch bei Errichtung waren), daß Ekonomiser nicht lohnen. In Amerika ist erst in den letzten Jahren eine stärkere Neigung zum Einbau von Ekonomisern zu bemerken, obgleich die Ekonomiserkosten rascher als die Kohlenkosten zugenommen haben sollen[1]). Da die Amerikaner die Kessel im allgemeinen mit wesentlich kleineren mechanischen Rosten ausrüsten als wir, ist die Wirkung von Ekonomisern natürlich kleiner. Während in neuzeitlichen deutschen Steinkohlen-Elektrizitätswerken das Verhältnis $\dfrac{\text{Rostfläche}}{\text{Kesselheizfläche}}$ vielfach $\dfrac{1}{20}$ bis $\dfrac{1}{25}$ beträgt, ist es bei amerikanischen Kesseln oft nur $\dfrac{1}{40}$ bis $\dfrac{1}{50}$. Zur Verbilligung der Kosten von 1 m² Kesselheizfläche werden, wie bereits auf Seite 91 bemerkt wurde, in Amerika bis zu 20 Rohrreihen übereinander angeordnet, Abb. 94. Nach amerikanischen Angaben sollen solche Kessel einen um 5 v. H. kleineren Wirkungsgrad haben als Kessel mit nur 12 Rohrreihen und 60 v. H. Ekonomiserheizfläche. Um die Kesselkosten weiter herabzudrücken, scheinen die Amerikaner auch bei Zweikammerkesseln Rohre bis zu 6000 mm Länge zu verwenden. So lange Rohre werden aber bei hochwertiger Kohle und guter Feuerführung schwerlich lange halten, wenn wie in Abb. 94 die gesamte Länge der untersten Rohrreihe durch die heißesten Feuergase unmittelbar beheizt wird. Wird aber ein Teil dieser Rohrreihen durch andere Zugführung in kältere Züge verlegt, so wird sich voraussichtlich die für große Kesseleinheiten erforderliche Rostfläche auf der verhältnismäßig kleinen Grundfläche, wie sie Kessel mit zahlreichen übereinanderliegenden Rohrreihen haben, nicht unterbringen lassen. Man wird daher in der Annahme kaum fehlgehen, daß in Amerika eine ähnliche Bemessung der Kessel- und Ekonomiserheizfläche Platz greifen wird wie bei uns, wenn Anlage- und Brennstoffkosten und Arbeitslöhne in ein ähnliches Verhältnis zueinander kommen und wenn Fragen der Brennstoffersparnis dieselbe Rolle spielen wie in Deutschland.

Bis zu einem gewissen Grade wirken in solchen Dingen freilich auch Herkommen, Mode und andere Einflüsse mit, die sich rechnungsmäßig nicht erfassen lassen und deren richtige, nicht selten rein gefühlsmäßige Erkenntnis für guten Absatz und vorteilhaften Verkauf eines Fabrikates manchmal wichtiger sind als verwickelte Wirtschaftlichkeitsberechnungen. Man tut daher gut daran, fremde Bauarten und Anordnungen mit Vorsicht zu übernehmen, da es selbst für erfahrene Fachleute oft schwierig ist, alle die Verhältnisse zu überblicken, die in einem fremden Staate zu Konstruktionen führten, die im eigenen Lande zunächst überraschen oder selbst befremden.

[1]) Power 1921, S. 154.

VI. Neue Ziele und neue Wege.

a) Der Kessel als Wärmespeicher.

In Verbrennungskraftmaschinen wird selbsttätig in höchst vollkommener Weise auch bei sehr starken und plötzlichen Belastungsschwankungen nur die jeweils benötigte Wärme entbunden (und in Arbeit verwandelt). Die Wärmeumsetzung erfolgt gleichsam massenlos. Bei der Verbrennung fester Brennstoffe in Dampfkesselfeuerungen ist eine augenblickliche Anpassung der Wärmeerzeugung an den Wärmebedarf bisher nicht geglückt und wird auch wahrscheinlich, wenigstens in absehbarer Zeit, hauptsächlich deshalb nicht gelingen, weil feste Brennstoffe eine tiefgehende Umwandlung durchmachen müssen, die erhebliche Zeit und die Anordnung ausgedehnter, glühender Mauerwerksmassen zur Einleitung und Aufrechterhaltung der Verbrennung erfordern. Ferner kann die glühende Brennstoffschicht auf dem Roste schnellen Schwankungen des Wärmebedarfes nicht folgen. Aber auch bei Kohlenstaubfeuerungen, wo es an sich möglich wäre, die Brennstoffzufuhr der Belastung schnell und gut anzupassen, liegen infolge der erforderlichen glühenden Mauerwerksmassen die Verhältnisse nicht wesentlich anders als bei Rosten.

In manchen Dampfkesselbetrieben, z. B. auf Bergwerken, wo Abfallkohle verbrannt wird, oder in Zellstoffabriken mit Holzfeuerungen wechselt die Beschaffenheit des Brennstoffes zuweilen so stark, daß schon dieser Umstand eine mit dem Bedarf einigermaßen übereinstimmende Dampflieferung oft sehr erschwert.

Man hat sich dadurch zu helfen gesucht, daß man die Kessel mit vergleichsweise großen Wasserräumen ausstattete und in Zeiten starker Belastung einen bestimmten Druckabfall im Kessel in Kauf nahm. Die Trägheit der Rostbedeckung und des glühenden Mauerwerks wurde gewissermaßen durch die Trägheit des Wasserinhaltes des Kessels ausgeglichen, der während der Schwachlastperioden überschüssigen Dampf aufnahm und zu Zeiten hoher Dampfentnahme unter Druckabsenkung wieder abgab.

Die Wirkung als Wärmespeicher, die bei Großwasserraumkesseln am größten ist, reicht aber selbst unter beträchtlicher Absenkung der Dampfspannung unter den Konzessionsdruck nur zum Ausgleich verhältnismäßig sehr kurzzeitiger Stöße aus. Obgleich Wasserrohrkessel erheblich kleineren spezifischen Wasserraum und daher auch kleinere Wärmespeicherwirkung haben, war der Übergang zu ihnen gerade in Großbetrieben mit starken Belastungsschwankungen, z. B. in Elektrizitätswerken, wegen der sehr hohen Anlagekosten, der kleinen Einzelleistung und wegen zahlreicher anderer Schwächen der Großwasserraumkessel doch unvermeidlich. Der Nachteil kleiner Wasserräume wird allerdings durch die weit größere Elastizität von Wasserrohrkesseln wieder teilweise ausgeglichen.

In manchen Betrieben, wo der Verlauf der Belastungskurve bekannt ist, z. B. in richtig gebauten und gut geleiteten Elektrizitätswerken, können zwar intelligente und aufmerksame Heizer durch geschickte Feuerführung die Kesseldruckschwankungen in engen Grenzen halten und Abblasen der Sicherheitsventile fast ganz vermeiden. In sehr vielen anderen Industrien wechselt aber der Kesseldruck stark und willkürlich und es treten dort außer anderen Anständen nennenswerte Dampfverluste durch blasende Sicherheitsventile auf.

Bis zu einem gewissen Grade können zwar auch bei Wasserrohrkesseln für hohe Beanspruchung die Schwächen kleiner Wasser- und Dampfräume und kleiner Spiegeloberfläche durch geeignete Maßnahmen erheblich gemildert werden. Insbesondere bei Steilrohrkesseln lassen sich durch Einbau einer entsprechenden Anzahl von Kesseltrommeln und Auflösen der Heizfläche in mehrere Rohrbündel in dieser Beziehung recht günstige Verhältnisse erzielen. In Zahlentafel 10 sind die betreffenden Werte zweier ausgesprochener, für die gleiche Anlage angebotener Hochleistungskessel einander gegenübergestellt:

Zahlentafel 10.

	Kessel		Bei Kessel Nr. 2 größer um v. H.
	Nr. 1	Nr. 2	
Wasserinhalt . . . . m³	25,0	44,3	75
Dampfinhalt einschl. Dampfsammler m³	11,4	28,2	150
Spiegeloberfläche in den Obertrommeln m²	12,2	36,9	300
Anzahl der Kesseltrommeln (außer dem Dampfsammler).	1	5	—
Heizfläche des Kessels . . . . m²	568	560	—1,4
Rostfläche . . . . m²	20,8	24,2	16
Bebaute Grundfläche . . . . m²	50,2	63,5	26

Die Wasser- und Dampfräume und die Spiegeloberfläche von Kessel Nr. 2 sind also wesentlich größer, wodurch er für manche Zwecke zweifellos geeigneter als Kessel Nr. 1 ist. Kommt es aber in erster Linie auf kürzeste Anheizzeit an, so ist Kessel Nr. 1 überlegen, weil die Zeit bis zum Erreichen des vollen Betriebsdruckes bei gleicher Rost- und Heizfläche hauptsächlich vom Wasserinhalt abhängt.

Der Hauptnachteil starker Belastungsschwankungen für eine Kesselanlage ist die Notwendigkeit dauernder Eingriffe in den Verbrennungsprozeß und die Schwierigkeit, Schütthöhe, Rostvorschub und Verbrenungsluftmenge immer richtig gegeneinander abzustimmen. Hierauf ist in erster Linie der oft erhebliche Unterschied zwischen betriebsmäßigem und dem bei den Abnahmeversuchen festgestellten Kesselwirkungsgrade zurückzuführen. Ferner muß die Kesselanlage nach dem oft nur selten und kurzzeitig auftretenden Höchstbedarf an Dampf bemessen werden. Dadurch entstehen hohe Anlagekosten und die Kessel können nur selten mit der günstigsten Belastung betrieben werden. Die Macht der Gewohnheit war so groß, daß man diese Nachteile allmählich als etwas Selbstverständliches und Unvermeidliches hinnahm und ganze Fabrikationsmethoden und Betriebsweisen hierauf zuschnitt. In gewissen, hauptsächlich in chemischen und Zellstoffabriken hing die Produktion der Fabrik letzten Endes oft lediglich vom Kesselhaus ab, das doch nur ein Nebenbetrieb im Rahmen der ganzen Fabrik ist, und nicht von der Leistungsfähigkeit der der Herstellung des Fabrikates dienenden Apparatur. Beispielsweise konnten die Kocher von Zellstoff- und anderen Fabriken, die während der Anheizperiode sehr große Dampfmengen aufzunehmen vermögen, oft wegen der mangelhaften Dampflieferung des Kesselhauses nicht voll ausgenutzt werden. Die sogenannte Umlaufzeit dieser Apparate, d. h. die Zeit für die Durchführung eines Kochprozesses dauerte dadurch erheblich länger und die Produktion an Zellstoff war wesentlich kleiner, als bei voller Ausnutzung der Kocher erreichbar gewesen wäre.

Diese Zusammenhänge werden verständlich, wenn man sich vergegenwärtigt, daß in Betrieben für Koch-, Heiz- und Trockenzwecke der Dampfverbrauch im Verhältnis 1 : 2 bis 1 : 4 schwankt und daß bis zu 20 000 kg Dampf auszugleichen sind.

In einigen Betrieben, z. B. in Bergwerken und Walzwerken, hat man zwar durch Rateauspeicher und durch Speicher mit gleichbleibendem oder veränderlichem Rauminhalt einen gewissen Ausgleich heftiger Dampfstöße angestrebt und erreicht. Er blieb aber auf die Kesselspannung praktisch ohne Einfluß und half nur über ein paar Minuten weg, weil sie nur einige 100 kg Dampf speichern können. Alles in allem mußte auch hier die Kesselanlage den Belastungsschwankungen folgen und eine gewisse Speicherung übernehmen.

b) Der Ruths-Wärmespeicher.

Der schwedische Ingenieur Dr.-Ing. Johannes Ruths hat nun ein sinnreiches Verfahren durchgebildet, das die Speicherung sehr großer Dampfmengen und ihre im Bedarfsfalle sehr schnelle Wiederabgabe in höchst einfacher, vollkommen selbsttätiger Weise ermöglicht. Wenn man von den neuartigen Schaltungen und selbsttätigen Druckreglern, deren Beschreibung hier zu weit führen würde, absieht, so kann die Erfindung von Dr. Ruths etwa durch folgende Punkte gekennzeichnet werden:

1. Speicherung des Dampfes in Behältern bis zu 450 m³ Wasserinhalt und einer Speicherfähigkeit von 36 000 kg Dampf und mehr,

2. Zulassen großer Druckunterschiede zwischen gefülltem und entleertem Speicher (mehrere at),

3. Verlegen der Speicher in ein Gebiet möglichst niederen Druckes,

4. Einordnung des Speichers in die Anlage und Schaltung der Dampfleitungen derart, daß selbst bei starken Belastungsschwankungen in irgendeinem Teil des ganzen Systems die Kessel dauernd mit derselben Belastung und mit konstanter, mit dem Konzessionsdruck übereinstimmender Dampfspannung arbeiten.

Durch Einfügen des Speichers in ein Gebiet niederen Druckes werden die Anlagekosten für die Speicherung in doppelter Weise erniedrigt:

a) weil man mit kleineren Blechstärken auskommt und

b) weil die Speicherfähigkeit von 1 kg Wasser bei kleinen Drücken weit größer als bei hohen ist.

Bei einer Druckabsenkung um 1 at werden z. B. von 1 m³ Wasser bei 20 at/abs 5 kg, bei 3 at/abs aber 21 kg Dampf gespeichert; dieser Umstand erklärt auch die mangelhafte Speicherwirkung der Wasserräume von Höchstdruckkesseln. Zahlentafel 11 gibt die ungefähre Speicherfähigkeit von 1 m³ Rauminhalt für verschiedene Speicherungsarten an und zeigt gleichfalls die allen bisherigen Speichervorrichtungen weit überlegene Wirkung der Ruths-Speicher.

Zahlentafel 11.

Speicherfähigkeit von 1 m³ Rauminhalt:

Glockenspeicher	rd.	0,5 kg
Festraumspeicher	„	0,5 „
Rateauspeicher	„	5,0 „
Großwasserraumkessel bei einem Druckabfall von		
15 auf 14 at/abs	„	5,7 „
Ruths-Speicher bei einem Arbeitsbereich zwischen		
7 und 2,5 at/abs	„	60 „

Hier soll nur kurz ein typischer Fall für den Einbau eines Ruths-Wärmespeichers besprochen werden. In den meisten Betrieben mit starken Belastungswechseln wird Dampf verschiedener Spannung gebraucht, z. B. sind in Zellstoffabriken vielfach folgende Drücke üblich:

15 atü für den Betrieb der Dampfturbinen,

6 atü für die Kocher,

1,5 atü für die Papiermaschinen, die Bleicherei und die Heizung.

Die Turbine erhält dann 3 Druckstufen: 15 bis 6 atü, 6 bis 1,5 atü und 1,5 atü bis Kondensatorspannung. Die Kocher werden zwischen Hoch- und Mitteldruckstufe, die übrigen Maschinen zwischen Mitteldruck- und Niederdruckstufe angeschlossen zwecks weitgehender Ausnutzung des Dampfes zur Krafterzeugung vor seiner Verwertung für Fabrikationszwecke. Der Ruths-Wärmespeicher ist parallel zur Mitteldruckstufe geschaltet und für 6 bis 1,5 atü gebaut. Er nimmt einesteils allen überschüssigen Dampf auf und gibt ihn entweder zum Dämpfen der Kocher oder an die Papiermaschinen, die Heizung und die Bleicherei wieder ab. Durch die Regulierapparate wird bei gleichbleibender Brennstoffbeschaffenheit konstante Kesselbelastung und konstante, mit dem Konzessionsdruck übereinstimmende Frischdampfspannung erreicht und der im Mitteldruckgebiet liegende Speicher kann selbsttätig alle im Hoch-, Mittel- und Niederdruckgebiet vorkommenden Belastungsschwan-

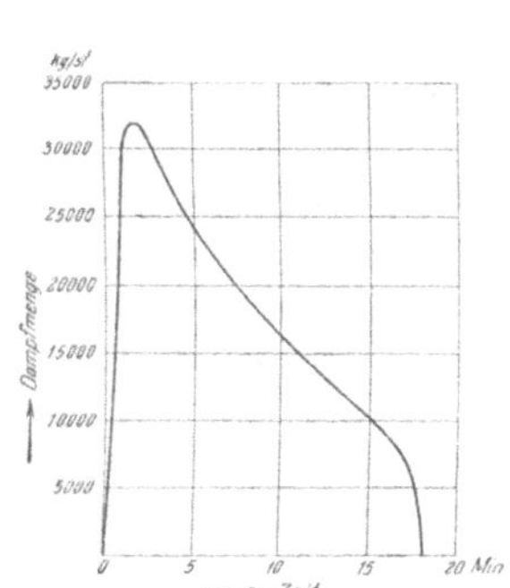

Abb. 162. Dampfentnahme aus einem Ruths-Wärmespeicher in einer Zellstofffabrik während des „Dämpfens“.

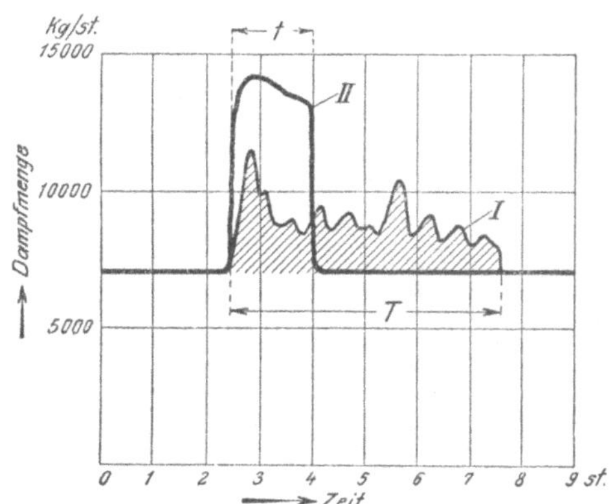

Abb. 163. Anheizdauer und Dampfentnahme in einer Zellstofffabrik während des Anheizens eines Kochers.

T = Anheizdauer vor Einbau eines Ruths-Speisers,
t = Anheizdauer nach Einbau eines Ruths-Speisers.

kungen ausgleichen. Ferner kann der Kochprozeß jetzt wesentlich abgekürzt werden, da der Wärmespeicher sehr große Dampfmengen in außerordentlich kurzer Zeit abgeben kann. Auch alle Schwankungen in der Zufuhr oder Beschaffenheit des Brennstoffes werden ausgeglichen.

Abb. 162 gibt ein Bild von der außerordentlich steigerungsfähigen Dampfabgabe eines Ruths-Speichers während der Dämpfung. Die Kurve wurde in einer schwedischen Zellstoffabrik gemessen. Während dort früher das Dämpfen rd. 90 min dauerte bei einer durchschnittlichen Dampfentnahme aus der Leitung von 3600 kgst,$^{-1}$ entsprechend 5400 kg während der ganzen Dämpfung, wird jetzt dieselbe Dampfmenge in 18 min in die Kocher geschickt, wobei die spezifische Dampflieferung von 3600 kgst^{-1} auf 32 500 kgst^{-1} steigt. Eine derartige Dampfentnahme aus der Kesselanlage wäre vollkommen unmöglich. Abb. 163 zeigt die Abkürzung des Anheizprozesses in einer anderen Fabrik. Kurve I bzw. T zeigen Dampfentnahme und Anheizzeit vor, Kurven II und t nach Einbau eines Ruths-Speichers.

Das Anwendungsgebiet der Ruths-Speicher ist ein fast unbegrenztes; von ihrem Einbau sind nicht nur erhebliche Brennstoffersparnisse und wesentliche Produktionssteigerung zu erwarten, sondern die Betriebsweisen zahlreicher Fabriken werden eine grundlegende Umänderung und Verbesserung erfahren, weil selbst die stärksten Dampfentnahmestöße mühelos und ohne nachteilige Folgen für die Wirtschaftlichkeit der Dampferzeugung aufgenommen werden. Abb. 164 zeigt die Dampferzeugung des Kesselhauses einer

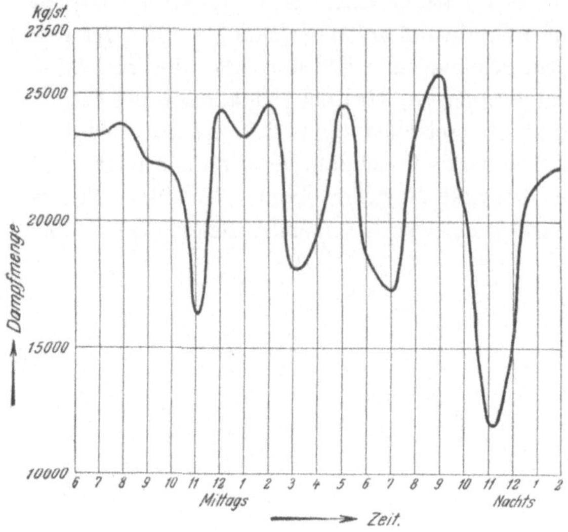

Abb. 164. Schwankungen in der Dampferzeugung eines großen, mit Holzabfällen geheizten Kesselhauses infolge des stark wechselnden Wassergehaltes des Holzes.

großen Zellstoffabrik mit Feuerungen für Holzabfälle aus der Fabrik und aus einem großen, zugehörigen Sägewerk. Der Wassergehalt der Abfälle wechselt sehr schnell zwischen 10 und 50 v. H., und eine einigermaßen befriedigende Anpassung der Dampferzeugung an den Dampfbedarf wäre nur bei Aufstellung zahlreicher, schwachbelasteter Reservekessel und unter dauernder Änderung von Brennstoffzufuhr und Zugstärke, d. h. in sehr unwirtschaftlicher und unvollkommener Weise möglich gewesen. Nach Aufstellung

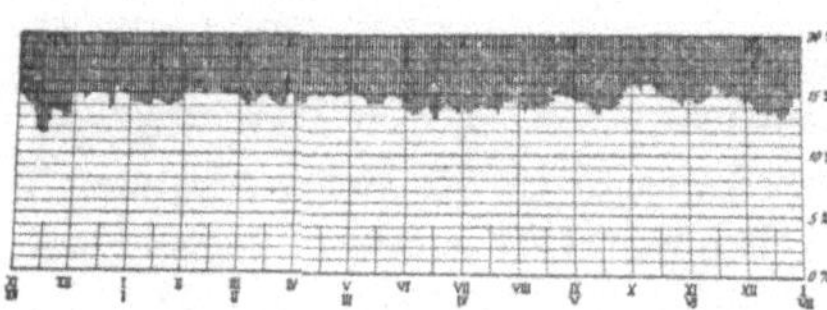

Abb. 165. Kohlensäuregehalt der Rauchgase in der in Abb. 164 erwähnten Kesselanlage nach Aufstellen eines Ruths-Speichers.

eines zwischen 8,5 at und 4,0 at arbeitenden Ruths-Speichers wird jetzt die Zugstärke nur in großen Intervallen verstellt, wodurch dauernd mit günstigstem Luftüberschuß gearbeitet werden kann, Abb. 165. Die Dampferzeugung wechselt nach wie vor je nach der Beschaffenheit der Holzspäne sehr stark, den Ausgleich zwischen Dampferzeugung und Dampfverbrauch übernimmt der Ruths-Speicher. Kurve a in Abb. 166 zeigt den konstanten Kesseldruck, Kurve b den Druck im Ruths-Speicher, der steigt oder fällt, je nachdem ob der Speicher gerade geladen oder entladen wird.

Der Einfluß von Ruths-Wärmespeichern auf Bau und Betrieb von Dampfkesselanlagen dürfte sich etwa folgendermaßen äußern:

1. Ersparnis an Anlage- und Bedienungskosten. Die Kesselanlage braucht nicht mehr nach der höchsten, sondern nach der mittleren Dampfentnahme bemessen zu werden. In zahlreichen Fällen wird man ohne die sonst unvermeidliche Erweiterung des Kesselhauses auskommen oder Kessel stillegen können.

2. Brennstoffersparnis. Die Kessel arbeiten dauernd mit günstigster Belastung und bestem Wirkungsgrade. Verluste durch abblasende Sicherheitsventile oder gedämpfte Feuer fallen fast ganz fort.

3. Unabhängigkeit vom Brennstoff. Ungleichmäßigkeiten in der Zufuhr und Beschaffenheit des Brennstoffes werden weitgehend ausgeglichen. Viele minderwertige, insbesondere gasarme, feuchte oder aschenreiche Brennstoffe, die bisher

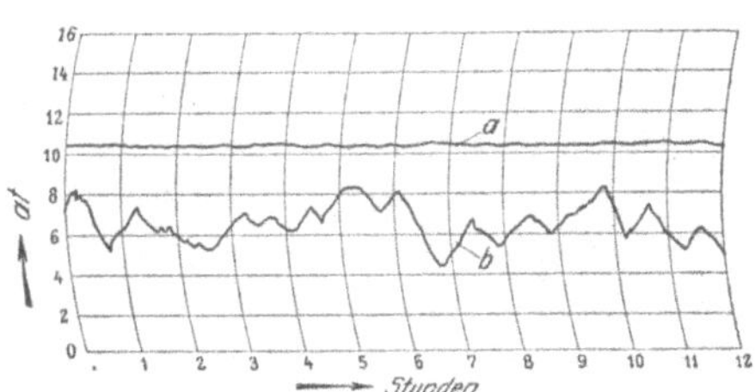

Abb. 166. Kesseldruck (a) und Druck im Ruths-Speicher (b) in der in Abb. 164 und 165 erwähnten Anlage.

nicht verfeuert werden konnten, weil die Kessel den Belastungsschwankungen nicht genügend schnell nachkamen, können häufig hochwertige und teure Kohlen ersetzen, da der Ruths-Speicher die Spitzen ausgleicht.

4. Möglichkeit hoher Heizflächenbelastung der Kessel und Verwendung sehr großer Ekonomiser, weil fast ganz gleichmäßig gespeist und die Austrittstemperatur des Speisewassers aus dem Ekonomiser der Sättigungstemperatur stärker als bisher angenähert werden kann.

5. Ersparnisse an Kosten für Bau und Bedienung der Feuerungen. Es könnte sein, daß die Einführung von Ruths-Speichern auch den Bau von Rosten beeinflussen wird, weil schnelle Anpassungsfähigkeit der Roste nicht mehr erforderlich ist. Man wird daher in manchen Fällen einfachere Roste bauen und verwenden können, die sich für minderwertige Brennstoffe besonders eignen und wenig Bedienung verlangen, bisher aber mangels rascher Anpassungsfähigkeit nicht brauchbar waren.

Die hauptsächlichsten mittelbaren Vorteile der Ruths-Speicher sind:

1. Verbesserung des Wirkungsgrades der Kraftmaschinen, weil dauernd mit voller Frischdampfspannung gearbeitet wird.

2. **Vermeiden des Auspuffens von Dampfmaschinen (Turbinen)**, da der überschüssige Abdampf aufgespeichert werden kann, wenn der Dampfverbrauch für Krafterzeugung den Heizdampfverbrauch zeitweise übersteigt.

3. **Möglichkeit des Wegfalles der Kondensation und der Verluste im Kühlwasser und des Kraftverbrauches der Kondensationshilfsmaschinen.** Aus ähnlichen Gründen wie unter 2. wird man öfters Gegendruck- statt Kondensationsturbinen verwenden können.

4. **Vergrößerung der Produktion.**

5. **Schaffung einer Momentanreserve.**

c) Höchstdruckkessel.

Die geistvollen Erfindungen und unermüdlichen Arbeiten Wilhelm Schmidts und seiner Ingenieure haben die Aufmerksamkeit der Fachwelt auf die Vorteile sehr hoher Dampfspannungen von 50 at und mehr gelenkt. Man hatte zwar in den letzten Jahren schon verschiedentlich von ausländischen Kraftanlagen mit Drücken bis zu 35 at gehört. Erfolge dieser Anlagen sind indes nicht bekannt geworden, wohl aber einige schwere Enttäuschungen und Fehlschläge. Nachdem Wilhelm Schmidt die wärmetechnischen Vorzüge hochgespannten Dampfes gezeigt und Mittel zu ihrer Beherrschung angegeben hat, ist eine rege Tätigkeit auf diesem neuartigen und aussichtsvollen Gebiete zu erwarten. Auch die Dampfkesselbauer werden versuchen, neue und geeignete Konstruktionen zu entwickeln.

Der auf der Hauptversammlung des Vereines deutscher Ingenieure im Jahre 1921 vorgeführte Höchstdruckkessel für 60 at wich vom Aufbau normaler Steilrohrkessel grundsätzlich wenig ab[1]). Dagegen fiel auf, daß trotz des kleinen Durchmessers der Kesseltrommeln von nur 600 mm eine Wandstärke von 42 mm erforderlich war und daß ein Dampfsammler fehlte.

Die hohe Dampfspannung zwingt eben zu kleinen Trommeldurchmessern und zu starker Beschränkung aller irgendwie entbehrlichen Dampf- und Wasserräume. Höchstdruckkessel mit den bei normalen Dampferzeugern üblichen Rauminhalten der Kesseltrommeln würden außerordentlich teuer werden und die Nietnähte so starker Bleche würden bei Herstellung und im Betriebe unüberwindbare Schwierigkeiten bereiten. Man wird deshalb an Stelle genieteter Trommeln geschweißte oder nahtlos gezogene verwenden müssen, aber auch dann bleiben die hohen Wandstärken natürlich höchst unerwünscht. Die Nachteile der Nietnähte bei hochbelasteten Kesseln, die sich hier und da schon bei Drücken von 15 bis 20 at geltend machen, veranlaßten einige deutsche Walzwerke,

---

[1]) Z. d. V. d. I. 1921, S. 663.

die Herstellung nahtloser Trommeln bis zu rd. 1500 mm Durchmesser
aufzunehmen. Seit einiger Zeit ist ein hervorragendes deutsches Unter-
nehmen sogar imstande, eine Trommel samt ihrer beiden Böden bis zu
1200 mm Durchmesser und bis über 50 mm Wandstärke nahtlos aus
einem Blocke durch ein eigenartiges Verfahren anzufertigen. Wie weit
der hohe Preis solcher Trommeln ihre Einführung erschwert, muß die
Erfahrung zeigen.

Es fragt sich nun, ob bei Dampf von sehr hoher Spannung so wesentlich verschiedene Verhältnisse vorliegen, daß gegenüber Kesseln für
normale Drücke eine erhebliche Verkleinerung der Trommeldurchmesser zulässig erscheint.

Zur Beantwortung dieser Frage geht man am besten vom Zweck
der Trommeln bei Steilrohrkesseln aus. Sie haben hauptsächlich drei
Aufgaben zu erfüllen:

1. Trennung der Dampfblasen vom umlaufenden Wasser,
2. Schaffung eines Wasservorrates und Wärmespeicherungsver-
mögens,
3. Verbindungsorgan für die Wasserrohre und Zugang zu den
Walzstellen und zum Reinigen der Rohre.

In Kapitel IV a wurde gezeigt, daß Dampfgehalt und Geschwindigkeit des aus den Steigrohren austretenden Dampfwassergemisches
mit zunehmendem Kesseldruck ziemlich schnell fallen. Man darf
daher annehmen, daß bei gleicher Heizflächenbelastung Wasserumlauf
und Dampfbildung bei Höchstdruckkesseln ruhiger sind, und daß zur
Abscheidung des Dampfes aus dem umlaufenden Kesselwasser kleinere
Trommeln als bei normalen Kesseln genügen. Aus demselben Grunde
wird man bei Höchstdruckkesseln möglicherweise auch eher auf besondere Dampfsammler verzichten können. Große Durchmesser der Trommeln, insbesondere der Obertrommeln, sind aber auch deshalb im praktischen Betriebe so wertvoll, weil sie, wie bereits besprochen wurde,
bei Belastungsschwankungen die „Trägheit" der Feuerung teilweise
ausgleichen und bei kleineren Störungen im Speisesystem oder bei
Nachlässigkeiten der Heizer einen gewissen Schutz vor Wasser-
mangel bieten. Insbesondere die beiden letzteren Umstände spielen
in neuzeitlichen Werken eine bedeutende Rolle, da der Betrieb großer
Anlagen im allgemeinen nicht so übersichtlich und die Ursache
mancher Störungen oft schwieriger festzustellen ist als in Werken mit
nur wenigen Kesseln. In größeren Werken mit Höchstdruckkesseln sollte daher die ordnungsgemäße Zufuhr des
Speisewassers durch Einbau zuverlässiger, selbsttätiger
Speiseregler und Warnpfeifen ganz besonders gesichert
werden. Derartige Apparate werden in ausgezeichneter Ausführung
geliefert. Ferner sollte durch zweckmäßig angeordnete Dampf-

leitungen und durch geschickt verteilte Wasserabscheider Wasserschlägen infolge Überspeisung oder infolge aus anderen Gründen in die Dampfleitungen mitgerissenen Wassers möglichst vorgebeugt werden.

Die Erfahrung muß auch noch zeigen, wie sich Wasser, Dampf und Kesselsteinbildner bei sehr hohen Temperaturen und Drücken verhalten und ob sich die chemischen Gleichgewichtsbedingungen nicht stark verschieben. Insbesondere könnten die von Druck und Temperatur beeinflußten Erscheinungen in verstärktem Maße auftreten, d. h. die Abspaltung von Chlorwasserstoff aus Magnesiumchlorid, die Zersetzung der salpetersauren Salze und ihr Angriff auf die Kesselbleche und die Umwandlung von Soda in Natriumhydroxyd, das die Armaturen anfrißt.

Ferner kennt man bei hohen Drücken den Charakter der Kesselsteinbildung noch nicht.

Die Erzeugung eines von korrodierenden Eigenschaften freien Speisewassers hat bei Höchstdruckkesseln erhöhte Bedeutung, weil mit Rücksicht auf die hohe Sättigungstemperatur des Kesselwassers weitgehende Vorwärmung unerläßlich ist und weil Gußeisen als Baustoff für Höchstdruckkessel wenigstens vorläufig kaum in Frage kommt.

Die Kesseltrommeln müssen wegen der Schwächung durch die Einwalzlöcher größere Wandstärken erhalten als einem bestimmten Trommeldurchmesser und Kesseldruck bei ungeschwächten Blechen entspricht. Insbesondere bei nahtlos hergestellten Trommeln fällt der Mehrbedarf an Blechstärke infolge der Rohrbohrungen ins Gewicht. Deshalb und zur Verminderung der Zahl der Verbindungs- und Einwalzstellen, an denen Undichtheiten auftreten könnten, scheinen einige Konstrukteure auch in Kesseln für Großbetriebe statt der Wasserrohre Rohrschlangen verwenden zu wollen. Die üblichen, schraubenförmigen Schlangen werden aber schwerlich den Anforderungen gewachsen sein, weil wahrscheinlich ein für ausreichende Kühlung genügender, selbsttätiger Wasserumlauf nicht zustande kommt. Der für die Kühlung der Rohrwandungen maßgebende Wasserumlauf bzw. der Wassergehalt des aus den Wasserrohren (Rohrschlangen) austretenden Dampfwassergemisches hängt bei einer bestimmten Heizflächenbelastung und bei einem bestimmten Rohrdurchmesser nämlich in erster Linie von der Heizfläche des Rohres (Rohrschlange) und seiner senkrechten Erstreckung ab. Der innere Widerstand von Rohrschlangen ist aber bei hoher Belastung im Vergleich zu ihrer senkrechten Erstreckung wahrscheinlich so groß, daß der Wassergehalt des austretenden Gemisches für die Kühlung nicht mehr ausreicht. Auch die innere Reinigung von Rohrschlangen dürfte große Schwierigkeiten bereiten, solange es kein „neutrales" Speisewasser gibt.

Zur Zeit ist eben, worauf immer wieder hingewiesen werden muß, nahezu jedes Speisewasser chemisch und mechanisch (wenn auch manchmal nur in geringem Maße) unrein und grundsätzlich neue Bauformen von Dampferzeugern werden vielleicht erst dann entstehen, wenn die einfache und zuverlässige Aufbereitung eines wirklich neutralen Speisewassers geglückt ist.

Diesen Einwänden könnte entgegengehalten werden, daß sich für einige Sonderzwecke Höchstdruckkessel mit sehr kleinen Wasserräumen und mit anderen Konstruktionselementen bewährt haben, deren Brauchbarkeit nach den vorhergegangenen Ausführungen nicht zu erwarten gewesen wäre. Offenbar handelte es sich aber in allen solchen Fällen entweder um Kessel in Triebwagen, deren jährliche Betriebsdauer vergleichsweise klein und deren Bedienung einfach und übersichtlich war. Endlich hatten diese Kessel wohl ausnahmslos eine recht bescheidene Leistung. Für Dampfkessel gilt aber in noch höherem Maße als für andere Wärmekraftmaschinen die alte Erfahrung, daß Konstruktionen, die sich an kleinen Einheiten recht gut bewährt haben, an großen Ausführungen häufig versagen. Dieser Hinweis dürfte mit Rücksicht auf die zu erwartende Flut von Erfindungen nicht überflüssig sein. Wenngleich sich heute noch nicht übersehen läßt, welche Neuerungen und Verbesserungsvorschläge sich schließlich durchsetzen werden, so wird man im allgemeinen doch gut tun, sich beim Bau von Höchstdruckkesseln solchen Konstruktionen gegenüber skeptisch zu verhalten, die an

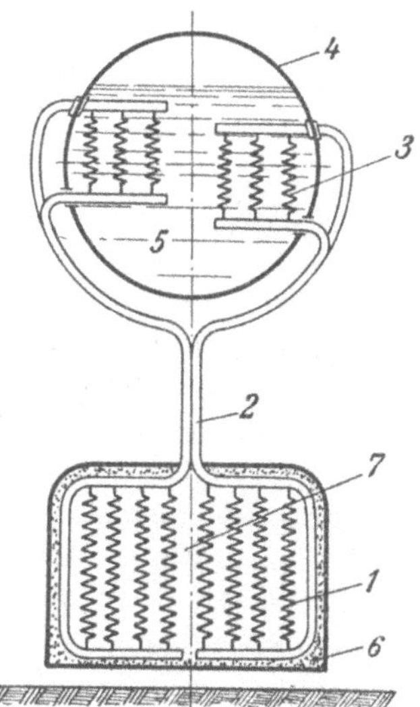

Abb. 167. Kessel mit mittelbarer Übertragung der Rauchgaswärme an das Kesselwasser.

1 = Heizelemente im Rauchgasstrom; *2* = Steig- und Fallrohre; *3* = Heizelemente im Kesselwasser; *4* = eigentlicher Kesselkörper; *5* = Wasserinhalt des Kessels; *6* = Umhüllung des Rauchgaskanales; *7* = Rauchgaskanal.

normalen Kesseln nicht erprobt sind, oder sich nicht bewährt haben, oder als unbrauchbar für normale Kessel angesehen werden würden.

Zur Vermeidung der Speisewasserschwierigkeiten wurde schon wiederholt versucht, einen unveränderlichen Vorrat destillierten, entgasten Wassers als Übermittler der Wärme zwischen den Rauchgasen und dem eigentlichen Kesselspeisewasser zu verwenden. Einige Konstrukteure füllten den konstanten Wasservorrat in zahlreiche, in sich geschlossene Heizelemente, deren einer Teil von den Rauchgasen bestrichen wurde, während der andere in den eigentlichen Kesselkörper tauchte, der meist als Großwasserraumkessel ausgebildet war und von den Rauchgasen nicht beheizt wurde, Abb. 167. Das Zustandekommen eines geregelten Wasserumlaufes in den Heizelementen war meist eine recht unsichere Sache. Bei einigen Konstruktionen sollte er dadurch zustande kommen, daß der kondensierende Dampf am Umfang der Heizrohre niederrieselt und an der Rohrmitte nach erneuter Verdampfung durch die Rauchgase wieder hochsteigt. Der Dampfdruck in den Elementen betrug bei normalen Drücken des eigentlichen Kesseldampfes bis zu 45 at. In Verbindung mit solchen Kesseln entstanden übrigens einige recht klug erdachte Konstruktionen. Bisher haben sich aber Kessel mit mittelbarer Wärmeübertragung als nicht lebensfähig erwiesen. Abgesehen von Einzelheiten, deren Betriebsunbrauchbarkeit klar zutage lag, scheinen insbesondere die Vielgliedrigkeit, der hohe Preis, die schwierige Wartung und der Umstand das Versagen verschuldet zu haben, daß das Wasser in den Heizelementen sich schnell zersetzte und die Rohrwandungen rasch zerstörte. Endlich wurde bei einigen Bauarten der Erfindern oft eigentümliche Fehler gemacht, daß sie sich zunächst nicht auf eine Umgestaltung des Kessels beschränken und die Durchbildung bis zu einer betriebsbrauchbaren und marktfähigen Konstruktion abwarten, sondern auch am Rost, am Überhitzer und an allen möglichen anderen Einzelheiten so tiefgreifende Abänderungen vornehmen, daß schon die Entwicklung dieser Teile jahrelange Arbeit erfordern würde.

Bei der Verwendung von Wasser als Wärmezwischenträger in Höchstdruckkesseln müßte die Dampfspannung in den Heizelementen sehr hoch werden, um noch ein ausreichendes Temperaturgefälle gegen die hohe Temperatur des Höchstdruckkesseldampfes zu bekommen. Mit Undichtheiten und chemischer Zersetzung wäre daher in noch höherem Maße zu rechnen, als es ohnehin bei Höchstdruckdampfkesseln der Fall ist.

Je höher der Kesseldruck wird, um so mehr muß darauf geachtet werden, daß zu der hohen Beanspruchung der Kesselbleche und ihrer Verbindungen durch den inneren Überdruck nicht noch Materialspannungen infolge Wärmedehnungen hinzutreten. Erhalten doch bei Kesseldrücken von 50—60 at. selbst bei kleinen Innendurchmessern die Kesselbleche eine Wandstärke, die (infolge Vernachlässigung ungleicher Innen- und Außentemperatur und aus anderen Gründen) die Brauchbarkeit der üblichen Formeln für die Ermittlung der Materialspannungen in Frage stellen und trotz des guten Wärmeleitvermögens von Eisen die Gefahr unzulässiger Übertemperaturen und unzulässiger Temperaturdifferenzen in den einzelnen Teilen der Wandungen immer größer machen. Es darf auch der Einfluß der hohen Sättigungstemperaturen des Höchstdruckdampfes auf die Festigkeitseigenschaften der Kesselbleche nicht außer acht gelassen worden. Man kann zwar die Trommeln durch geeignete Lagerung und Isolierung verhältnismäßig sicher der Einwirkung der heißen Rauchgase entziehen. Bei Belastungsänderungen, beim Anheizen und bei anderen Anlässen können aber trotzdem von der Wasserseite her merkliche Temperaturdifferenzen in die dicken Wandungen der außerordentlich starren Trommeln kommen und gefährliche Spannungen erzeugen.

Schon aus diesen Gründen ist es fraglich, ob man bei Höchstdruckkesseln nicht von der Bauart normaler Steilrohrkessel wird abweichen und insbesondere die große Trommellänge der üblichen Kessel mit hoher Heizfläche wird vermeiden müssen, indem man etwa den ganzen Kessel in mehrere, untereinander elastisch verbundene Teile von verhältnismäßig kleinen Abmessungen auflöst (siehe Abb. 131).

Der Kessel der Aktiebolaget Atmos in Stockholm, Abb. 168 bis 171, sucht wirkungsvolle Kühlung der Heizfläche und freie, ungehinderte Ausdehnbarkeit auf neuartigem Wege zu erreichen unter völligem Verzicht auf die Einstellung eines selbsttätigen Wasserumlaufes. Er hat Rohre von 305 mm äußerem Durchmesser, 10,5 mm Wandstärke und 2500 mm gasberührter Länge, die sich mit 330 minutlichen Umdrehungen um ihre Achse drehen. Durch die Zentrifugalkraft wird ein Wassermantel an die innere Heizfläche angepreßt, der die Dampfblasen nach dem Innern der Rohre wegdrückt. Die Rohre sind an ihrer Antriebsseite in axialer Richtung unverschiebbar gelagert. Die Kugellager am anderen Ende haben zylindrische Laufflächen, damit sich die Rohre ungehindert ausdehnen können. Das Speisewasser tritt durch Stopfbüchsen an der Antriebsseite ein, der Dampf verläßt die Rohre auf der entgegengesetzten Seite. Die Stärke des Wassermantels wird selbsttätig zwischen 30 und 50 mm eingestellt durch einen Apparat, auf den einerseits der Dampfdruck in den Rohren, andererseits der durch die kreisende Wassermasse im Eintrittszapfen hervorgerufene Unterdruck einwirkt. Auch der „Wasserstand" wird durch eine ähnliche Vorrichtung angezeigt. Ein Regulierapparat soll für beliebig viele Rotoren ausreichen. Der in Abb. 168 bis 171 dargestellte Kessel ist für einen Druck von 60 at. und eine stündliche Dampferzeugung von 3000 kg gebaut und in Gothenburg im Betriebe. Das Speisewasser wird ihm aus einem Doppelkessel, dessen Druck zwischen 3 und 10 Atm. schwankt und der rauchgasseitig hinter den Höchstdruckkessel geschaltet ist, zugeführt, könnte aber auch durch einen Ekonomiser vorgewärmt werden. Die Rohre werden von einem Elektromotor mittels Zahnradübersetzung angetrieben.

Für 100 at Dampfspannung, 250 mm inneren Rohrdurchmesser und 15 mm Wandstärke errechnet die Gesellschaft bei einer spezifischen Wärmeaufnahme von $100\,000\ \mathrm{WEm^{-2}st^{-1}}$ folgende Materialbeanspruchungen:

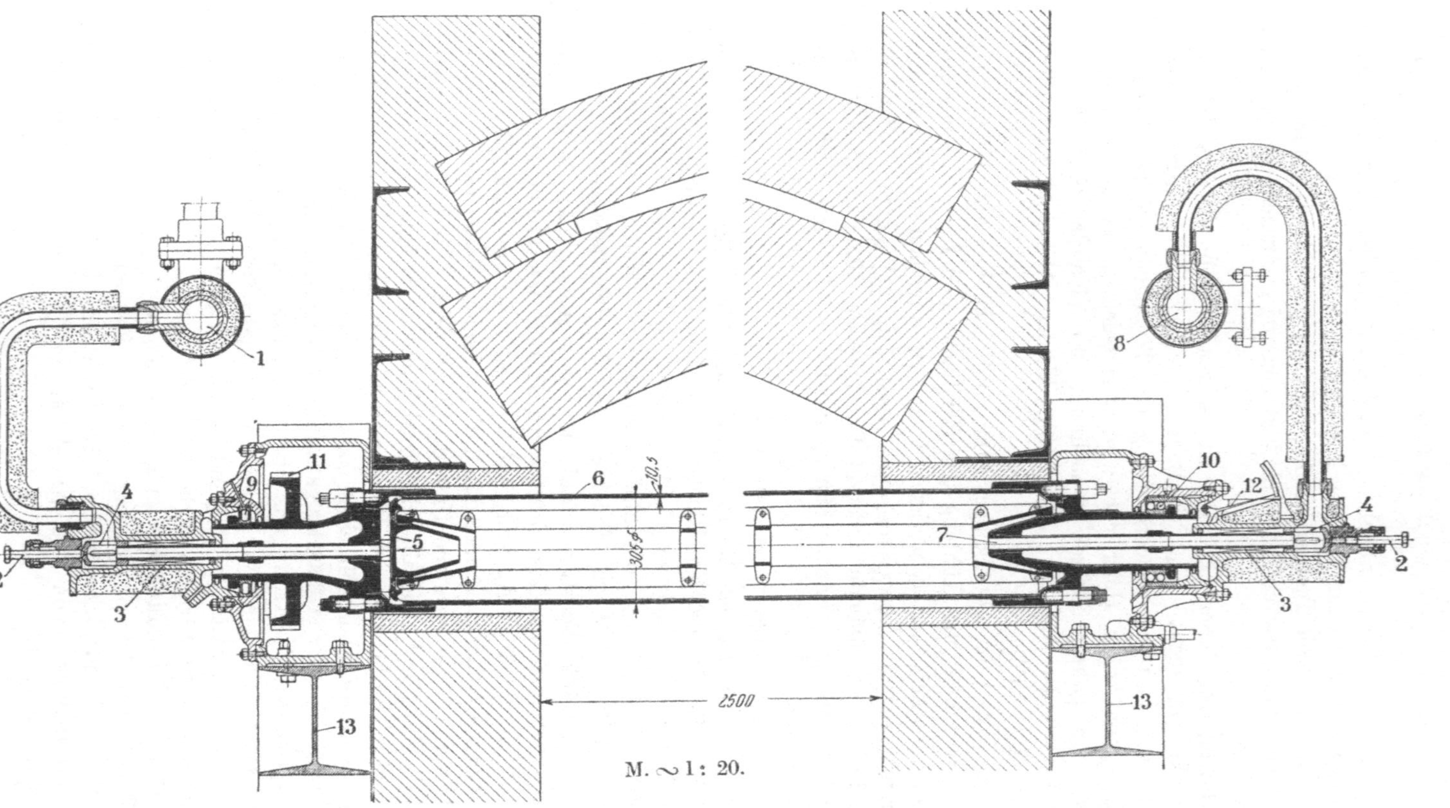

Abb. 168. Heizelement des Höchstdruckkessels der Aktiebolaget Atmos, Stockholm.

1 = Speisewasserleitung; 2 = Schraube zum Anziehen der Stopfbüchse; 3 = Stopfbüchse; 4 = Durchlaß für Wasser bezw. Dampf; 5 = Mitnehmerflügel; 6 = Heizrohrmantel;
7 = Dampfaustritt; 8 = Dampfleitung; 9 = Rollenlager; 10 = axial nachgiebiges Kugellager; 11 = Zahnrad zum Antrieb des Heizrohres; 12 = Ausdehnungszeiger; 13 = Fundament.

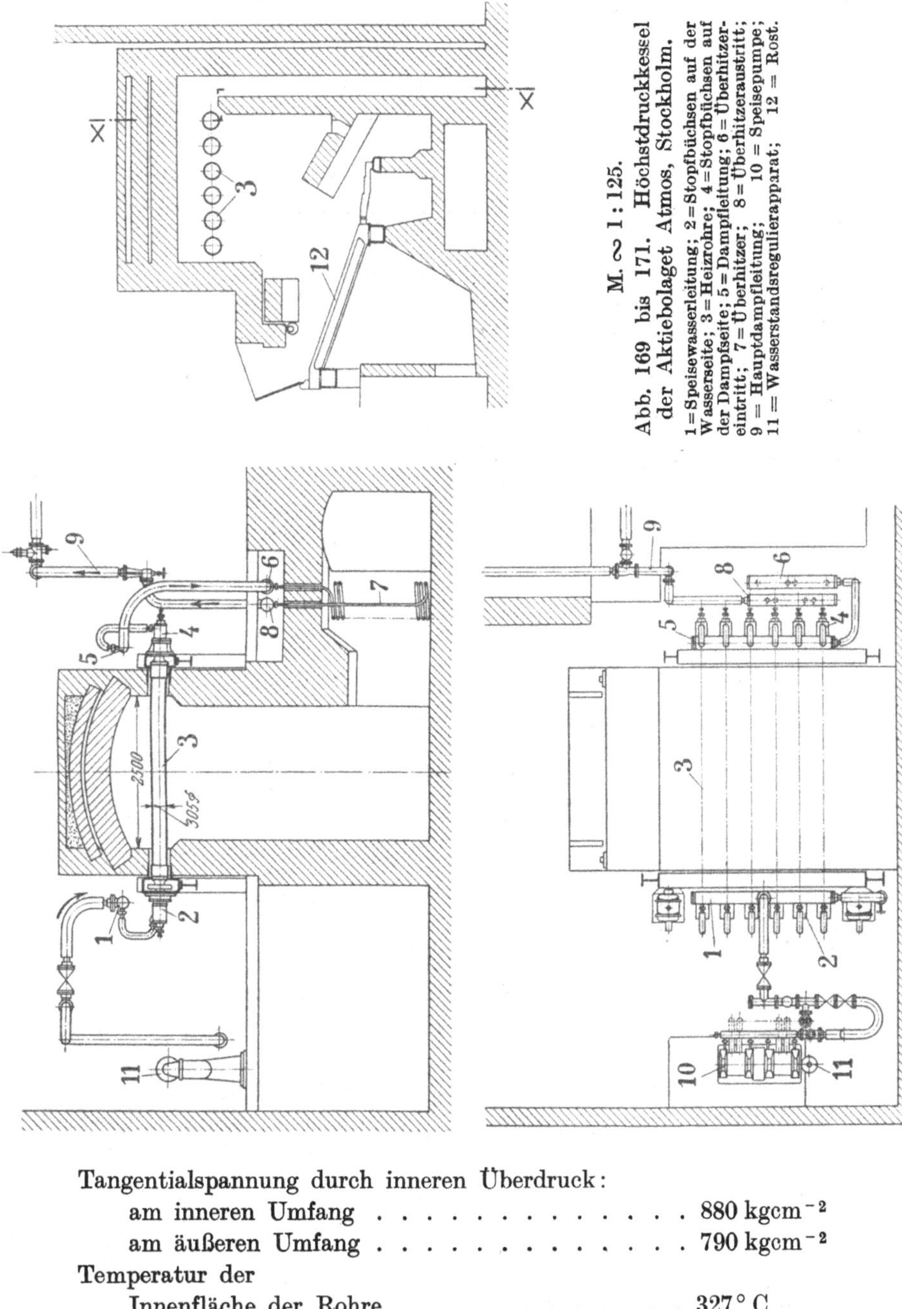

M. ∼ 1 : 125.

Abb. 169 bis 171. Höchstdruckkessel der Aktiebolaget Atmos, Stockholm.

1 = Speisewasserleitung; 2 = Stopfbüchsen auf der Wasserseite; 3 = Heizrohre; 4 = Stopfbüchsen auf der Dampfseite; 5 = Dampfleitung; 6 = Überhitzereintritt; 7 = Überhitzer; 8 = Überhitzeraustritt; 9 = Hauptdampfleitung; 10 = Speisepumpe; 11 = Wasserstandsregulierapparat; 12 = Rost.

Tangentialspannung durch inneren Überdruck:

    am inneren Umfang . . . . 880 kgcm^{-2}

    am äußeren Umfang . . . . 790 kgcm^{-2}

Temperatur der

    Innenfläche der Rohre . . . . 327° C

    Außenfläche der Rohre . . . . 354° C

Tangentialspannungen durch

    Temperaturunterschied an der

        Innenfläche der Rohre . . . . $+505$ kgcm^{-2}

        Außenfläche der Rohre . . . . -527 kgcm^{-2}

Gesamtspannungen an der

        Innenfläche der Rohre . . . . 1385 kgcm^{-2}

        Außenfläche der Rohre . . . . 263 kgcm^{-2}

Festigkeit des Rohrmateriales

        bei 400° C Temperatur . . . . 7200—7400 kgcm^{-2}

Die Praxis wird zeigen müssen, inwieweit die neue Bauart sich lebensfähig und auch für Kessel hoher Leistung geeignet erweist. Da ein Rohrdurchmesser von 300—350 mm und eine Rohrlänge von rund 3000 mm wohl Grenzwerte sind, würde bei einer Heizfläche von 500 m² der Kessel sehr zahlreiche Elemente erhalten, deren Antrieb und Wartung nicht einfach sein dürfte und die sehr teuer werden. Bei dieser Konstruktion käme es ganz besonders auf möglichst weitgehende Ausnutzung der Wärmeübertragung durch Strahlung an, um spezifische Dampfleistung und Baukosten in ein erträgliches Verhältnis zueinander zu bringen.

Voraussichtlich wird die weitere Entwicklung der neuen Bauart darauf hinauslaufen, daß im Gebiete mäßiger Rauchgastemperaturen ein Kesselteil zugeschaltet wird, der sich den übrigen Kesselkonstruktionen stärker annähert. Jedenfalls wären die rotierenden Heizelemente für kleine spezifische Dampfleistungen zu teuer. Da sie ohnehin wohl sehr reines, kesselsteinfreies Wasser benötigen, könnten im Gebiet tieferer Rauchgastemperaturen, wo die Rohrwandungen wenig angestrengt werden, vielleicht auch zweckmäßig ausgebildete Rohrschlangen in Verbindung mit engen Kesseltrommeln verwendet werden, da ja hier die Dampfbildung ruhig verläuft und da der Dampf aus den rotierenden Elementen voraussichtlich trocken ist.

Auch der Atmoskessel zeigt die außerordentliche Bedeutung, die die Erzeugung völlig kesselsteinfreien, nicht korrodierenden Speisewassers für die Weiterentwicklung des Dampfkesselbaues erlangt hat. Ganz ähnlich wie durch das Erscheinen der hervorragenden Walzwerkserzeugnisse der Kesselbau einen außerordentlichen Aufschwung nahm, wird möglicherweise durch Verbesserung der Speisewasseraufbereitung ein neuer grundsätzlicher Fortschritt erzielt werden.

Verbesserungen auf einem Gebiete der Technik haben eben gewissermaßen zwangsläufig Fortschritte auf einem anderen zur Folge oder zur Voraussetzung und mancher Fortschritt kommt nur deshalb nicht zustande, weil die Stelle fehlt, die es versteht, die Vertreter verschiedener Wissensgebiete zu gemeinsamer Arbeit an einer Sache zu vereinigen. Dies ist besonders da der Fall, wo das Zusammenwirken von Vertretern solcher Wissensgebiete nötig ist, die sonst nur wenig Fühlung miteinander haben und daher die gegenseitigen Bedürfnisse nicht kennen. Mit fortschreitender Komplizierung und Verfeinerung der Technik erhält diese Tatsache zunehmende Bedeutung und sollte Veranlassung zu einer universelleren Ausbildung der Studierenden anstelle engbegrenzter, spezieller Ausbildung geben, die übrigens infolge der Jugend und fehlenden Erfahrung oft die Bildung von Vorurteilen fördert.

Es wurde wiederholt auf die Notwendigkeit weitgehender Beschränkung der Dampf- und Wasserräume von Höchstdruckkesseln und die dadurch verursachte, geringere Anpassungsfähigkeit bei schnellen und unerwarteten Belastungsschwankungen hingewiesen. Hinzufügen mehrerer enger Trommeln, dem technische Bedenken an sich nicht entgegenständen, verschlechtert aber infolge der Verwicklung der Konstruktion, der erhöhten Störungsmöglichkeiten, vor allem aber wegen der Kosten die Aussichten von Höchstdruckkesseln ebenso wie die Verwendung anderer, bei normalen Kesseln überflüssiger Teile. Es hätte keinen Sinn und würde zu keinem wirtschaftlichen Erfolge führen, Höchstdruckkessel auf den Markt zu bringen, die zwar die gerügten Übelstände nicht haben, aber so teuer sind, daß die wärmetechnische Überlegenheit von Höchstdruckdampf durch die hohen Anlage- oder Bedienungskosten wieder zum größten Teile aufgehoben wird. Übrigens wäre die dampfspeichernde Wirkung selbst bei „normalen" Wasserräumen geringer als bei Spannungen von etwa 15 at, da 1 m³ Wasser bei einer Druckentlastung um 1 at bei 15 at Anfangsdruck rd. 6,2 kg, bei 60 at nur rd. 2,3 kg Dampf abgibt. Da aber sehr hochgespannter Dampf hauptsächlich für Anlagen vorteilhaft ist, in denen im Zusammenarbeiten mit Anzapf- oder Gegendruckdampfturbinen Dampf mittlerer oder niederer Spannung benötigt wird, so haben Ruths-Wärmespeicher auch für Höchstdruckdampfbetriebe größte Bedeutung, weil konstante Belastung bei Höchstdruckdampfkesseln nicht nur mit Rücksicht auf günstige Verbrennung, sondern auch wegen der viel kleineren Speicherfähigkeit dieser Kessel weit wichtiger ist als bei Kesseln für 10 bis 20 at. Die von Dr. Ruths erstmals klar erkannte und folgerichtig durchgeführte Trennung der Speicherwirkung vom Dampfkessel und die Beschränkung des Kessels auf die Dampferzeugung beseitigt eine Reihe von Bedenken, welche Betriebsleute gegen Höchstdruckdampfkessel geltend machten, und wird möglicherweise für ihre Einführung in den praktischen Betrieb entscheidend sein.

Großdampferzeuger haben trotz der mannigfaltigen Fortschritte und Verbesserungen der letzten Jahre im Vergleich zu Dampfturbinen noch immer sehr großen Platzbedarf, der bei Hochleistungskesseln zwar erheblich verringert, aber dem der Dampfturbinen bei weitem nicht angepaßt werden konnte. Es ist anzunehmen, daß beim Übergang auf sehr hohe Drücke auch eine weitere Beschränkung des Raumbedarfes der Dampferzeuger versucht werden wird. Die Aussichten dieser Bestrebungen sollen daher kurz geprüft werden. Der Platz- bzw. Raumbedarf eines Kessels hängt im wesentlichen ab von:

1. der erreichbaren spezifischen Rostbelastung,
2. der auf 1 m³ Feuerraum verbrennbaren Kohlenmenge,
3. baulichen und betriebstechnischen Rücksichten mit Bezug auf Einwalzung, Auswechslung und innere und äußere Reinigung der Wasserrohre,
4. dem Mindestmaß an Bedienungsraum um den Kesselblock herum.

Aus Punkt 2, 3 und 4 geht hervor, daß selbst eine gegen heutige Verhältnisse um 100 v. H. gesteigerte, vielleicht in absehbarer Zeit erreichbare Rostbelastung den Bedarf an bebauter Grundfläche lange nicht auf die Hälfte verringern würde, weil besonders bei großen Dampferzeugern zur guten Wartung der Roste und zur Reinigung der äußeren Heizfläche ziemlich breite Gänge rings um den Kessel erforderlich sind, Abb. 172 u. 173, die auch bei wesentlich leistungsfähigeren Rosten solange nicht nennenswert verkleinert werden können, als nicht grundlegende Fortschritte im selbsttätigen Verlauf der Verbrennung und der Schlackenabfuhr gemacht wurden. Aber auch Rücksichten auf ausreichende Zufuhr von Luft und Licht, auf Kesselreinigung und auf Reparaturen verlangen reichlichen Bedienungsraum. Es ist kennzeichnend für den praktischen Sinn der Amerikaner, die doch sonst auf äußerste Raumausutzung sehen, daß sie größere Kesselanlagen, von Ausnahmen abgesehen, mit einer gewissen Platzverschwendung bauen, die besonders in geräumigen Aschenkellern und breitem Raum hinter den Kesseln zum Ausdruck kommt. Auf kleine Oberflächen, kurze, glatte Gaswege und organischen Zusammenbau der ganzen Kesselanlage scheint allerdings in Amerika noch nicht so großer Wert wie in Deutschland gelegt zu werden, Abb. 140.

Eine etwa durch starke Erhöhung der Rostbelastung erreichte Platzersparnis würde übrigens durch die erforderliche Vergrößerung des Feuerraumes wieder teilweise aufgehoben. Die hohen Feuerraumtemperaturen und andere Gründe begünstigen nämlich bei stark belasteten Rosten das Anbacken von Flugasche an die Wasserrohre. Von einer bestimmten Rostbeanspruchung ab kann daher die spezifische Mindestgröße an Feuerraum nicht weiter verkleinert werden.

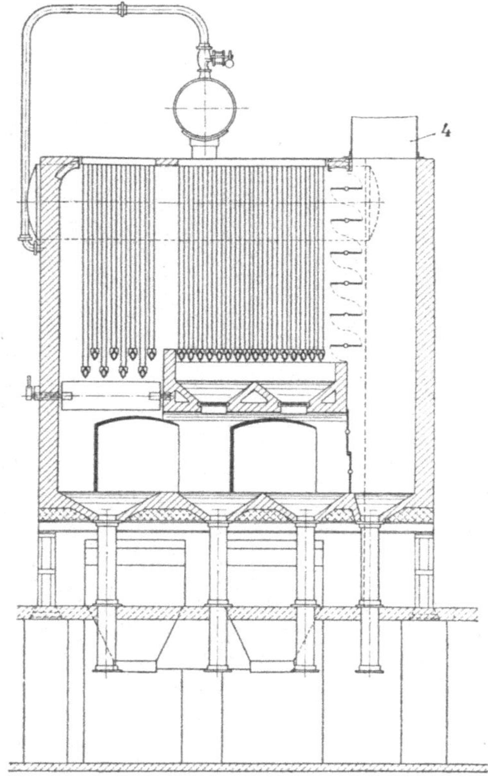
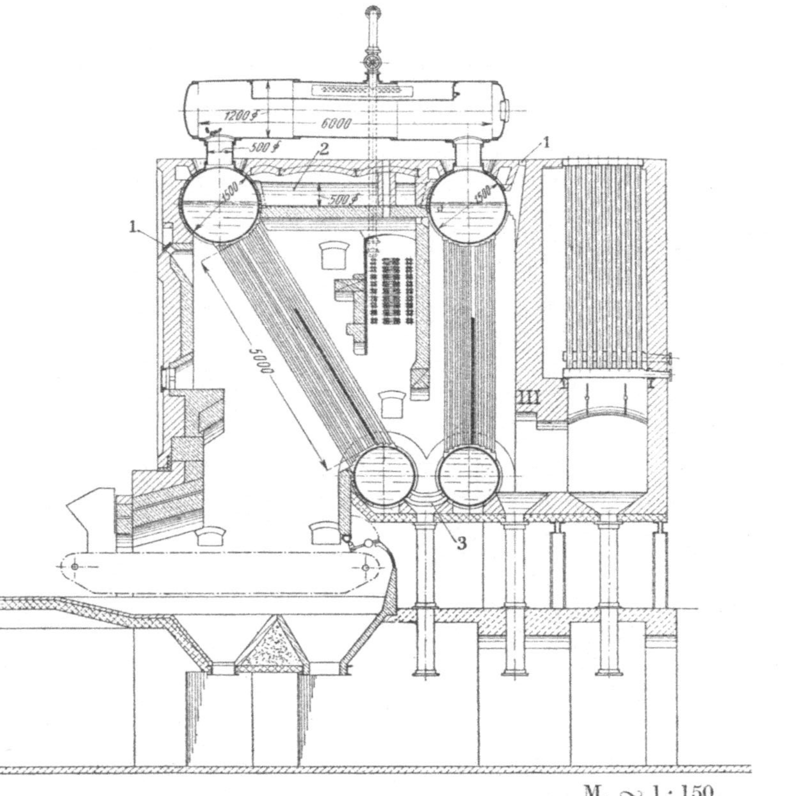

M. ∼ 1 : 150.

Abb. 172 und 173. Steilrohrkessel der Düsseldorf-Ratinger Röhrenkesselfabrik, Ratingen, mit angebautem Ekonomiser. 1 = Öffnungen zum Auswechseln der Wasserrohre; 2 = Verbindungsstutzen zwischen den Oberkesseln; 3 = Verbindungsrohre zwischen den Unterkesseln; 4 = Ventilatoranschluß der Saugzuganlage.

Beachte: Gedrängter Zusammenbau von Kessel, Ekonomiser und Saugzuganlage; kleine schädliche Mauerwerksflächen; Zugänglichkeit zum hinteren Rostende; hoher, freier Feuerraum; querliegender, großer Dampfsammler, siehe S. 101; Hochlegen des Kessels und Ekonomisers; sorgfältige, staubfreie Entaschung.

Alles in allem ist daher von einer Erhöhung der Leistungsfähigkeit von Rosten, so dringend erwünscht sie aus vielen Gründen auch ist, nur eine beschränkte Platzersparnis des Kessels zu erwarten. Der eigentliche Kesselkörper könnte freilich durch kleinere Rohrteilung und Verwendung engerer Rohre gedrängter gebaut werden, und es ist nicht ausgeschlossen, daß sich der höhere Zugverlust solcher Kessel wegen der besseren Heizflächenwirkung lohnen würde. Aber wenn man selbst von der schwierigen Auswechslung schadhafter Rohre bei enger Teilung absieht, steht einer wesentlichen Verkleinerung des Rohrabstandes die unreine Beschaffenheit der Rauchgase entgegen. Bei vielen Kohlensorten würde eine Unterschreitung der heutigen Maße entweder unerträgliche Versetzungen der Heizfläche durch Ruß und Flugasche oder sehr lästige, teuere und zeitraubende Reinigungsarbeiten zur Folge haben, die die Ersparnisse an bebauten Raum voraussichtlich weit überwiegen würden. Die besonderen Verhältnisse im Dampfkesselbetriebe erschweren eben die Verwirklichung vieler, theoretisch durchaus berechtigter Wünsche und Forderungen außerordentlich. Die Aussichten auf eine in naher Zeit durch konstruktive Änderungen am Kessel erreichbare, wesentlich bessere spezifische Ausnutzung des Platz- bzw. Raumbedarfes eines Dampfkesselsatzes sind deshalb nach Ansicht des Verfassers nicht sehr günstig, wenn nicht grundlegende Erfindungen die Verhältnisse verschieben. **Aus diesen Gründen hängt auch der Bau wirtschaftlicher, leicht bedienbarer und betriebsicherer Kesselanlagen mit kleinem Platzbedarf zur Zeit weniger von der konstruktiven Durchbildung des Kessels selbst als von zweckmäßiger Anordnung von Kessel, Vorwärmer, Rost, Saugzug und Zubehör ab. Er wird mehr von der Planung der gesamten Kesselanlage als von besonders geschickter Konstruktion der Kessel selbst bedingt.**

VII. Schluß.

Der Nutzen technischer Forschung.

Es wurde in dieser Arbeit u. a. versucht, zur Klärung von zwei für Bau und Betrieb von Dampferzeugern besonders wichtigen Fragen beizutragen:

der Wärmeübertragung durch Strahlung und

dem Wasserumlauf.

Hierbei mußte vielfach von theoretischen Erwägungen und Ableitungen ausgegangen werden, die durch exakte Versuche nur zum Teil gestützt werden. Wenn man von den ausgezeichneten Arbeiten des Bayerischen Revisions-Vereins, von Reutlinger und von Wamsler absieht, so liegen über den Wärmeübergang durch Strahlung bisher fast keine für praktische Verhältnisse brauchbare Versuche vor. Die zahlreichen Abnahmeversuche an Dampfkesseln haben wohl über das gesamte Verhalten und die Brennstoffausnutzung eines Kessels zuverlässige und umfassende Unterlagen geschaffen, aber nur wenig Einblick in die Einzelheiten der Wärmeübertragung erschlossen. Es gibt zwar einige Arbeiten, die auf Grund von Temperaturmessungen in den Zügen den Wärmeübergang bei verschiedenen Temperaturen ermitteln und übereinstimmend den starken Einfluß hoher Temperaturen auf die übertragene Wärmemenge zeigen. Der Nutzen dieser Arbeiten soll keineswegs verkannt werden, eine gesetzmäßige Erkenntnis haben sie aber nicht gebracht. Die Schwierigkeit zuverlässiger Temperaturmessungen in den Zügen ist nämlich so erheblich und die Zahl der nicht kontrollierbaren Nebeneinflüsse bei den Messungen ist so groß, daß auf diesem Wege allein klar und eindeutig erkennbare Gesetze wohl schwerlich gefunden werden. Verfasser hat aus diesen Gründen verschiedentlich davon abgeraten, teure und umständliche Rauchgastemperaturmessungen bei Abnahmeversuchen an Dampfkesseln vorzunehmen, weil das Ergebnis die aufgewendeten Mittel schwerlich gelohnt hätte, und weil wahrscheinlich nur die Zahl der falschen Meßwerte, die mehr schaden als nützen, erhöht worden wäre. Versuche an Modellen, wo sich störende Nebeneinflüsse fernhalten lassen, werden häufig besseren Aufschluß geben. Um den tatsächlichen Verhältnissen beim Wärmeübergang durch Strahlung möglichst gerecht zu werden, wäre z. B. vielleicht folgendes Untersuchungsverfahren geeignet und für die Bedürfnisse der Praxis genügend genau: Durch den Feuerraum eines Kessels werden in angemessener und zweckmäßiger Entfernung vom Rost einige zu untersuchende Rohre (z. B. von verschiedenem Durchmesser) geführt, die von einer so großen Wassermenge mit bekannter Geschwindigkeit durchströmt werden, daß keine Verdampfung eintritt. Die Wärmeaufnahme kann dann einfach und genau gemessen werden, auch der etwaige Einfluß verschiedener Wassergeschwindigkeiten läßt sich unschwer feststellen. Die Feuerraumtemperatur wird mit einem optischen Pyrometer ermittelt. Gleichzeitig werden Dampfleistung und Wirkungsgrad des Kessels gemessen. Durch Verwendung verschiedener Kohlensorten und durch Einstellen verschiedenen Luftüberschusses und verschiedener Kesselbelastung, u. U. auch durch Verändern des Durchmessers und der Höhenlage der Rohre über dem Rost erhält man vermutlich rasch brauchbare, für praktische Bedürfnisse ausreichende Rechnungsgrundlagen über die Wärmeübertragung durch Strahlung im Feuerraum. Untersucht man dann noch die Wärmeaufnahme derselben (auf zweckmäßige Länge verkürzten) Rohre, indem man sie axial in zylindrische, womöglich elektrisch beheizte Muffeln einführt, so läßt sich der Einfluß des Wärmeüberganges durch strömende Gase voraussichtlich vom Wärmeübergang durch Strahlung genügend zuverlässig trennen. Bei diesem Untersuchungsverfahren können noch einige andere Einflüsse, die in Dampfkesselfeuerungen mitwirken, mit ausreichender Genauigkeit festgestellt werden. Man wird zwar keine Werte von der bei physikalischen Untersuchungen üblichen Genauigkeit erhalten, hat aber den Vorzug einfacher Versuchsdurchführung und enger Anlehnung an tatsächliche Verhältnisse.

In dem vor einiger Zeit erschienenen Buche von Dr. Hans Thoma[1]) ist ein Untersuchungsverfahren beschrieben, mit dem an kleinen, billig herstellbaren Modellen der Wärmeübergang durch strömende Gase außerordentlich einfach für die verschiedenartigsten Verhältnisse bestimmt werden kann und zwar unter Verwendung von Luft von Zimmertemperatur und ohne Vornahme von Temperaturmessungen. Die neuartige Meßmethode benutzt die aus der kinetischen Gastheorie abgeleitete Analogie zwischen Wärmeleitung und Gasdiffusion, die beide auf der sehr raschen und heftigen Eigen- oder Temperaturbewegung der Gasmoleküle beruhen. Dr. Thoma entwickelt eine Reihe interessanter, für den Ingenieur verblüffend einfacher Zusammenhänge zwischen Gasgeschwindigkeit, Wärmeübergang und Zugbedarf eines Kessels. Selbst wenn die auf die neue Meßmethode gesetzten Erwartungen sich nicht ganz erfüllen sollten, so würde sie schon durch die schönen Einblicke, die sie in die Gasströmung bei Dampfkesseln eröffnet, eine willkommene Bereicherung unserer Kenntnisse bedeuten.

Auch der Dampfkesselbau ist, wie die ganze Technik, ein großenteils auf Erfahrung beruhendes Wissensgebiet. Zahlreiche grundlegende Erfindungen wurden frei von aller Theorie, lediglich durch geniales, intuitives Erfassen des Richtigen und Zweckmäßigen gemacht, oft gegen den Widerstand der Theoretiker. Es ist daher nicht so sehr verwunderlich, daß selbst angesehene und erfahrene Ingenieure der theoretischen Erforschung manchmal etwas ablehnend gegenüberstehen und ihre Einflußnahme, wenn auch nicht als störend, so doch als entbehrlich empfinden. Aber bei jeder Maschinenart kommt die Zeit, wo das Ausbleiben oder die Ablehnung ihrer theoretischen Erforschung weitere Fortschritte unterbindet oder verlangsamt oder zum mindesten sehr verteuert. Dieser Augenblick tritt im allgemeinen dann ein, wenn eine Erfindung bis zur betriebsfähigen Maschine durchgebildet ist. Der Schritt von der betriebsfähigen zur wirtschaftlichen oder häufig schon zur marktfähigen Konstruktion ist ohne Hilfe der Forschung meist nur mit sehr viel Kosten und unter großem Zeitverlust möglich. Theorie und Forschung sind gewissermaßen die Kundschafter und Vorposten, die die

---

[1]) Thoma, Hochleistungskessel, Verlag von Julius Springer, Berlin 1921.

vorteilhafteste Marschrichtung zeigen und die Grenzen des beherrschbaren Gebietes abstecken.

Diese Tatsachen wurden von der deutschen Industrie frühzeitig erkannt und haben ihren Ausdruck in der Unterstützung öffentlicher und privater Forschungsanstalten oder in der Schaffung eigener Laboratorien gefunden. Wenn im Dampfkesselbau die experimentelle und theoretische Erforschung noch nicht zu solcher Entwicklung wie auf anderen Gebieten der Technik gelangt ist, so liegt dies, abgesehen von den besonderen, in der Eigenart des Dampfkesselwesens begründeten Schwierigkeiten wohl großenteils daran, daß Dampfkessel samt Zubehör von zahlreichen, vielfach nur über beschränkte Mittel verfügenden Firmen gebaut werden, denen Schaffung und Unterhalt eigener Laboratorien nicht möglich ist. Es ist aber anzunehmen, daß, ähnlich wie der Zusammenschluß zu Verbänden zwecks gemeinsamer Vertretung geschäftlicher Interessen sich für sie als vorteilhaft erwiesen hat, auch ein gemeinsames Vorgehen in der Durchführung und Unterstützung einschlägiger Forschungsarbeiten die aufgewendeten Mittel reichlich lohnen und sich als segensreich für die Dampfkesselindustrie erweisen würde.

Aber auch die technischen Lehranstalten könnten neben der Forschung aus sich heraus noch manches für die Heranbildung eines geeigneten Nachwuchses tun.

In dieser Beziehung dürfte es nicht nur auf die Vermittlung eines gediegenen Wissens, sondern auch darauf ankommen, den Studierenden die großen, der gesamten Technik gemeinsamen Zusammenhänge in technischer und in allgemeinmenschlicher Beziehung zu zeigen.

Insbesondere könnte der stets wiederholte und durch Beispiele belegte Hinweis darauf, daß eine gute Maschine letzten Endes doch nur ein Kompromiß zwischen möglichst vielen Vorteilen und möglichst wenig Mängeln ist, den werdenden Ingenieuren nur nützen und sie später vor dem vielfach schiefen, überheblichen und oft durchaus abwegigen Bekriteln solcher Schwächen einer Maschine bewahren, die nach dem Stande der Technik oder mit Rücksicht auf die verfügbaren Mittel unvermeidlich und ihrem Erbauer natürlich längst ebenso gut oder besser bekannt sind als dem vorlauten Kritikus. Aufgabe einer verständigen, den Bedürfnissen und der Eigenart der Praxis Rechnung tragenden theoretischen Erforschung ist es auch, das zur Zeit Erreichbare zu ermitteln und die Ursachen öfters beobachteter, in dem betreffenden Entwicklungsstadium vielleicht unvermeidlicher Schwächen zu finden.

Für den Ingenieur der Praxis ist es eine der schwersten Aufgaben, zu erkennen, wann eine neue Idee so weit gediehen ist, daß sie der praktischen Verwertung zugänglich gemacht werden kann, bzw. wann die technischen und wissenschaftlichen Hilfsmittel genügend entwickelt sind, um ihre Verwirklichung zu ermöglichen. Täuscht er sich in seiner Beurteilung, so läuft er entweder Gefahr, gegenüber seinen Konkurrenten ins Hintertreffen zu geraten, oder Energie, Zeit und Geld an eine Aufgabe zu verschwenden, die noch nicht lösbar ist.

Bei den Studierenden sollte daher vielleicht dafür mehr Verständnis geweckt werden, daß die Lösung und Bewältigung schwieriger technischer Probleme auch eine rein menschliche Seite hat und trotz allem berechtigten Streben nach klingendem Lohne ohne Idealismus nicht möglich ist. Erfordert sie doch außer Hingabe an eine Sache und außer Beharrlichkeit eine der edelsten Tugenden: Vertrauen zu sich selber!

Über die Mühen und Sorgen des Alltages sollten die Ingenieure aber darin Befriedigung und Ermunterung finden, daß sie berufen sind, an einer der schönsten Aufgaben mitzuarbeiten:

An der äußersten Ausnützung und Vervollkommnung der beschränkten verfügbaren Mittel zum Wohle der Gesamtheit.

Sachverzeichnis.

Die Grundgesetze der Wärmeleitung und des Wärmeüberganges. Ein Lehrbuch für Praxis und technische Forschung. Von Oberingenieur Dr.-Ing. **Heinrich Gröber.** Mit 78 Textfiguren. 1921.
Preis M. 46.—; gebunden M. 53.—

Die Grundgesetze der Wärmestrahlung und ihre Anwendung auf Dampfkessel mit Innenfeuerung. Von Ing. **M. Gerbel.** Mit 26 Textfiguren. 1917.
Preis M. 2.40

Die Wärme-Übertragung. Auf Grund der neuesten Versuche für den praktischen Gebrauch zusammengestellt von Dipl.-Ing. **M. ten Bosch** in Zürich. Mit 46 Textabbildungen. 1922.
Preis M. 45.—

Die Zwischendampfverwertung in Entwicklung, Theorie und Wirtschaftlichkeit. Von Dr.-Ing. **Ernst Reutlinger** in Köln. Mit 69 Textfiguren. 1912.
Preis M. 4.—

Technische Thermodynamik. Von Professor Dipl.-Ing. **W. Schüle.**

Erster Band: **Die für den Maschinenbau wichtigsten Lehren nebst technischen Anwendungen.** Vierte, neubearbeitete Auflage. Mit 225 Textfiguren und 7 Tafeln. 1921. Gebunden Preis M. 105.—

Zweiter Band: **Höhere Thermodynamik** mit Einschluß der chemischen Zustandsänderungen nebst ausgewählten Abschnitten aus dem Gesamtgebiet der technischen Anwendungen. Vierte, neubearbeitete Auflage. Mit etwa 210 Textfiguren und 5 Tafeln. In Vorbereitung

Wahl, Projektierung und Betrieb von Kraftanlagen. Ein Hilfsbuch für Ingenieure, Betriebsleiter, Fabrikbesitzer. Von Oberingenieur **Friedrich Barth** in Nürnberg. Dritte, umgearbeitete und erweiterte Auflage. Mit 176 Figuren im Text und auf 3 Tafeln. 1922. Gebunden Preis M. 90.—

Technische Untersuchungsmethoden zur Betriebskontrolle, insbesondere zur Kontrolle des Dampfbetriebes. Zugleich ein Leitfaden für die Übungen in den Maschinenbaulaboratorien technischer Lehranstalten. Von Professor **Julius Brand** in Elberfeld. Mit einigen Beiträgen von Dipl.-Ing. Oberlehrer Robert Heermann. Vierte, verbesserte Auflage. Mit 277 Textabbildungen, 1 lithographischen Tafel und zahlreichen Tabellen. 1921. Gebunden Preis M. 60.—

Maschinentechnisches Versuchswesen. Von Professor Dr.-Ing. **A. Gramberg.**

Erster Band: **Technische Messungen bei Maschinenuntersuchungen und zur Betriebskontrolle.** Zum Gebrauch in Maschinenlaboratorien und in der Praxis. Vierte, vielfach erweiterte und umgearbeitete Auflage. Mit 326 Figuren im Text. 1920. Gebunden Preis M. 64.—

Zweiter Band: **Maschinenuntersuchungen und das Verhalten der Maschinen im Betriebe.** Ein Handbuch für Betriebsleiter, ein Leitfaden zum Gebrauch bei Abnahmeversuchen und für den Unterricht an Maschinenlaboratorien. Zweite, erweiterte Auflage. Mit 327 Figuren im Text und auf 2 Tafeln. 1921. Gebunden Preis M. 130.—

Hierzu Teuerungszuschläge